De Gruyter Studium

Peter Kohlstock

Topographie

Methoden und Modelle der Landesaufnahme

De Gruyter

ISBN 978-3-11-022675-1
e-ISBN 978-3-11-022676-8

Library of Congress Cataloging-in-Publication Data

Kohlstock, Peter.
   Topographie : methoden und modelle der landesaufnahme / by
Peter Kohlstock.
      p. cm.
   Includes bibliographical references and index.
   ISBN 978-3-11-022675-1 (alk. paper)
   1. Cartography.   I. Title.
   GA105.3.K64   2011
   526–dc22
                                          2010045198

Bibliographic information published by the Deutsche Nationalbibliothek

The Deutsche Nationalbibliothek lists this publication in the Deutsche Nationalbibliografie;
detailed bibliographic data are available in the Internet at http://dnb.d-nb.de.

Das Foto auf dem Einband wurde freundlicherweise zur Verfügung gestellt von der
Leica Geosystems AG, Heerbrugg (Schweiz).
Satz: Da-TeX Gerd Blumenstein, Leipzig, www.da-tex.de
Druck und Bindung: Hubert & Co. GmbH & Co. KG, Göttingen
∞ Printed on acid-free paper

Printed in Germany

www.degruyter.com

In Gedenken an

Dr.-Ing. Günter Weimann

6. Juni 1921 – 18. September 2008

O. Univ.-Professor für Photogrammetrie und Kartographie
an der Technischen Universität Braunschweig

Vorwort

Die Erfassung und Darstellung der Erdoberfläche mit ihren vielfältigen Erscheinungsformen ist schon seit der Antike Gegenstand menschlichen Wirkens, wie archäologi-
sche Funde belegen. Die Orientierung in einer unbekannten Umgebung, wirtschaftliche und militärische Belange, Stadt- und Regionalplanung, infrastrukturelle Maßnahmen, Wissenschaft und Bildung u. a. m. setzen häufig eine detaillierte und präzise
Kenntnis dieser Erscheinungsformen, d. h. der Erdoberfläche selbst sowie der darauf
befindlichen natürlichen und künstlichen Objekte voraus und damit entsprechende
Vermessungen und Präsentationen der Ergebnisse.

Trotz der nach wie vor großen Bedeutung dieses Teilgebiets der Geodäsie hat es
nach einem Lehrbuch zur Topographie von *Paul Werkmeister* aus dem Jahre 1930 und
dem *Handbuch für die topographische Aufnahme der Deutschen Grundkarte*, letztma-
lig 1967 herausgegeben von der *Arbeitsgemeinschaft der Vermessungsverwaltungen
der Länder* (AdV), bis heute keine zusammenhängende Veröffentlichung hierzu gegeben. Die für topographische Vermessungen erforderlichen Verfahren und Methoden
sind zwar in den Lehrbüchern der verschiedenen Fachdisziplinen wie Vermessungskunde, Photogrammetrie, Fernerkundung, Kartographie und Geoinformatik beschrieben, jedoch nicht im Zusammenhang und nicht immer angemessen hinsichtlich ihrer
Bedeutung für die Topographie, so dass insbesondere Studierenden die für ein fach-
übergreifendes Verständnis unerläßliche Verknüpfung und Bewertung erschwert wird.

Planung und Durchführung einer topographischen Vermessung setzen unabhängig
vom Verfahren hinreichende Kenntnisse und praktische Erfahrung voraus. Gleiches
gilt für eine Auftragsvergabe an einen externen Auftragnehmer und die Prüfung des
gelieferten Ergebnisses. Deshalb sollte jede/r mit einer derartigen Aufgabe betraute
Mitarbeiter/in nicht nur die wesentlichen Grundlagen der infrage kommenden Verfahren kennen, sondern auch praktische Erfahrung (nicht Routine) insbesondere hinsichtlich der Komplexität des zu erfassenden Gegenstandes, also der vielgestaltigen
Erdoberfläche, haben, eine Erfahrung wie man sie insbesondere bei der Durchführung einer tachymetrischen Geländeaufnahme gewinnt. Auch wenn der Satz „nichts
ist praktischer, als eine gute Theorie" nach wie vor Gültigkeit hat, so ist die praktische
Erfahrung in einem Fachgebiet von größter Wichtigkeit, da auch die beste Theorie
nicht alle Aspekte der Realität erfassen kann.

Das vorliegende Lehrbuch zur Topographie soll vor allem Studierenden und Prak-
tikern des Vermessungswesens und der Geoinformatik durch eine zusammenhängende Darstellung das Verständnis für die unterschiedlichen Verfahren, ihre Vor- und
Nachteile sowie Einsatzmöglichkeiten für den jeweiligen Zweck erleichtern. Hierbei wird, von Ausnahmen abgesehen, weitgehend auf die Darstellung verfahrens-,

instrumenten- und rechentechnischer Details, sofern nicht für das Verständnis erforderlich, verzichtet, da diese Gegenstand entsprechender Lehrveranstaltungen bzw. Lehrbücher zu den Fachdisziplinen sind. Zugleich können aber auch Interessierte, insbesondere aus den Geowissenschaften, einen Einblick in dieses Fachgebiet erhalten.

Der Inhalt des Buches basiert in großen Teilen auf den Lehrveranstaltungen *Topographische Vermessung, Photogrammetrie* und *Kartographie*, die der Autor im FB Vermessungswesen (später Geomatik) der Hochschule für angewandte Wissenschaften HAW, am Institut für Geographie der Universität und im Fachgebiet Geomatik der HafenCity Universität HCU in Hamburg durchgeführt hat. Der laufenden Entwicklung, insbesondere der der vergleichsweise neueren Verfahren der Fernerkundung, wurde durch entsprechende Literatur-Recherchen Rechnung getragen, wobei diese naturgemäß trotz der heutigen Möglichkeiten des Internet immer unvollständig sein werden. Zugleich ist die Interpretation von Fachaufsätzen oft nicht ohne Schwierigkeiten. Deshalb werden Hinweise auf Fehler oder miß- bzw. unverständlich dargestellte Sachverhalte dankbar entgegengenommen.

Abschließend möchte ich dem Verlag De Gruyter für das in mich gesetzte Vertrauen danken und hier insbesondere Herrn Simon Albroscheit für die gute Zusammenarbeit. Zugleich bin ich allen Personen, Firmen und Institutionen, welche mir Abbildungen und andere Quellen zur Verfügung gestellt haben, zu Dank verpflichtet. Mein besonderer Dank gilt meiner Tochter, Dipl.-Ing. Maren Kohlstock, für ihre Korrekturlesung und wertvollen Hinweise bei der Formulierung des Textes.

Hamburg, im Dezember 2010   Peter Kohlstock

Inhaltsverzeichnis

Kapitel 1
Grundlagen und Entwicklung der topographischen Landesaufnahme

1.1 Topographie – was ist das?

Die *Topographie* (griech. Orts-, Gegend- oder Geländebeschreibung) ist Teilgebiet der *Geodäsie*, d. h. der Wissenschaft, die sich nach der traditionellen Definition von *F. R. Helmert* aus dem Jahre 1880 mit der „Ausmessung und Abbildung der Erdoberfläche" befasst (zit. nach *Torge* 2009). Wenn auch diese Beschreibung heute eine erhebliche Erweiterung erfahren hat (vgl. *Torge* 2003), so ist die Topographie bzw. *topographische Vermessung* nach wie vor elementarer Bestandteil der geodätischen Praxis und in Anlehnung an die Definition von Helmert könnte man wie folgt formulieren:

> Aufgabe der Topographie ist die Erfassung der Oberfläche der Erde (und anderer Himmelskörper) mit ihren wesentlichen natürlichen und künstlichen Objekten und sonstigen Erscheinungsformen sowie die Präsentation der erfassten Daten in Form von Karten und digitalen Modellen.

Topographie bzw. *topographische Vermessung* werden im Folgenden synonym gebraucht und der Begriff Erfassung weist darauf hin, dass neben der Vermessung der Objekte auch deren Art, ggf. auch Eigenschaften und Namensgebung (Attributierung), zu dokumentieren ist. Topographische Vermessungen finden u. a. statt:

- In großem Umfang bei der Erfassung eines Staatsgebietes zur Bereitstellung von Basisdaten in Form von digitalen Landschaftsmodellen und topographischen Karten (*Topographische Landesaufnahme*),

- für die Herstellung von Planungsunterlagen für bautechnische Projekte (Verkehrswege, Wasserbauten, Hochbauten u. a.) sowie für die Bestandsaufnahme nach deren Abschluss,

- für die Bestandsaufnahme vor und nach Maßnahmen einer ländlichen Neuordnung (Flurbereinigung),

- bei der Rohstoffgewinnung im Tagebau,

- bei der Dokumentation archäologischer Fundstätten,

- zur Planung und Bestandsaufnahme von Renaturierungsmaßnahmen,

- zur Erfassung hochwassergefährdeter Gebiete,

- bei der Dokumentation von Naturkatastrophen (Überschwemmungen, Felsabbrüche, Hangrutschungen u. ä.), ggf. auch für entsprechenden Überwachungsmaßnahmen,
- für die Vermessung und Oberflächenmodellierung der Meeres- und Landeismassen,
- zur zusammenhängenden Höhenaufnahme der gesamten Erde sowie
- zur Erfassung der Oberfläche anderer Himmelkörper.

Die topographische Landesaufnahme ist neben der Liegenschaftsvermessung und der Schaffung eines hierfür geeigneten Referenzsystems als geometrische Grundlage zentrale Aufgabe einer *Landesvermessung* und sie ist wegen ihrer großen Bedeutung für zahlreiche Aufgaben eines Staatswesens in vielen Ländern als gesetzlicher Auftrag formuliert.

Frühe kartographische Darstellungen zeigen, dass das Bedürfnis der Menschen nach Erkundung und Darstellung ihrer Umwelt fast so alt ist wie die Menschheit selbst. Heute setzen wir das Vorhandensein derartiger Informationen in Form topographischer und thematischer Karten sowie digitaler Datenbestände voraus. Dass dies nicht selbstverständlich ist, zeigt eine Untersuchung der UN von 1993 (*Konecny 1996*). So waren bis in die 1990er Jahre nur 66% der Landoberfläche in topographischen Karten 1 : 50.000 erfasst, ein Maßstab wie er etwa für großräumige Planungen unabdingbar ist. Die jährliche Zunahme an Karten dieses Maßstabs beträgt 2% und die jährliche Aktualisierungsrate 2,3%, d. h. die meisten Karten sind nicht auf dem neuesten Stand. Für Karten mit $M \geq 1 : 25.000$ sind die Verhältnisse noch ungünstiger. Selbst in der Bundesrepublik mit ihrem vergleichsweise hohen technischen Standard ist die Aktualisierung von Karten durch die Luftbildmessung nur etwa alle fünf Jahre möglich und trotz des instrumentellen Fortschritts, insbesondere infolge der zunehmenden Elektronisierung und damit der Automatisierung von Arbeitsprozessen, beträgt der Zeitraum von der Aufnahme bis zur endgültigen reproduzierbaren Karte mehrere Monate.

Die Entwicklung der Raumfahrttechnik ermöglicht heute eine Aufnahme der Erdoberfläche aus sehr viel größerer Höhe von Satelliten aus, wodurch große Flächen in relativ kurzen Zeitabständen erfasst werden können. Verwendet werden hierfür elektrooptische Scanner (Zeilenabtaster) und Mikrowellen (Radarverfahren), welche anders als die konventionelle Photographie die Bildinformation in digitalisierter Form per Funk zur Erde übermitteln. Das Ergebnis der Weiterverarbeitung über digitale Bildverarbeitungsprozesse sind Bildkarten. Diese können zwar konventionelle Karten nicht dauerhaft ersetzen, ermöglichen aber eine rasche und aktuelle Information für viele Zwecke und bilden zugleich eine wertvolle Ergänzung bestehender Karten.

Nach wie vor bleiben topographische Vermessungen für die Landesaufnahme und die Planung bautechnischer Projekte unentbehrlich. Sie bilden zugleich eine unverzichtbare Basis für thematische Karten, Geo-Informationssysteme, Navigationssysteme u. a. m.

1.2 Geodätische Bezugssysteme

Voraussetzung für die Durchführung einer Landesaufnahme ist ein Referenzsystem (geodätisches Bezugssystem) als geometrische Grundlage. Hierzu gehören eine die eigentliche vielgestaltige Erdoberfläche repräsentierende Bezugsfläche und ein Koordinatensystem. Bedingt durch die unterschiedliche Entwicklung in Theorie und Praxis der Geodäsie wurde traditionell zwischen Lage- und Höhenbezugssystem unterschieden.

Die topographischen Vermessungen des 17. und 18. Jahrhunderts waren nur sehr ungenau über astronomische Ortsbestimmungen in das geographische Koordinatensystem eingepasst. Dies änderte sich erst in der zweiten Hälfte des 19. Jh. mit dem systematischen Aufbau nationaler Lage-Referenzsysteme durch Triangulation, ein erstmals 1614 durch den Holländer *Snellius* angewandtes Verfahren.

Beispielhaft sei hier die Vorgehensweise in Preußen durch die 1875 gegründete *Königlich Preußische Landesaufnahme* genannt (*Großmann* 1964, *Grothenn* 1994). Für die topographische Aufnahme der Messtischblätter 1 : 25.000 waren je Kartenblatt von $6' \times 10'$ ($\approx 11 \times 11\,\mathrm{km}^2$) mindestens 20 der Lage und Höhe nach bekannte Punkte, also etwa 1 Punkt je $6\,\mathrm{km}^2$, erforderlich. Zu diesem Zweck wurde zunächst ein (aus Genauigkeitsgründen) großräumiges Punktfeld an weit sichtbaren Stellen mit Abständen bis zu 50 km vermarkt und gesichert. Die Lagebestimmung in geographischen Koordinaten erfolgte durch Triangulation, d. h. Winkelmessungen und Berechnungen in Dreiecken, deren Maßstab durch die Ermittlung einiger Dreiecksseiten im Abstand von etwa 200 km über sog. Basis-Vergrößerungsnetze ermittelt wurde. Die Orientierung des Dreiecksnetzes im geographischen Koordinatensystem wurde durch astronomische Ortsbestimmung in einem Dreieckspunkt (Fundamental- bzw. Zentralpunkt) auf dem im heutigen Stadtbezirk Berlin-Tempelhof gelegenen Rauenberg sowie durch eine Azimutbestimmung (Richtungswinkel gegen Geographisch-Nord) zu einem weiteren Punkt (Marienkirche in Berlin) erreicht (Rauenberg Datum). Bezugsfläche war das 1841 von dem Astronomen *Friedrich Wilhelm Bessel* berechnete und nach ihm benannte Ellipsoid. Dieses Netz wurde dann in zwei weiteren Stufen bis zu einer Punktentfernung von 2 bis 3 km verdichtet. Das Ergebnis waren schließlich *Trigonometrische Punkte* (TP) 1. bis 3. Ordnung in geographischen Koordinaten.

Die Entwicklung verlief in den einzelnen deutschen Ländern nicht einheitlich (*Krauß* u. *Harbeck* 1985). Empfehlungen des *Beirats für Vermessungswesen* aus den 1920er Jahren sahen u. a. den Anschluss der Triangulationen der anderen Länder an das System der Preußischen Landesaufnahme unter Beibehaltung des Bessel-Ellipsoids sowie die Einführung der Gauß-Krüger-Koordinaten für die TP vor. Letzteres geschah ab 1927 und bereits 1938 waren alle Messtischblätter durch Gauß-Krüger-Koordinatenlinien ergänzt.

Der Zusammenschluss der Hauptdreiecksnetze der einzelnen Länder zum ‚Reichsdreiecksnetz‘ I. O. mit einer Punktdichte von einem TP auf etwa $50\,\mathrm{km}^2$ wurde schließlich bis 1945 erreicht. Landesdreiecksnetze mit einem TP auf $5\,\mathrm{km}^2$ und Aufnahmenetze mit einem TP auf etwa 1 km^2 sollten das Festpunktsystem ergänzen. 1967 wurden die Bezeichnungen *Deutsches Hauptdreiecksnetz DHDN* sowie die Dreiecksnetze und die TP 1. bis 4. Ordnung eingeführt, wobei nur noch eine Dichte von 1 TP/2 km^2 angestrebt wurde. Durch die Entwicklung elektronischer Entfernungsmessgeräte konnte in den 60er Jahren die bis dahin überwiegende Triangulation durch die direkte Messung der Dreiecksseiten (Trilateration) ergänzt bzw. ersetzt werden und damit die Genauigkeit des partiell sehr inhomogenen Systems verbessert werden. Hinzu kam eine verbesserte Rechentechnik, welche die strenge Ausgleichung zunehmend größerer Netze ermöglichte. Eine Verdichtung für Detailvermessungen erfolgte schließlich bei Bedarf durch Einschneideverfahren oder Polygonierung.

In der DDR wurde das bestehende Reichsdreiecksnetz vollständig erneuert, in einer Gesamtausgleichung mit den osteuropäischen Netzen zusammengeschlossen und erhielt schließlich 1983 die Bezeichnung *Staatliches Trigonometrisches Netz* STN (*Torge* 2007). Nach der Wiedervereinigung wurden DHDN und STN unter Beibehaltung des DHDN-Datums zum DHDN 90 zusammengeschlossen. Ein weiterer noch nicht abgeschlossener Schritt ist die Überführung in das Europäische Bezugssystem von

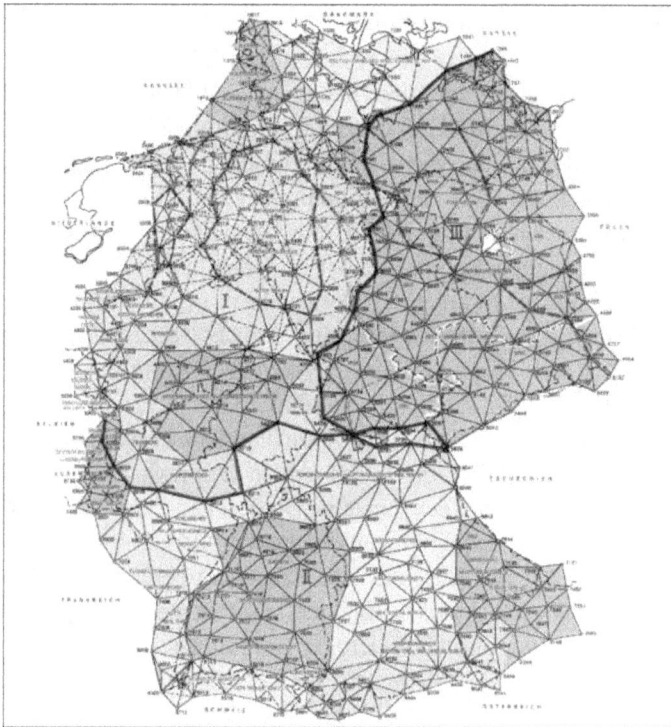

Abb. 1.2.1. Deutsches Hauptdreiecksnetz von 1990 (DHDN 90)
(© *Bundesamt für Kartographie und Geodäsie BKG*)

1989 (*European Terrestrial Reference System* ETRS89), dem das internationale Ellipsoid von 1980 (*Geodetic Reference System* GRS80) zugrunde liegt. Zugleich wird
das UTM-Koordinatensystem statt des Gauß-Krüger-Systems für die Abbildung in
die Ebene eingeführt (*Jahn u. Stegelmann* 2007).

Seit den 1990er Jahren werden die traditionellen Messmethoden zunehmend durch
die Satellitenpositionierung mittels NAVSTAR GPS (*Navigation System with Timing
and Ranging Global Positioning System*), kurz als GPS bezeichnet, ersetzt. Die erforderliche Genauigkeit wird durch das differentielle Verfahren DGPS erreicht, bei dem
zahlreiche das eigentliche Messergebnis beeinflussende Faktoren durch gleichzeitige
Messungen auf koordinatenmäßig bekannten Referenzstationen durch Differenzbil-
dung eliminiert werden. Die Landesvermessungsbehörden haben unter der Bezeichnung SAPOS® ein Netz von 280 Referenzstationen geschaffen, welche permanent
die für eine präzise Positionsbestimmung und Navigation erforderlichen Daten be-

Abb. 1.2.2. SAPOS® Referenzstationen, Stand 2010 (© *Landesbetrieb
Geoinformation und Vermessung Hamburg LGV*)

reitstellen (*Bauer, M.* 2003). Neben NAVSTAR GPS gibt es weitere Satellitenpositio-
nierungs-Systeme oder sie sind im Aufbau befindlich (GLONASS, GALILEO u. a.).
Daher wird im Folgenden häufig statt GPS der allgemeinere Begriff GNSS (Global
Navigation Satellite System) verwendet.

Der Einrichtung eines zusammenhängenden Höhenbezugssystems wurde zu Beginn der Landesaufnahmen zunächst keine Beachtung geschenkt (*Krauß u. Harbeck*
1985). Erst in der zweiten Hälfte des 19. Jh. wurden in den einzelnen deutschen
Ländern umfangreichere Nivellements durchgeführt, wie z. B. das *Preußische Ur-
nivellement* zwischen 1868 und 1894. Dieses diente vor allem auch der Höhenbestimmung der für die Aufnahme der Messtischblätter erforderlichen TP durch trigonometrische Höhenmessung. Hierzu wurde 1879 an der Berliner Sternwarte durch
Anschluss an den *Amsterdamer Pegel* ein *Normalhöhenpunkt* (NH von 1879) mit
37.000 m über *Normal-Null* (NN) festgelegt. 1912 erfolgte dessen Verlegung nach
Berlin-Hoppegarten (NH von 1912). Wenig später wurde mit der Erneuerung des
Haupthöhennetzes (Reichshöhennetz I. O.) begonnen. Landeshöhennetze und Aufnahmenetze sollten dieses entsprechend verdichten.

Bedingt durch unterschiedliche Vorgehensweisen in den einzelnen Ländern, erhöh-
te Anforderungen an die Genauigkeit und erforderliche Neu- und Wiederholungsmessungen lagen erst ab 1977 Höhennetze 1. bis 3. Ordnung mit einer je nach Bundes-
land unterschiedlichen Dichte von einem Höhenfestpunkt (NivP) je 0,2 bis 2,6 km^2
auf dem Gebiet der Bundesrepublik vor. Zwischen 1980 und 1985 erfolgte schließlich
eine Neuvermessung des Hauptnetzes (DHHN 85).

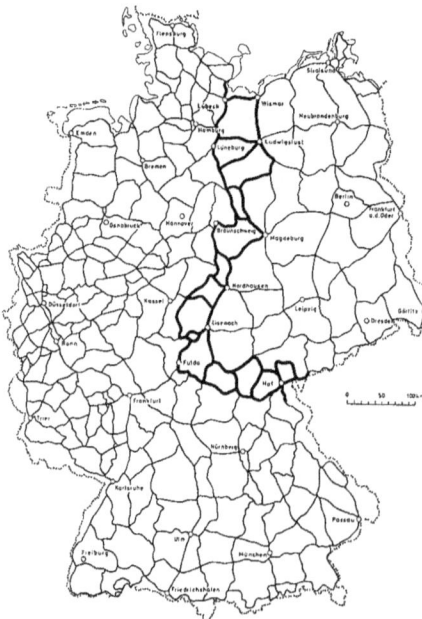

Abb. 1.2.3. Deutsches Haupthöhennetz
von 1992 (DHHN 92) (© *Bundesamt für
Kartographie und Geodäsie BKG*)

In der DDR wurden ein *Staatliches Nivellementsnetz* (SNN76) mit Anschluss an den Pegel bei Kronstadt neu vermessen und hierbei bereits unter Berücksichtigung der Schwere Normalhöhen eingeführt. Ab 1992 erfolgte dann der Zusammenschluss mit dem DHHN 85 zum DHHN 92, wobei im Zuge einer Neuausgleichung für das Gesamtnetz Normalhöhen bezogen auf ein aus Schweremessungen berechnetes Quasigeoid als *Normalhöhennull* (NHN) ermittelt wurden. Dieses System ist zugleich angeschlossen an das *Einheitliche Europäische Nivellementsnetz* (UELN86). Für Präzisionshöhenmessungen dürfte das DHHN weiterhin unentbehrlich sein. Für topographische Vermessungen sind die über DGPS erreichbaren Höhengenauigkeiten im cm-Bereich bereits als ausreichend anzusehen.

1.3 Entwicklung der topographischen Vermessung

Die Verfahren der topographischen Vermessung waren immer eng verknüpft mit dem Fortschritt in der Instrumenten- und Rechentechnik im Vermessungswesen. Die eingeschränkten rechentechnischen Möglichkeiten führten bis in die 1960er Jahre bei der Konstruktion von Aufnahme- und Auswertinstrumenten zu Lösungen, die das Ziel hatten, umfangreiche Berechnungen zu vermeiden.

Nahezu zwei Jahrhunderte waren zunächst die Messtisch- und dann die Zahlentachymetrie mit optisch-mechanischen Instrumenten vorherrschend, seit den 1930er Jahren zunehmend in Konkurrenz zur Luftbildmessung (vgl. *Werkmeister* 1930). In den 70er Jahren setzte dann durch die Fortschritte in der EDV und der schließlich damit einhergehenden Ablösung von Analog- durch Digitalverfahren eine immer ra-

Zeitab-schnitt	Verfahren der topographischen Vermessung
1800 **1850** **1900**	Messtischaufnahme und Zahlentachymetrie (opt.-mechan.Tachymeter)
1930 **1950**	Luftbildmessung (analog) und Zahlentachymetrie (Reduktionstachymeter)
1970 1990 **2000**	Elektronische Tachymetrie Satelliten-Bildverfahren (opt. Scanner) Luftbildmessung (analytisch) Laserscanning Luftbildauswertung (digital) Radar-Bildverfahren und -Interferometrie Luftbildaufnahme (digital)

Tab. 1.1. Zur Entwicklung topographischer Vermessungen

schere Weiterentwicklung ein: elektronische Tachymetrie, analytische und digitale Luftbildauswertung, Satellitenbildverfahren, Laserscanning, Radarbildverfahren und Radar-Interferometrie. Damit einher ging eine zunehmende Automatisierung der Datenauswertung bis hin zur graphischen Präsentation.

Erste systematische Landesaufnahmen zur Herstellung topographischer Karten gab es bereits im 16. Jahrhundert. Hier war es vor allem die Erkenntnis, dass diese unabdingbare Voraussetzung für vielerlei wirtschaftliche und vor allem auch militärische Bedürfnisse eines Staates sind. So entstand zwischen 1554 und 1561 die „Große Karte von Bayern" durch den Ingolstädter Mathematikprofessor *Philipp Apian* im ungefähren Maßstab 1 : 45.000 (*Habermayer* 1993). Die Aufnahme erfolgte mit einfachen Mitteln, d. h. Winkelmessungen mit der Bussole, Entfernungen durch Abschreiten sowie Schätzungen und die Orientierung im geographischen Koordinatensystem durch astronomische Ortsbestimmung.

Eine entscheidende Verbesserung für die Landesaufnahme ergab sich durch die Einrichtung von Festpunkten durch Triangulation sowie die Einführung des Messtisches durch den Mathematiker *Johannes Richter*, genannt *Praetorius*, im Jahre 1590 (vgl. *Torge* 2007). Der Messtisch bestand zunächst aus einer auf einem Stativ befindlichen horizontalen Tischplatte und einem Lineal mit Visiereinrichtung (Diopter) für die Richtungseinstellung und das Abtragen der Entfernungen auf dem Zeichnungsträger. Letztere wurden geschätzt oder mit Messketten ermittelt. Beispielhaft für die frühe Anwendung des Messtischverfahrens ist die *Kurhannoversche Landesaufnahme* von 1764 bis 1786, die zu 165 Kartenblättern im Maßstab von etwa 1 : 21.000

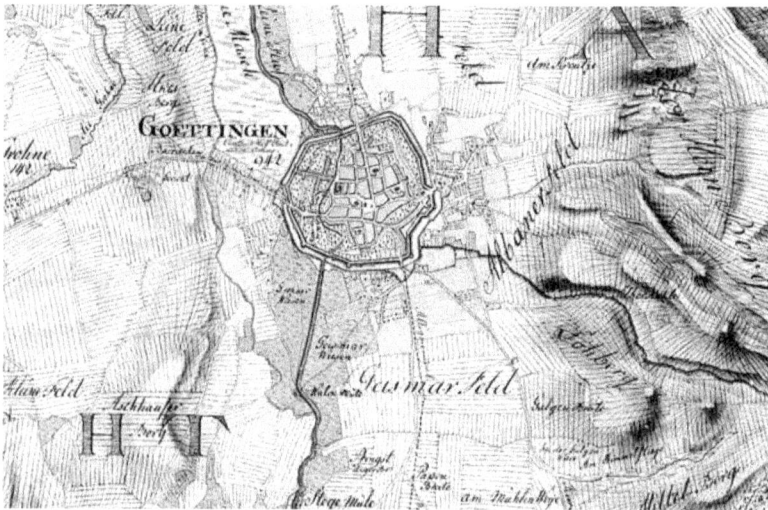

Abb. 1.3.1. Ausschnitt aus einem Kartenblatt der Kurhannoverschen Landesaufnahme Raum Göttingen von 1781 (© *Landesvermessung & Geobasisinformation Niedersachsen*)

führte (*Bauer, H.* 1993). Die Aufnahme erfolgte durch das zwanzig Mann umfassende 'Ingenieurkorps' der Hannoverschen Armee und hatte ihren Ursprung in der Herstellung von Planungsunterlagen für den Bau eines Kanals von Osterholtz-Scharmbeck nach Bremervörde. Die Karten enthielten neben Siedlungen, Verkehrswegen, Gewässern und der Vegetation auch eine Höhendarstellung durch eine anschaulich-plastische Schummerung. Letztere beruhte allerdings nicht auf einer exakten Höhenaufnahme, sondern entstand im 'Anblick des Geländes'.

Eine systematische Höhenaufnahme und ihre Darstellung durch Höhenlinien erfolgte mit der Herstellung von insgesamt 3065 *Messtischblättern* 1 : 25.000 in Preußen zwischen 1875 und 1931 (*Kraus u. Harbeck* 1985, *Grothenn* 1994). Die Vermessung wurde mit Messtisch und *Kippregel* durchgeführt. Letztere bestand aus einem Metallmaßstab mit Kartiereinrichtung und einem damit fest verbundenen kippbaren Zielfernrohr, in dessen Strichkreuzebene zusätzlich zwei zur Zielachse symmetrische Striche angebracht waren, die sog. '*Reichenbachschen Distanzfäden*'. Diese von dem Konstrukteur *Georg von Reichenbach* 1810 erdachte Anordnung gestattete erstmals die (indirekte) optische Entfernungsmessung vom Instrumentenstandpunkt aus und bildete weit bis in das 20. Jh. ein wesentliches Element tachymetrischer Messungen. Die Inhalte der Messtischblätter sind, sofern unverändert, auch heute noch in zahlreichen Blättern der *Topographischen Karte* 1 : 25.000 (TK 25) zu finden, nicht zuletzt ein Beweis für die sorgfältige und präzise Arbeit der damaligen Topographen.

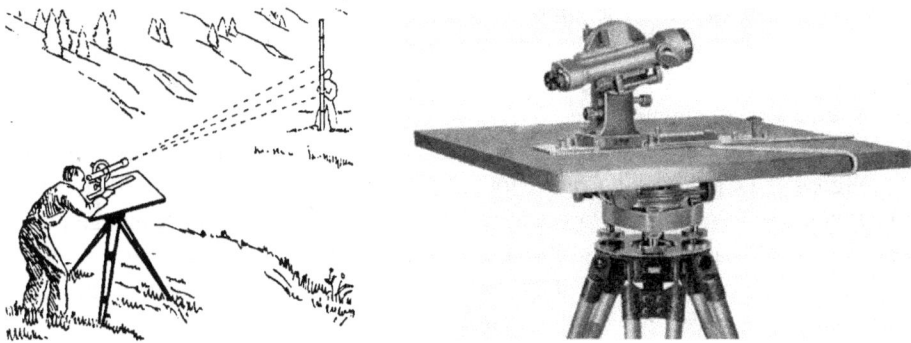

Abb. 1.3.2. Prinzip der Messtischaufnahme (nach *Imhof* 1968) sowie Messtisch und Kippregel von 1950 (*Fennel*, Kassel)

Wesentliche Vorteile der Messtischaufnahme waren die unmittelbare Kontrolle im Feld und die Einsparung von Neupunkten, insbesondere durch den Entwurf der Höhenlinien unmittelbar durch visuellen Vergleich im Gelände. Das Ergebnis der Aufnahme war schließlich ein Kartenentwurf mit Situation und Höhenlinien im gewünschten Maßstab, also eine geometrisch exakte Kartierung, allerdings ohne endgültige graphische Ausgestaltung. Diese blieb der häuslichen Bearbeitung vorbehalten. Nachteilig waren der große Zeitaufwand bei der Feldarbeit sowie ungünstige Arbeits-

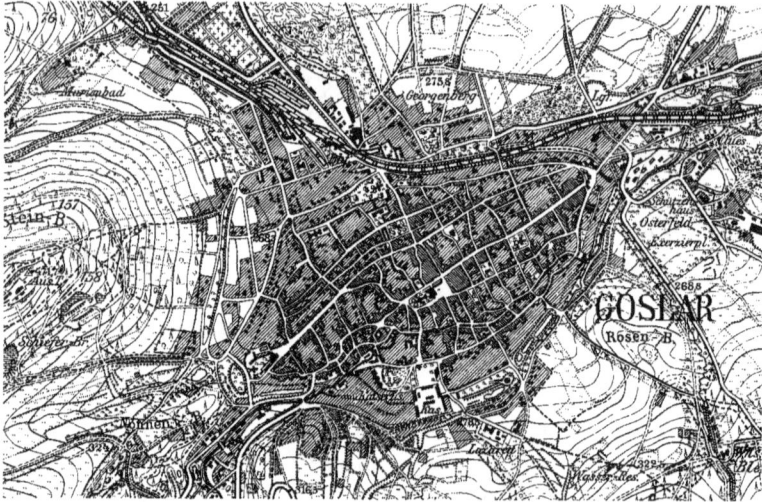

Abb. 1.3.3. Ausschnitt aus der Topographischen Karte 1 : 25.000 der
Preußischen Landesaufnahme (Messtischblatt), Blatt Goslar von 1907
(© *Landesvermessung & Geobasisinformation Niedersachsen LGN*)

bedingungen bei schlechtem Wetter. Dennoch war die Messtischtachymetrie bis weit
in das 20. Jh. von großer Bedeutung.

Die Aufnahme mit Messtisch und Kippregel wurde infolge der technischen Entwicklung schließlich zunehmend durch die zahlentachymetrische Methode ersetzt,
welche eine Beschleunigung der Geländearbeit durch Trennung von Aufnahme und
Auswertung ermöglichte, jedoch neben dem Zahlenfeldbuch für die Messdaten die
Führung eines *Geländefeldbuches* erforderte. Die hierfür verwendeten *Tachymeter*,
d. h. Theodolite mit indirekter optischer Distanzmessung ähnlich der Kippregel, wurden zunehmend durch mechanische und optische Konstruktionselemente so verfeinert, dass man Horizontalentfernung und Höhenunterschied zum angezielten Punkt
ohne aufwendige Berechnung erhielt. Diese Geräte (Kontakttachymeter, Reduktions-
bzw. Diagrammtachymeter) waren bis in die 1970er Jahre gebräuchlich und wurden
erst allmählich durch *elektronische Tachymeter* mit direkter opto-elektronischer Distanzmessung, elektronischer Winkelmessung und automatischer Registrierung der
Messwerte abgelöst.

Die Fortschritte in der Mikroelektronik und Computertechnik haben bei den elektronischen Tachymetern neben einer kompakten Bauweise zu einer erheblichen Leis-
tungssteigerung hinsichtlich Genauigkeit und Einsatzmöglichkeiten geführt, wie automatische Zieleinstellung, reflektorlose Messung u. a. m. Die Zahlentachymetrie wird
heute als ,*Elektronische Tachymetrie*' für kleinere Projekte eingesetzt. Diese ist neben der weitgehenden Automatisierung des Messprozesses durch einen vollständigen
Datenfluss zum Computer gekennzeichnet.

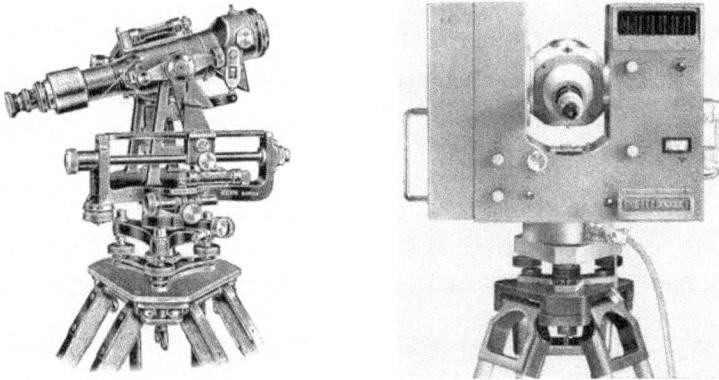

Abb. 1.3.4. Kontakttachymeter von 1926 (*Kern*, Aarau/Schweiz) und elektronischer Tachymeter *Reg Elta 14* von 1968 (*Carl Zeiss*, Oberkochen)

Mit der Erfindung der Photographie im Jahre 1839 war es erstmals möglich, Objekte zu erfassen und auszumessen, ohne diese betreten oder berühren zu müssen, eine Methode, die sich der französische Oberst *Laussedat* nach Konstruktion eines speziellen Photoapparates bereits 1851 zunutze machte. Sein Verfahren wurde auch als Messtischphotogrammetrie bezeichnet und ermöglichte, Situation und Höhen graphisch aus den photographischen Bildern zu rekonstruieren, war aber für umfangreiche Aufnahmen nicht geeignet. Erst durch die Möglichkeit systematischer photographischer Aufnahmen von Flugzeugen aus mit großformatigen Luftbildkameras sowie der Konstruktion von Geräten, die eine räumliche Rekonstruktion des aufgenommenen Geländes aus den Bildern ermöglichten, konnte die Tachymetrie weitgehend durch die Luftbildvermessung ersetzt werden.

Abb. 1.3.5. Analoge Luftbildkamera (*Reihenmesskamera*) *RMK A 15/23* mit Überdeckungsregler von 1961 (*Carl Zeiss*, Oberkochen)

Systematische Luftbildaufnahmen wurden erstmals mit der Konstruktion einer *Reihenbildkamera* durch *O. Messter* (1915) möglich. Deren Weiterentwicklung zu den heute noch üblichen großformatigen *Reihenmesskameras* hat wesentlich zu dem hohen Leistungsstandard in der Luftbildvermessung beigetragen. Die vollständige Ablösung durch die in den letzten Jahren konstruierten optoelektronischen Digitalkameras ist noch nicht absehbar.

In der Auswertetechnik dominierten bis in die 1980er Jahre die analogen Stereokartiergeräte, deren erste Konstruktion, der Doppelprojektor, durch *M. Gasser* ebenfalls auf das Jahr 1915 zurückgeht. Diese gestatteten ohne aufwendige Rechnung die Wiederherstellung der Aufnahmeanordnung der Luftbilder und deren räumliche Auswertung durch optische und mechanische Bauelemente. Die Bildauswertung erfolgte durch Modellabtastung mit einer Messmarke unter stereoskopischer Betrachtung und unmittelbare Übertragung auf einen Zeichentisch.

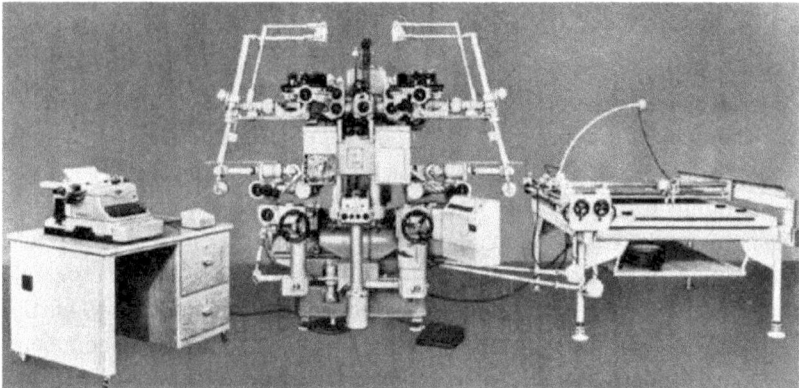

Abb. 1.3.6. Analogauswertgerät *Stereoplanigraph* von 1952 (*Carl Zeiss*, Oberkochen)

Mikroelektronik und immer leistungsfähigere Computer lösten die Analoggeräte in den 1980er Jahren durch analytische Auswertgeräte ab, bei denen die Auswertung programmgesteuert über die analytischen Objekt-Bild-Beziehungen erfolgte. Da optisch-mechanische Beschränkungen weitgehend entfielen, ergaben sich eine höhere Genauigkeit und eine größere Flexibilität hinsichtlich des auszuwertenden Bildmaterials. Die bereits in den 1970er Jahren in Zusammenhang mit der digitalen Satelliten-Bildaufnahme entwickelten Verfahren zur digitalen Bildverarbeitung führten schließlich etwa ab Mitte der 90er Jahre zur Konstruktion digitaler Auswertgeräte, welche abermals die Möglichkeiten der Luftbildauswertung erweiterten. Sie gestatten sowohl die Auswertung nachträglich digitalisierter Bilder als auch solche digitaler Luftbildkameras.

Die *Luftbildvermessung* bzw. *Aerophotogrammetrie* ist nach wie vor das wichtigste Verfahren für die topographische Vermessung, sowohl für die (staatliche) Landesauf-

Abb. 1.3.7. Analytisches Auswertgerät *Planicomp P3* von 1989 (*Carl Zeiss*, Oberkochen)

nahme als auch für umfangreiche Projekte. Sie liefert Landeskoordinaten und -höhen aller topographischen Objekte, ermöglicht die unmittelbare (analoge) Kartierung von Situation und Höhenlinien für die Herstellung topographischer Karten sowie die Erzeugung digitaler Situations- und Geländemodelle.

Für die großflächige Höhenaufnahme hat sich das seit Beginn der 1990er Jahre entwickelte *Aero-Laserscanning* in der Topographie bewährt. Eine weitere Methode ist die *Radar-Interferometrie*, seit Ende der 1990er Jahre sowohl vom Flugzeug als auch aus dem Weltraum von der Raumfähre *Endeavour* und von Satelliten aus eingesetzt.

Terrestrisch-topographische Vermessungen sind i. d. R. auf Ergänzungen und Kontrollen der Landesaufnahme sowie auf kleinere Projekte beschränkt. Hierzu gehören die *Tachymetrie*, die *terrestrische Photogrammetrie* und das *terrestrische Laserscanning*. Während die Tachymetrie noch recht häufig alternativ und ergänzend Verwendung findet, sind die letztgenannten Verfahren nur in speziellen Fällen für topographische Zwecke sinnvoll einsetzbar. Ihre Bedeutung liegt vor allem in der Vermessung nichttopographischer Objekte.

Luftbilder, Satellitenbilder und Radarbilder sind wichtige Mittel für die Interpretation von Phänomenen der Erdoberfläche in allen Geowissenschaften. Zugleich sind sie Grundlage für die Herstellung von Bildkarten, als (vorläufiger) Ersatz fehlender oder in Ergänzung topographischer Karten, ggf. auch für deren partielle Nachführung. Sie bilden zwar die topographischen Objekte ab, liefern aber nicht unmittelbar Koordinaten und Höhen und sind somit für den Aufbau topographischer Informationssysteme nicht geeignet. Daher werden sie mit Ausnahme der Digitalen Orthophotos (DOP) der amtlichen Landesvermessung im Folgenden nur kurz vorgestellt. Ausführliche Informationen zu Bildkarten findet man vor allem in der Literatur zur Fernerkundung und zur Kartographie (z. B. *Albertz* 2009, *Kohlstock* 2010).

Eine Besonderheit der topographischen Vermessung stellt die Erfassung der Marsoberfläche durch die europäische Raumsonde *Mars Express* seit dem Jahre 2004 dar. Die Aufnahme erfolgt hier mit einer Digitalen Zeilenkamera, welche stereoskopische Bilddaten für die dreidimensionale Auswertung liefert (*High Resolution Stereo Ca-*

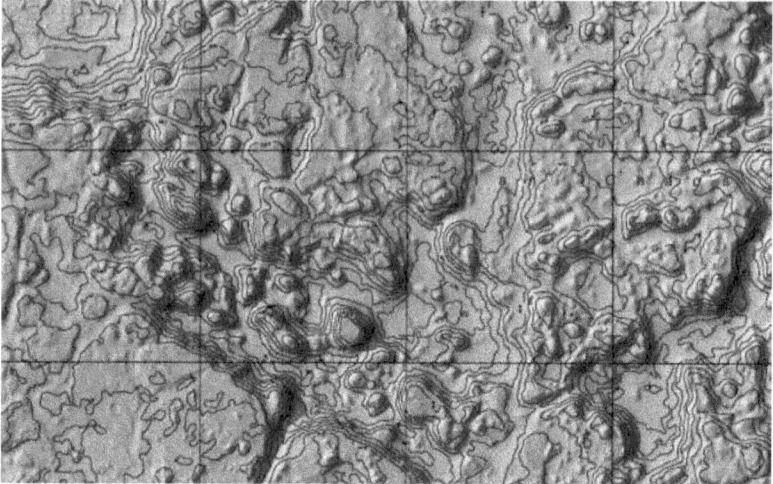

Abb. 1.3.8. Ausschnitt aus einer (im Original farbigen) Bildkarte 1 : 100.000 vom Mars mit Schräglichtschattierung und Höhenlinien (Kartograph. Bearbeitung *Fachgebiet Methodik der Geoinformationstechnik TU Berlin*, © *ESA/DLR/FU Berlin* (G. Neukum))

mera HRSC) (*Albertz u. a.* 2005). Diese Daten bilden u. a. die Grundlage für die Herstellung eines umfangreichen Bildkartenwerkes der Marsoberfläche, der *Topographic Image Map Mars*, welches auch eine Höhendarstellung durch Höhenlinien enthält (*Lehmann u. a.* 2005).

In Planung befindet sich z. Z. die topographische Erfassung des Planeten Merkur mittels Laserscanning. Hierzu soll im Jahre 2014 eine Raumsonde gestartet werden und nach sechsjähriger Flugphase in eine Umlaufbahn des Planeten einschwenken (*Koch u. a.* 2010).

1.4   Von der Karte zum Digitalen Modell

Die Ergebnisse einer topographischen Vermessung (Rohdaten) führten noch bis in die 1980er Jahre nach entsprechender Datenaufbereitung und Koordinatenberechnung bei der Tachymetrie bzw. unmittelbarer Stereoauswertung bei der Luftbildmessung zu einem geometrisch exakten *Kartenentwurf* und durch anschließende Reinzeichnung zum *Kartenoriginal*. Hierbei erfolgte allenfalls eine Trennung in einzelne Objektbereiche, wie Situation, Höhen, Gewässer und Schrift, wie sie für die Herstellung von Druckvorlagen erforderlich war. Die Kartenoriginale bildeten gemeinsam ein *analoges* topographisches Modell der Landschaft und Korrekturen bzw. Aktualisierungen erforderten einen entsprechend hohen zeichen- und reproduktionstechnischen Aufwand. Genauigkeit und Detailreichtum der topographischen Aufnahme richteten sich nach dem Maßstab der Karten.

Die Fortschritte in der Computertechnik haben hier zu einem Paradigmenwechsel geführt, nämlich dem Übergang vom analogen zum *Digitalen Topographischen Modell* DTM (bzw. *Digitalen Landschaftsmodell* DLM), wobei i. A. eine Trennung in *Digitales Situationsmodell* (DSM) mit allen Grundrissobjekten und *Digitales Höhen-* bzw. *Geländemodell* (DHM bzw. DGM) erfolgt.

Zusammenfassend lässt sich feststellen, dass sich die *Verfahren* der Landesaufnahme, d. h. Aufnahmemethoden, Datenverarbeitung, Datenspeicherung und Präsentation, in den vergangenen Jahrzehnten gravierend verändert haben. Sie sind leistungsfähiger, aber auch komplexer, weil technisch anspruchsvoller geworden. Alle Verfahren haben je nach Aufgabenstellung ihre Bedeutung. Weitgehend unverändert geblieben sind jedoch die *Aufgaben* der Landesaufnahme.

Kapitel 2

Topographische Objekte

Die Gegenstände topographischer Vermessungen, d. h. die natürlichen und künstlichen *topographischen Objekte*, lassen sich entsprechend der Gliederung in den topographischen Karten einteilen in

- Situationsobjekte,
- Höhen und Geländeformen.

Neben den grundlegenden geometrischen Daten (Koordinaten und Höhen) sind Objektmerkmale und -eigenschaften sowie Benennungen (z. B. Gebäudeart, Ortsnamen, Straßenklassifizierung u. ä.) von Interesse, auch als semantische Information, Sachdaten oder Attributierung bezeichnet.

2.1 Situationsobjekte

Die Situation umfasst zunächst alle abgrenzbaren Objekte (Diskreta), deren Grundriss eindeutig definiert und damit unmittelbar erfassbar und darstellbar ist (Gebäude, Straßen u. a.). Hinzu kommen solche, deren Position zwar eindeutig, deren Grundriss jedoch nicht erfassbar (z. B. Denkmal) oder nicht aussagekräftig ist (z. B. Zaun).

2.1.1 Objektarten

Die Objektarten lassen sich wie folgt gliedern:

(1) Siedlungen:

- Gebäude (ggf. mit Hausnr.), unterschieden nach Wohngebäude, öffentliches Gebäude, Wirtschaftsgebäude,
- Industrieanlagen mit zugehörigen Einrichtungen,
- topographische Einzelobjekte (Zäune, Mauern, Denkmal, Schaltschränke, Schächte, Einläufe, Laternen, Masten u. a.).

(2) Verkehr:

- Straßen, Wege und Plätze, ggf. mit Klassifizierung (Autobahn, Bundesstraße u. a.), mit zugehörigen Bauwerken, Einrichtungen und Geländeformen wie Brücken, Tunnel, Rast- und Parkplätze, Böschungen, Entwässerungsgräben, Straßenbäume u. a.,

- Eisenbahnen und sonstige Bahnen (Straßenbahn, U-Bahn, Schwebebahn, Seilbahn) mit zugehörigen Bauwerken, Einrichtungen und Geländeformen (Bahnhof, Haltepunkt, Bahnkörperbegrenzung, Böschungen u. a.),

- Flughäfen bzw. -plätze mit zugehörigen Bauwerken und Einrichtungen (Landebahnen, Abfertigungsgebäude, Befeuerungsanlagen, Parkhäuser u. a.).

(3) Gewässer:

- Flüsse, Kanäle, Seen, Teiche, Quellen, Bäche, Gräben, unterirdische Wasserläufe, Wattflächen, ggf. mit Namen, einschließlich zugehöriger Bauwerke, Einrichtungen und Geländeformen (Hafenanlagen, Werften, Brücken, Fähren, Schleusen, Stau- und Sperranlagen, Durchlässe, Pegel, Uferbefestigungen, Deiche, Schiffahrtszeichen u. a.),

- Bäder, Anlagen der Wasserversorgung und -entsorgung (Freibäder, Kläranlagen, Pumpstationen u. a.).

(4) Vegetation:

- Waldflächen, unterschieden in Nadel-, Laub- und Mischwald,

- Erholungsflächen und Gärten (Parks, Campingplätze, Garten, Baumschulen u. a.) einschließlich zugehöriger Einrichtungen,

- Grünland, Weinanbau, Obstplantagen, Heide, Moore, Geröllfelder u. a.

(5) Administrative Grenzen (Staatsgrenzen, Landesgrenzen, Kreisgrenzen u. a.).

2.1.2 Grundsätze der Situationsaufnahme

Die vorstehende Aufzählung erhebt keinen Anspruch auf Vollständigkeit. Welche Objekte und welche Details mit welcher Genauigkeit zu erfassen sind, hängt u. a. ab vom Verwendungszweck der Aufnahmedaten und unterliegt den Vereinbarungen zwischen Auftraggeber und Auftragnehmer oder bestehenden Aufnahmevorschriften, wie z. B. dem Objektartenkatalog des Basis-Landschaftsmodells (Basis-DLM) des *Amtlichen Topographisch-Kartographischen Informationssystems* ATKIS (vgl. 5.5.3). Grundsätzlich gilt:

- Flächenhafte Objekte (Gebäude, Gartenflächen, Hofräume, Vegetationsflächen u. ä.) werden mit ihren Umringslinien (Grundriss) aufgenommen.

- Straßen, Wege und Gewässer werden, eine hinreichende Breite vorausgesetzt, mit ihren Begrenzungslinien aufgenommen, andernfalls durch ihre Achse.

- Bahngleise werden durch ihre Achse erfasst. Hinzukommen Begrenzungen des Bahnkörpers, z. B. durch Gräben, Zäune, Lärmschutzwände oder Böschungen.

- Topographische Einzelobjekte, deren Grundriss nicht darstellbar bzw. messbar ist, werden positionstreu als Einzelpunkt bzw. -linie aufgenommen, entsprechend codiert und später durch eine Signatur dargestellt.

Die *Erfassungsgenauigkeit*, d. h. die Lagegenauigkeit und die Detailtreue der Objekte, wird unabhängig vom Aufnahmeverfahren durch verschiedene Faktoren bestimmt:

- Die *Objektdefinierbarkeit* begrenzt a priori die Lagegenauigkeit und damit auch zu hohe Genauigkeitsanforderungen. So sind definierte Punkte und Kanten (Hausecke, Straßenkante) mit einer Genauigkeit von etwa ± 2 cm, die Grenze eines befestigten Weges nur auf etwa ± 1 dm und eine Waldgrenze vielleicht nur auf ± 5 m erfassbar.

- Die *Darstellungsgenauigkeit* hängt von der Art des Endprodukts ab. Handelt es sich hierbei um ein *Digitales Situationsmodell*, welches für unterschiedliche Nutzungen zur Verfügung steht, dann sind Erfassungs- und Darstellungsgenauigkeit identisch und hängen vor allem vom gewählten Aufnahmeverfahren ab. Handelt es sich bei dem gewünschten Endprodukt um eine *topographische Karte*, so ist deren Maßstab entscheidend. Kriterium ist die Kartiergenauigkeit (*graphische Genauigkeit*) von $\pm 0,2$ mm. Dieser Wert entspricht im Maßstab 1 : 1000 einem Naturmaß von $\pm 0,2$ m, in 1 : 5000 von ± 1 m und in 1 : 25.000 von ± 5 m. Die Erfassungsgenauigkeit sollte, um unwirksam zu bleiben, nach Möglichkeit ein Drittel dieser Werte nicht überschreiten.

- Für die *Detailtreue* sind die in einer gedruckten Karte darstellbaren Mindestgrößen maßgebend, die sich an der Lesbarkeit bzw. Deutbarkeit graphischer Elemente orientieren (vgl. *Kohlstock* 2010). So beträgt z. B. die Mindestflächenausdehnung in der Karte 0,3mm. Danach wären Details ab 0,3 m für eine Darstellung in 1 : 1000, ab 1,5 m für 1 : 5000 und ab 7,5 m für 1 : 25.000 zu erfassen. Da die Auflösung eines PC-Bildschirms geringer ist, können diese Details ggf. dort nicht mehr erkannt werden.

Die Vereinfachung von Objekten bei der Erfassung, wie das Weglassen zu kleiner Details, die Begradigung von ,unruhigen' Linien sowie das Weglassen zwar hinreichend großer aber unwesentlicher Einzelheiten wird auch als *Erfassungsgeneralisierung* bezeichnet. Eine sachgerechte Vorgehensweise hierbei kann zwar durch Aufnahmevorschriften und Objektartenkataloge unterstützt werden, setzt aber doch sehr viel Erfahrung voraus.

2.2 Höhen und Geländeformen

Die Vermessung und Darstellung von *Höhen und Geländeformen* (auch Erdoberflächenformen oder Landformen) ist, von Einzelpunkten und markanten Einzelformen (Gipfel, Steilabbrüche u. ä.) abgesehen, ungleich schwieriger als die der Situation, da die Geländeoberfläche als unregelmäßiges *Kontinuum* nicht hinreichend durch mathematische Regelflächen beschreibbar ist. Ihre Entstehung geht auf weitgehend lange zurückliegende geologische und geomorphologische Vorgänge zurück und sie sind durch Bewegungen der Erdkruste (Hebungen, Senkungen, Verbiegungen, horizontale

Verschiebungen) einerseits und durch Abtragung des Gesteins und des Bodenmaterials sowie Wiederanlagerung an anderen Stellen andererseits permanenten Veränderungen unterworfen. Eine sachgerechte Erfassung und Wiedergabe der Geländeformen erfordert daher auch einige Grundkenntnisse über diese Vorgänge.

2.2.1 Zur Entstehung der Geländeformen

Die Beschreibung der Geländeformen und der auf sie einwirkenden Mechanismen ist Gegenstand der *Geomorphologie* (auch Morphologie) und sie werden dort als Teil eines übergeordneten ‚geomorphodynamischen Systems' angesehen, dessen Prozesse durch die Wirkung von Kräften ablaufen (vgl. *Ahnert* 1996). Diese beeinflussen sowohl die materielle Beschaffenheit der Erdkruste (Gesteine, Böden, Bodenbedeckung) als auch ihre Oberfläche, d. h. ihre geometrischen Eigenschaften, also die Geländeformen.

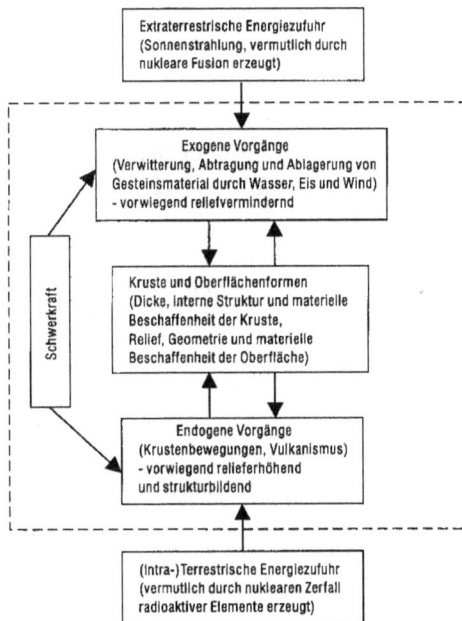

Abb. 2.2.1. Das geomorphodynamische System (nach *Ahnert* 1996)

Endogene Vorgänge führen durch vom Erdinneren her wirkende Kräfte in langen Zeiträumen zu großräumigen Veränderungen der Erdkruste, wie zur Bildung von Faltengebirgen durch Biegungs- und Bruchverformungen (Orogenese) oder zu Hebungen und Senkungen des Festlandes sowie zu Horizontalverschiebungen (Epirogenese). Da diese Veränderungen nicht unmittelbar sichtbar werden, haben sie keinen direkten Einfluss auf die topographische Erfassung. Anders ist es mit dem Vulkanismus und den Erdbeben, also kurzfristigen, räumlich begrenzten Ereignissen, mit häufig gravierenden landschaftsverändernden Folgen. Grundsätzlich bewirken endogene Prozesse eher eine Relieferhöhung, also eine Zunahme von Höhenunterschieden.

Exogene Vorgänge, hervorgerufen durch von außen aus der Atmosphäre wirkende Kräfte, führen durch Verwitterung, Abtragung, Transport und Ablagerung von Gesteinen und Böden zu einer Veränderung der Oberflächenformen. Betroffen sind hier vor allem die Kleinformen und ihre Wirkung ist tendenziell reliefvermindernd. Durch mechanische und chemische Verwitterung werden Gesteine zerlegt, zersetzt oder aufgelöst, dadurch beweglich und durch die Schwerkraft in Richtung des größten Gefälles abgetragen, ein Vorgang der, wenn er flächenhaft erfolgt, als *Denudation*, und sofern er linienhaft erfolgt, als *Erosion* bezeichnet wird. Energiequelle hierfür ist die Sonnenstrahlung, welche die Erdoberfläche und die Atmosphäre erwärmt und damit direkt und indirekt ursächlich für die exogenen Faktoren Wasser, Eis und Wind ist. Da die hierdurch verursachten Veränderungen vergleichsweise kurzfristig zu beobachten sind, sind sie für die topographische Vermessung von besonderer Bedeutung.

Fließendes Wasser wirkt in vielfältiger Weise auf die Oberflächenformen (*fluviale Formung*). Als Niederschlag in Form von Regen, Schnee oder Tau dringt es in die Oberfläche durch Poren oder Spalten ein und sammelt sich zunächst auf wasserundurchlässigen Gesteinsschichten als Grundwasser. Tritt es zutage, dann sprechen wir von Quellen, die entweder ständig oder nur periodisch Wasser abgeben. Je nach Bodenbeschaffenheit kommt es zu charakteristischen Kleinformen. Bäche und Flüsse erzeugen abhängig von Untergrund und Fließgeschwindigkeit in langen Zeiträumen durch Erosion und Ablagerung von Gesteinen charakteristische Landschaftsformen. Hochwasser führen indessen häufig zu kurzfristigen und teilweise irreversiblen Veränderungen der Oberflächenformen. Von der flächenhaften Abtragung sind insbesondere Bereiche ohne geschlossene Vegetationsdecke betroffen (Ackerflächen u. ä.). Böden und lockere Gesteine werden je nach Gefälle abtransportiert und wieder akkumuliert. Als Folge wiederholter intensiver Niederschläge können dauerhafte Rinnen, Gräben oder Schluchten entstehen. Im Küstenbereich sind es insbesondere Sturmfluten, die kurzfristige und bleibende Veränderungen, wie Dünenabbrüche, Sandabspülungen u. a., hervorrufen.

Eis und Schnee führen vor allem im Hochgebirge im Bereich der Gletscher zu typischen Geländeformen (*glaziale Formung*). Durch Abtragung und Akkumulation von Gesteinen und Schutt durch Eis und Schmelzwasser entstehen Schuttablagerungen (Moränen), Kies- und Sandflächen (Sander) und Seen. Während der Eiszeit hat die Ausdehnung der Gletscher in die Flachlandbereiche nach dem Abschmelzen z. B. im Alpenvorland und in Norddeutschland zu entsprechenden charakteristischen Landschaftsformen geführt. Nicht unerwähnt bleiben soll schließlich die im Fels des Hochgebirges durch Frostsprengung infolge gefrierenden Wassers erzeugte Verwitterung mit entsprechenden, häufig kegelförmigen Schuttansammlungen und Geröllfeldern.

Wind vermag vor allem im Bereich lockerer feinkörniger Böden ohne natürliche Vegetationsdecke die Geländeformen durch Abtransport und Akkumulation umzuge-

stalten (*äolische Formung*). Dies gilt vor allem für die Wüsten der ariden und se-
miariden Klimazonen, aber auch im Küstenbereich an Sandstränden und Dünen sowie für Acker- und Rodungsflächen. Da derartige Veränderungen oft sehr kurzfristig
aufeinander folgen, stellen sie eine besondere Schwierigkeit bei der topographischen
Aufnahme dar.

   Erheblichen Einfluss auf die Veränderungen der Erdoberfläche hat der Mensch
durch seine größtenteils irreversiblen Eingriffe in die Natur mit ihren unmittelbaren
kurzfristigen und mittelbaren langfristigen Folgen. Hierzu gehören Bodenversieglung
durch Bebauung (Siedlungen, Verkehrswege), landwirtschaftliche Nutzung, Waldro-
dung, Bergbau, Talsperrenbau, Mülldeponien u. ä., aber auch die Klimaveränderungen
infolge der ‚Vergiftung‘ der Atmosphäre. Durch das kumulative Zusammenwirken der
exogenen Kräfte kommt es zu teilweise gravierenden Veränderungen der Erdoberfläche. Für vertiefende Betrachtungen sei auf die vielfältige Fachliteratur verwiesen,
z. B. *Ahnert* (1996) und *Zepp* (2004).

2.2.2 Grundsätze der Geländeaufnahme

Die Geländeaufnahme und -darstellung kann punkt- oder linienförmig erfolgen. Im
ersten Fall wird das Gelände in Lage und Höhe durch ein Punktfeld erfasst, d. h.
durch diskrete Höhenpunkte, deren Dichte und Anordnung insbesondere auch vom
gewählten Aufnahmeverfahren abhängig ist:

* Bei der Aufnahme durch die Tachymetrie erfolgt die Punktauswahl nach morphologischen Gesichtpunkten und es entsteht ein unregelmäßiges Punktfeld (vgl.
  3.1).

* In der Luftbildauswertung kann ein gitter- bzw. rasterförmiges Punktfeld erzeugt
  werden (vgl. 4.1).

* Bei Aufnahme durch Laserscanning und Radar-Interferometrie entstehen mäan-
  derförmige Punktfolgen (vgl. 4.2 u. 4.3).

Einzig in der Luftbildauswertung besteht die Möglichkeit der unmittelbaren Höhen-
linienerzeugung durch stereoskopische Modellabtastung. Von diesem allerdings sehr
zeitaufwendigen Verfahren hat man in der Analogauswertung intensiv Gebrauch gemacht (vgl. 4.1.6).

   Für eine sachgerechte Modellierung der vielgestaltigen und ‚rauhen‘ Geländeoberfläche ist eine Aufnahme erforderlich, die einerseits keine charakteristischen Details
vernachlässigt, andererseits aber eine hinreichende Glättung erzeugt. Die hier vor-
zunehmende Erfassungsgeneralisierung ist im Gegensatz zur Situationsaufnahme ungleich schwieriger und setzt neben geomorphologischen Kenntnissen entsprechende
Erfahrungen voraus. Während großräumige Oberflächenformen ‚automatisch‘ erfasst
werden, stellt das Erkennen und die Erfassung wesentlicher und für eine Landschaft
typischer Kleinformen, d. h. ihre Unterscheidung von unwesentlichen Kleinformen

(*Bodenrauhigkeit*), eine besondere Schwierigkeit dar. Die Genauigkeit der Geländeaufnahme wird schließlich durch zwei Faktoren bestimmt.

- Die *Definierbarkeit der Geländeoberfläche (Bodenrauhigkeit)* begrenzt unabhängig vom Aufnahmeverfahren die Höhengenauigkeit. Auf einer glatten Oberfläche (Straße, befestigter Weg u. ä.) kann diese mit ±1–2 cm angenommen werden.
  Auf natürlichen und bewirtschafteten Flächen (Waldboden, Sandflächen, Acker,
  Grünland u. ä.) ist die Oberfläche mehr oder weniger ausgeprägt uneben und weist
  kleinere unregelmäßige Erhebungen und Vertiefungen (Beulen und Dellen) in
  einer Größenordnung von ±1–2 dm in der Höhe auf. Hinzu kommen Einflüsse durch die bodennahe Vegetation. Diese lokalen Unebenheiten zu erfassen ist
  weder sinnvoll noch möglich, zumal bewirtschaftete Flächen auch häufigen Veränderungen unterliegen.

- Unabhängig von der Bodenrauhigkeit ist die durch ein bestimmtes *Aufnahmeverfahren* erreichbare Höhengenauigkeit instrumentell bzw. verfahrenstechnisch bedingt. Die höchste Genauigkeit von etwa ±1–2 cm für Einzelpunkte ist durch die
  Tachymetrie erzielbar, welche allerdings nur in Sonderfällen angestrebt werden
  dürfte (vgl. 3.1.9). Die durch Luftbildmessung, Aero-Laserscanning und Radar-
  Interferometrie erzielbare Genauigkeit liegt im Bereich der Bodenrauhigkeit (vgl.
  Kap. 4). Die Fehlergrenzen für amtliche Produkte (z. B. für das Basis-Landschaftsmodell) tragen diesem Umstand insofern Rechnung, dass schon aus wirtschaftlichen Überlegungen von übertriebenen Genauigkeitsanforderungen abgesehen wird.

2.3   Graphische Darstellung

Endprodukt einer topographischen Vermessung ist häufig ein Lage- und Höhenplan
bzw. eine topographische Karte, als Druck oder auf dem Bildschirm eines PC. Für die
graphische Darstellung der enthaltenen Objekte stehen zur Verfügung:

- Geometrische Elemente, d. h. Punkte, Linien und Flächen, wobei Form, Strich-
  stärke bzw. Flächenfüllung (Farbe, Schraffur) variieren.

- Erläuternde Elemente, d. h. Beschriftung, Signaturen und Farben.

Die *Beschriftung* von Objekten dient nicht nur ihrer Identifizierbarkeit bzw. zusätzlichen Erläuterung, sondern ermöglicht auch durch die Variation von Schriftgröße,
Schriftart und -lage eine bessere Unterscheidbarkeit von Objektarten. Alle Objekte, welche nicht durch ihren Grundriss darstellbar sind, müssen durch *Signaturen*
(Kartenzeichen) ersetzt werden. Ihre Lesbarkeit wird entscheidend durch eine bild-
oder symbolhafte Gestaltung beeinflusst, wobei bevorzugt Aufrissbilder Verwendung
finden. Der Einsatz von *Farben* verbessert die Lesbarkeit gegenüber Schwarz-
Weiß-Darstellungen, insbesondere bei Karten mittleren und kleinen Maßstabs

($M < 1 : 10.000$). Bei der Farbwahl ist ggf. der Symbolgehalt zu berücksichtigen. Farbabstufungen ermöglichen Objektabstufungen. Von Ausnahmen bei sehr großmaßstäbigen Karten abgesehen ist die Erläuterung der Darstellungselemente in einer Legende (Zeichenerklärung) unerlässlich.

Grundsätzlich sollte sich die graphische Gestaltung an bestehenden Vereinbarungen bzw. Vorschriften orientieren:

- Für großmaßstäbige Karten (Lage- und Höhenpläne, Liegenschaftskarten) mit $M \geq 1 : 2000$ gibt es spezielle Zeichenvorschriften nach DIN 18702 (‚Zeichen für Vermessungsrisse, großmaßstäbige Karten und Pläne‘).

- Für die amtlichen Karten der BRD waren es die maßstabsbezogenen Musterblätter, welche sowohl die darzustellenden Objektarten, die Darstellungsform und die graphische Gestaltung als auch wesentliche Beispiele zur Generalisierung aus dem vorhergehenden Maßstab enthielten. Diese Vorschriften wurden inzwischen bei ATKIS durch Objektarten- und Signaturenkataloge abgelöst.

Für die Führung eines Geländefeldbuchs (manuell oder elektronisch) gelten die gleichen Vorschriften, insbesondere im Hinblick auf die Signaturen. Die Darstellung muss hierbei so eindeutig sein, dass sie von einem nicht mit der Aufnahme betrauten Mitarbeiter zweifelsfrei gedeutet werden kann (vgl. 3.1.7). Weitere Einzelheiten zur graphischen Gestaltung entnehme man der Literatur zur Kartographie, z. B. *Hake u. a.* (2002) und *Kohlstock* (2010).

Kapitel 3

Terrestrisch-topographische Vermessung

Für topographische Vermessungen stehen je nach Aufgabenstellung unterschiedliche Verfahren zur Verfügung. *Aerophotogrammetrie, Aero-Laserscanning* sowie *Radar-Interferometrie* werden für großräumige topographische Aufnahmen eingesetzt. *Terrestrisch-topographische Vermessungen* sind i. d. R. auf kleinere Projekte beschränkt. Hierzu gehören die *Tachymetrie*, die *terrestrische Photogrammetrie* und das *terrestrische Laserscanning*. Die beiden letztgenannten Verfahren kommen nur für die Aufnahme von Einzelobjekten mit vorwiegend vertikaler Struktur infrage. Die Tachymetrie hingegen ist unter bestimmten Voraussetzungen eine Alternative zu den flugzeuggestützten Verfahren:

- Die aufzunehmende Fläche ist zu gering für deren wirtschaftlichen Einsatz.

- Eine gewünschte Genauigkeit kann anderweitig nicht erzielt werden.

- Dauerhafter dichter Bewuchs beeinträchtigt oder verhindert den Einsatz der anderen Verfahren.

- Bestehende topographische Aufnahmen sollen ergänzt oder kontrolliert werden.

3.1 Tachymetrie

Prinzipiell bestehen drei Möglichkeiten der topographischen Aufnahme durch die Tachymetrie:

- Beim *satellitengestützten Verfahren* werden alle Neupunkte mit einem GNSS-Empfänger erfasst. Die Ermittlung der Neupunktkoordinaten erfordert mindestens eine Referenzstation. Eine separate Standpunktbestimmung entfällt. Die Anwendung setzt voraus, dass weder Bebauung noch Vegetation die ‚Sicht‘ zu den Satelliten durch Abschattungen verhindern (vgl. 3.1.5).

- Eine Kombination aus Standpunktbestimmung mit einem GNSS-Empfänger und *Polaraufnahme* mit einem Tachymeter ist dann vorzuziehen, wenn Abschattungen Probleme bei der Neupunkterfassung durch GNSS erwarten lassen.

- Falls der Einsatz eines Satellitenempfängers auch für die Standpunktbestimmung problematisch ist, sei es mangels ausreichender Referenzstationen oder zu erwartender umfangreicher Abschattungen, bleibt nur die Möglichkeit der *Polaraufnahme* und ggf. eine Standpunktbestimmung durch *Tachymeterzug* und/oder *Freie Stationierung* (vgl. 3.1.3 und 3.1.4).

Die Tachymetrie (sinngemäß ‚Schnellmessung') ist in Form der *Polaraufnahme* das älteste der heute angewandten topographischen Aufnahmeverfahren, zugleich ist es das genaueste, aber auch zeitaufwendigste. Bis zu Beginn des 21. Jh. war die Polaraufnahme zunächst in Form der Messtischtachymetrie, dann als Zahlentachymetrie vorherrschend. Mit der Entwicklung der *satellitengestützten Positionierung* ist in den letzten Jahren eine alternative Aufnahmemethode entstanden, welche unter bestimmten Voraussetzungen wirtschaftlicher ist. Da ihre Anwendung Einschränkungen unterliegt, behält die Polarmethode nach wie vor ihre Bedeutung.

3.1.1 Polaraufnahme

Kennzeichnend für die Polaraufnahme ist, dass die für die Bestimmung von Neupunkten erforderlichen Messdaten von einem Standpunkt aus simultan mit einem Tachymeter erfasst werden. Ziel war es ursprünglich, ohne aufwendige Umrechnung der Messwerte unmittelbar Kartierdaten (Horizontalwinkel, Horizontalstrecke und Höhenunterschied) zu erhalten. Dies führte schon frühzeitig zu optisch-mechanischen Konstruktionen (Reduktionstachymeter, Messtischkippregel), die schließlich immer mehr verfeinert wurden und erst in den 1970er Jahren durch die elektronischen Tachymeter abgelöst wurden. Hierdurch und durch die Entwicklung der Computertechnik entfiel schließlich die Notwendigkeit der instrumentellen Datenreduktion. Zugleich wurden Schnelligkeit, Flexibilität und Genauigkeit der tachymetrischen Verfahren gesteigert.

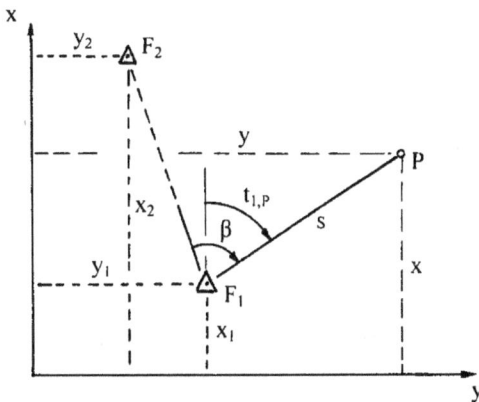

Abb. 3.1.1. Polares Anhängen eines Neupunktes P an einen Standpunkt F

Das Messprinzip der Polaraufnahme wird auch als *Polares Anhängen* bezeichnet. Ausgehend von einem Standpunkt F_1 mit den Koordinaten y_1, x_1, h_1 (bzw. Rechts- und Hochwert, Höhe über NHN) werden der Horizontalwinkel β zwischen einem weiteren koordinatenmäßig bekannten Punkt $F_2(y_2, x_2)$ und dem Neupunkt P sowie der Zenitwinkel z und die Schrägstrecke s' zum Neupunkt gemessen. Für die Ermittlung der kartesischen Koordinaten x, y (bzw. Gauß-Krüger- oder UTM-Koordinaten) des Neupunktes P gelten dann folgende Beziehungen:

$$x = x_1 + s \cdot \cos t_{1,P} \quad \text{mit } t_{1,P} = t_{1,2} + \beta - 400$$

$$y = y_1 + s \cdot \sin t_{1,P} \qquad t_{1,2} = \arctan \frac{y_2 - y_1}{x_2 - x_1}$$

β Brechungswinkel von F_2 nach P

$t_{1,P}$ Richtungswinkel von F_1 nach P

$t_{1,2}$ Richtungswinkel von F_1 nach F_2

s Strecke für Rechnung von Koordinaten
im Landessystem (vgl. 3.1.8)

Für die Höhenübertragung vom Standpunkt F zum Neupunkt P durch *trigonometrische Höhenmessung* gilt unter Berücksichtigung von Erdkrümmung und Refraktion:

$$h = h_F + s' \cdot \cos z + (1 - k) \frac{(s' \cdot \sin z)^2}{2R} + (i_F - i_P)$$

mit k Refraktionskoeffizient

            $i_{F,P}$ Instrumentenhöhen im Stand- bzw. Neupunkt

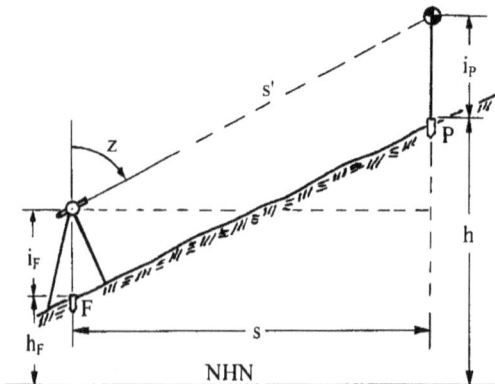

Abb. 3.1.2. Trigonometrische Höhenübertragung von einem Standpunkt F zu einem Neupunkt P

Der Einfluss von Erdkrümmung und Refraktion fällt durch nahezu gleichzeitige gegenseitige Beobachtungen in Hin- und Rückmessung, wie etwa beim Tachymeterzug, weitgehend heraus und spielt für Entfernungen ≤ 500 m bei der Geländeaufnahme im Vergleich mit der Bodenrauhigkeit keine Rolle. Für den Standardwert von $k = 0{,}13$ unter Annahme eines kreisförmigem Zielstrahlverlauf ergäbe sich eine Korrektur von max. 2 cm.

3.1.2 Tachymeter

Seit der Konstruktion der ersten elektronischen Tachymeter Ende der 1960er Jahre
hat der Fortschritt in der Mikroelektronik zu immer leistungsfähigeren Instrumenten
geführt. Elementare Bestandteile sind ein elektronischer Theodolit, ein Distanzmesser, ein Rechner sowie die automatische Datenspeicherung. Basis-Messelemente sind
Horizontalwinkel, Vertikalwinkel und Schrägdistanz (polare Messdaten). Hieraus lassen sich durch einfache Rechnung kartesische Koordinaten sowie Höhenunterschiede
bezogen auf den Standpunkt ermitteln (vgl. 3.1.1).

Heutige Tachymeter, auch als Totalstation oder Computertachymeter bezeichnet,
unterscheiden sich i. W. hinsichtlich Bedienung, Genauigkeit und Ausstattungsmerk-
malen. Neben den eigentlichen Grundfunktionen sind als zusätzliche Leistungs- und
Konstruktionsmerkmale hervorzuheben:

- Achsantriebe mit Servomotoren und automatischer Zielverfolgung sowie Feinzie-
  lung,

- Infrarotlaser für die Entfernungsmessung mit Reflektoren und sichtbare Laser für
  die reflektorlose Messung,

- Gerätebedienung von der Reflektorstation aus mit entsprechender Bedienungs-
  einheit und Funkübertragung (‚Einmann-Station') sowie

- Anwenderprogramme, die über die Korrektur von Messwerten, wie Additions-
  konstante, Indexverbesserung usw. hinausgehen und die Lösung geodätischer
  Grundaufgaben vor Ort ermöglichen.

Je nach Ausstattung kann man zwischen einfachen Tachymetern, Standard- und Prä-
zisionstachymeter unterscheiden (vgl. *Deumlich u. Staiger* 2003):

- *Einfache Tachymeter* sind prinzipiell für den Einsatz im Baubereich konstruiert,
  mit einfacher Bedienung, einer Reichweite bis zu 3000 m (mit 1 Reflektor), einer
  Richtungsmessgenauigkeit von $\sigma_R \leq 3$ mgon und einer Streckenmessgenauigkeit
  von $\sigma_S \leq 5$ mm $+ 5$ ppm sowie wenigen Anwenderprogrammen.

- *Standardtachymeter* haben eine höhere Reichweite von bis zu 5000 m mit einem
  Reflektor, eine Genauigkeit von $\sigma_R \leq 1,5$ mgon und $\sigma_S \leq 3$ mm $+ 3$ ppm sowie
  eine umfangreichere Anwendungssoftware. Häufig verfügen sie zusätzlich über
  eine reflektorlose Distanzmessung, mit allerdings deutlich geringerer Reichweite. Bei Ausstattung mit motorisierten Achsantrieben, automatisierter Zielsuche,
  Zielverfolgung und Feineinstellung kann das Gerät über eine externe Kontrollein-
  heit (z. B. am Reflektorstab) ohne Beobachter bedient und somit als ‚Ein-Mann-
  Station' verwendet werden.

- Bei *Präzisionstachymetern* steht die Genauigkeit der Richtungs- und Streckenmessung mit z. B. $\sigma_R = 0,15$ mgon und $\sigma_S = 1$ mm $+ 1$ ppm im Vordergrund.

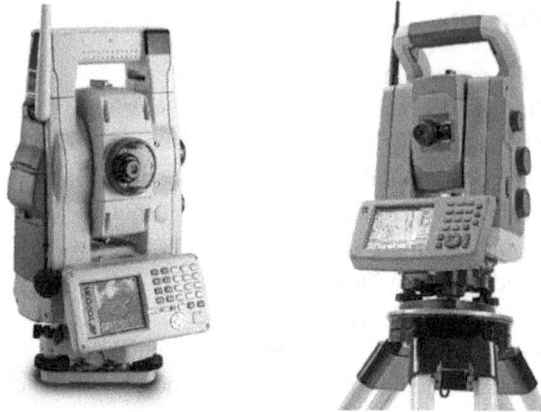

Abb. 3.1.3. Standardtachymeter *GPT 9000* (*Topcon*, Willich) und *S*6 (*Trimble*, Raunheim)

Für die topographische Vermessung kommen grundsätzlich alle Geräte infrage, jedoch wird man schon aus Kostengründen auf den Einsatz von Präzisionstachymetern verzichten. Während die Streckenmessgenauigkeit in jedem Fall als ausreichend anzusehen ist, muss bei der Richtungsmessung die lineare Zunahme des resultierenden Querfehlers q beachtet werden. So entspricht einer Richtungsabweichung von 3 mgon in 100 m Entfernung ein Querfehler von 5 mm und in 1000 m Entfernung von 5 cm. Da die Aufnahmereichweite in den seltensten Fällen, etwa wegen Bewuchses, Bebauung und/oder Höhenunterschieden, 500 m übersteigen dürfte, ist diese Genauigkeit aber als völlig ausreichend für die topographische Aufnahme anzusehen.

Der Einsatz eines Tachymeters als ‚Ein-Mann-Station' ist nur bei einfachen Messungen sinnvoll, keinesfalls indessen bei topographischen Vermessungen, da für eine einzelne Person infolge der Aufgabenhäufung durch Punktauswahl, Führung eines Kontrollfeldbuchs, Eingabe von Codeziffern u. ä. leicht eine Überforderung eintreten kann, mit der Folge zunehmender Fehlerhäufigkeit.

Schließlich ist für topographische Zwecke eine umfangreiche Anwendersoftware entbehrlich. Allenfalls die Berechnung vorläufiger Koordinaten für Tachymeterzüge, freie Stationierung und Neupunkte für die Anzeige auf einem elektronischen Feldbuch kann von Nutzen sein.

3.1.3 Standpunktbestimmung durch Tachymeterzüge

Für die topographische Aufnahme durch das Polarverfahren reicht ein vorhandenes Referenzpunktfeld i. d. R. nicht aus. Es müssen daher zusätzliche Standpunkte, ggf. in Kombination mit freier Stationierung (vgl. 3.1.4), durch Anlage von Tachymeterzügen geschaffen werden.

Der Tachymeterzug entspricht einem Polygonzug mit gleichzeitiger trigonometrischer Höhenübertragung. Hierbei werden ausgehend von einem lage- und höhenmäßig bekannten Punkt (z. B. Festpunkt) die Koordinaten und Höhen der Folgepunkte durch fortgesetztes Polares Anhängen bzw. fortgesetzte Höhenübertragung bestimmt, wobei unterschiedliche Zugformen zu beachten sind:

- Beim *beiderseits angeschlossenen und orientierten Zug* stehen am Zuganfang und -ende je ein bekannter Punkt zur Verfügung und es ist eine Orientierungsmessung und Richtungswinkelberechnung zu jeweils einem weiteren bekannten Punkt (Fernziel) möglich. Eine Sonderform ist der *Ringzug*, der zum Ausgangspunkt zurückkehrt.

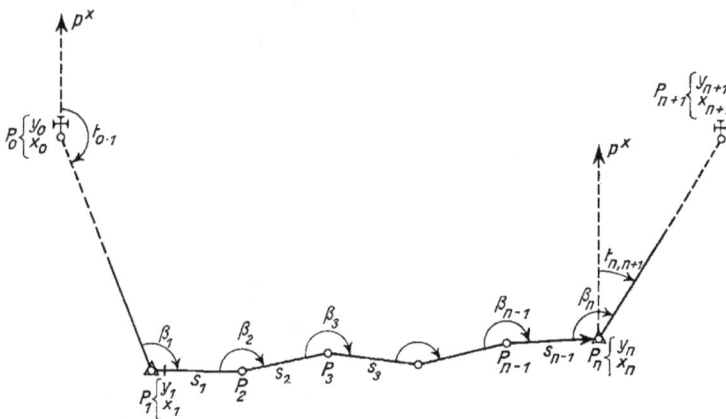

Abb. 3.1.4. Beidseitig angeschlossener und orientierter Polygonzug (nach *Jordan u. a.* 1963)

- Beim *Einrechnungszug* besteht keine Orientierungsmöglichkeit, d. h. der Zug kann nur mit Hilfe des bekannten Anfangs- bzw. Endpunktes ins Landessystem transformiert werden.
- Beim *offenen* (‚toten‘) *Zug* gibt es einen bekannten Ausgangspunkt sowie ein Fernziel zur Orientierung. Da durch den fehlenden Abschlusspunkt keine Kontrolle möglich ist, wird er nur in Sonderfällen (z. B. beim Tunnelbau) angewandt.

Aus Genauigkeits- und Kontrollgründen ist immer ein beidseitig angeschlossener und orientierter Zug vorzuziehen. Entscheidend für seine Anlage ist eine günstige Lage der zukünftigen Aufnahmestandpunkte für die nachfolgende topographische Aufnahme. Falls erforderlich, ist durch das Aufnahmegebiet zunächst ein Haupttachymeterzug zu legen, an den sich dann Nebenstandpunkte in Form von Nebenzügen oder durch freie Stationierung anschließen können. Sofern die Höhen der Anschlusspunkte bzw. ihre Genauigkeit nicht bekannt sind, ist zunächst eine Höhenübertragung von nahe gelegenen Höhenfestpunkten aus vorzunehmen. Diese kann i. d. R. trigonometrisch erfolgen.

Die Abstände der Zugpunkte sollten wegen ggf. ungünstigen Einflusses der Refraktion auf die Vertikalwinkelmessung 500 m nicht überschreiten. Bebauung, Vegetation und Höhenunterschiede lassen ohnehin nur selten größere Entfernungen zu.

Bei einer bloßen Geländeaufnahme (ohne Situation) sollte nur bei längeren Zügen eine Zwangszentrierung vorgesehen werden. Insbesondere bei Nebenzügen genügt eine sorgfältige Anmessung zu einfach abgestützten Reflektorstäben auf den Gegenstationen. Nebenzüge und Nebenstandpunkte werden grundsätzlich während der topographischen Aufnahme bestimmt (vgl. 3.1.7). Einseitig angeschlossene Züge sind grundsätzlich zu vermeiden, da sich fehlerhafte oder ungenaue Standpunkte unmittelbar auf die von dort aufgenommenen Neupunkte auswirken. Wiederholungsmessungen wegen fehlerhafter oder ungenauer Standpunkte sind teuer.

Die Winkelmessung erfolgt in zwei Lagen, Streckenmessung und Höhenübertragung im Hin- und Rückgang, wodurch Fehler durch Zielverwechselungen o. ä. unmittelbar ‚im Felde‘ erkannt werden können. Die Feldkontrolle für die Höhenübertragung vereinfacht sich bei Messungen ohne Zwangszentrierung, wenn die Reflektorhöhen gleich der Instrumentenhöhe im jeweiligen Standpunkt sind. Für die Zenitwinkel z bzw. Höhenunterschiede Δh aus Hin- und Rückmessung gilt dann im Rahmen der Messgenauigkeit $z_{\text{HIN}} + z_{\text{RÜCK}} = 200$ gon bzw. $\Delta h_{\text{HIN}} = -\Delta h_{\text{RÜCK}}$. Ein einfaches formloses Kontrollfeldbuch empfiehlt sich hierfür neben der eigentlichen Datenregistrierung. Dieses kann bei Verwendung eines elektronischen Feldbuchs (vgl. 3.1.6) entfallen, da hier eine unmittelbare Kontrolle möglich ist.

Eine dauerhafte Vermarkung der Standpunkte ist nur dann erforderlich, wenn diese auch für spätere Aufnahmen zur Verfügung stehen sollen. Ansonsten genügt bis zum Abschluss der Arbeiten eine einfache Vermarkung im eigentlichen Messgebiet.

Richtigkeit und Genauigkeit einer Zugmessung sollten möglichst unmittelbar nach der Messung, ggf. im Felde mit einem einfachen Programm kontrolliert werden. Dies geschieht mit Hilfe der am Zugende verbleibenden Quer-, Längs- und Höhenfehler (Q, L, H). Überschreiten diese vorgegebene Fehlergrenzen, z. B. die der Vermessungsverwaltung eines Bundeslandes, so ist, falls die Ursache nicht zu ermitteln ist, die Messung zu wiederholen. Mögliche Fehlerquellen sind:

- Punktverwechselungen beim Anzielen der Gegenstationen, insbesondere wenn bei Messung mit Zwangszentrierung bereits Folgepunkte aufgebaut wurden,
- grobe Zentrierfehler, sowohl horizontal als auch vertikal, bei Messung ohne Zwangszentrierung,
- fehlerhafte Eingabe von Koordinaten und Höhen der Anschlusspunkte sowie
- Fehlfunktionen beim Tachymeter (eher selten!).

Für den aus Zentrierfehlern e resultierenden Winkelfehler σ_β gilt unter der Annahme, dass $e_1 \approx e_2 \approx e_3 \approx e$, sowie etwa gleich langer Zielweiten $a \approx b \approx s$:

$$\sigma_\beta = \pm \frac{e}{s} \sqrt{6} \cdot \frac{200}{\pi}$$

Bei einem Zentrierfehler von $e = \pm 1$ cm und Seitenlängen von $s = 100$ m ergibt sich ein Winkelfehler von $\sigma_\beta = \pm 15$ mgon, ein Wert, der die Messgenauigkeit der Tachymeter weit übersteigt (vgl. 3.1.2).

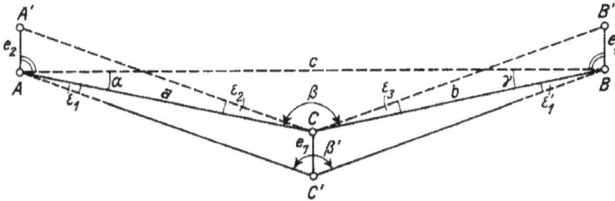

Abb. 3.1.5. Auswirkung von Zentrierfehlern im Standpunkt (C) und in den Zielpunkten (A, B) auf die Winkelmessung beim Polygonzug (nach *Jordan u. a.* 1963)

Für die vorbereitenden Rechnungen sowie die endgültige Zugberechnung stehen heute entsprechende Programme zur Verfügung. Eine Genauigkeitsabschätzung für die so bestimmten Standpunkte nach der Zugausgleichung kann über die in Zugmitte zu erwartenden Fehler erfolgen. Hierbei gilt überschlägig, wenn Q, L und H die am Ende eines Zuges vor der Ausgleichung auftretenden Quer-, Längs- und Höhenfehler sind:

$$Q_m \approx \tfrac{1}{4}Q \quad \text{Querfehler in Zugmitte}$$

$$L_m \approx \tfrac{1}{2}L \quad \text{Längsfehler in Zugmitte}$$

$$H_m \approx \tfrac{1}{2}H \quad \text{Höhenfehler in Zugmitte}$$

Weitere Einzelheiten zur polygonometrischen Punktbestimmung und trigonometrischen Höhenübertragung entnehme man der Fachliteratur zur Vermessungskunde (z. B. *Kahmen* 2006, *Witte/Schmidt* 2006).

3.1.4 Freie Stationierung

Bei der *Freien Stationierung* erfolgt die topographische Aufnahme von nicht koordinierten Standpunkten aus, deren Auswahl sich nach den günstigsten Sichtverhältnissen für die Messung der Neupunkte richtet. Neben den Neupunkten sind mindestens zwei in Lage und Höhe bekannte Referenzpunkte (z. B. Tachymeterzugpunkte) zu erfassen. Auf einen dritten Punkt zur Kontrolle sollte nur in Ausnahmefällen verzichtet werden. Die von dem Standpunkt aus aufgenommenen Neupunkte sowie Referenzpunkte bilden eine Messeinheit mit örtlichem Koordinatensystem (x, y, z), dessen Ursprung der Schnittpunkt der Tachymeter-Stehachse mit der Kippachse ist. Über eine Ähnlichkeitstransformation der Messeinheit in das Landessystem mit Hilfe der Referenzpunkte erhält man schließlich die Landeskoordinaten der Neupunkte. Liegen mehr als zwei Referenzpunkte vor, werden die Transformationsparameter mittels einer Helmerttransformation ermittelt (vgl. *Witte/Schmidt* 2006). Für die Höhenberechnung erfolgt eine Vertikalverschiebung der Messeinheit so, dass die Quadratsumme der Höhenabweichungen in den Referenzpunkten zum Minimum wird (1-Parameter-Transformation).

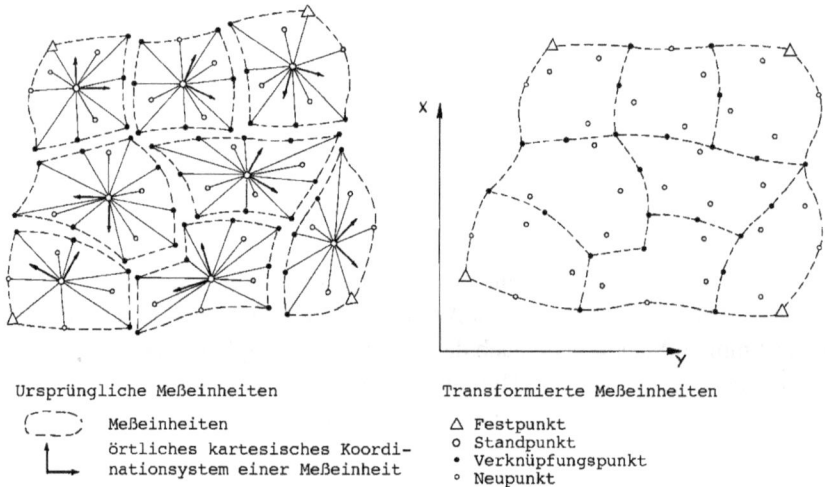

Ursprüngliche Meßeinheiten

(- -) Meßeinheiten
⌐ örtliches kartesisches Koordi-
  nationsystem einer Meßeinheit

Transformierte Meßeinheiten

△ Festpunkt
o Standpunkt
• Verknüpfungspunkt
○ Neupunkt

Abb. 3.1.6. Prinzip der freien Stationierung nach dem Blockverfahren

In Erweiterung der freien Stationierung besteht auch die Möglichkeit, mehrere unabhängige Messeinheiten zu bilden. In diesen werden neben den Neupunkten Verknüpfungspunkte im jeweils gemeinsamen Überlappungsbereich sowie ggf. vorhandene Referenzpunkte bzw. Festpunkte erfasst. Nach der Aufnahme erfolgt die Verknüpfung der Messeinheiten über eine Koordinaten- und Höhentransformation zu einem Block sowie anschließend dessen Transformation über die Referenzpunkte ins Landessystem. Sämtliche Transformationen können auch über eine simultane Ausgleichung, die sog. ‚verkettete Helmerttransformation' durchgeführt werden (*Ackermann* 1972, *Kohlstock* 1986).

Der Vorteil des Verfahrens besteht vor allem darin, dass keine Sichtverbindung zwischen benachbarten Standpunkten erforderlich ist, d. h. ihre Auswahl folgt weitgehend topographischen Gesichtspunkten unter Beachtung eines gemeinsamen Verknüpfungsbereiches zwischen den Messeinheiten. Damit sind weit weniger Standpunkte erforderlich als bei einer Aufnahme über Tachymeterzüge und damit weniger zeitaufwendige Instrumentenaufstellungen. Diese sog. Rüstzeiten (Instrumentenabbau, Transport, Neuaufstellung und Orientierungsmessungen) nehmen häufig mehr Zeit in Anspruch als die eigentliche Neupunktaufnahme.

3.1.5   Satellitengestützte Aufnahme

Satellitensysteme für die Navigation und Positionsbestimmung (Global Navigation Satellite System GNSS) haben im Vermessungswesen zunehmend an Bedeutung gewonnen. Neben dem US-militärischen NAVSTAR-GPS (Navigation System with Timing and Ranging – Global Positioning System), kurz als GPS bezeichnet, gibt es das noch von der UdSSR aufgebaute und jetzt von den Staaten der russischen Föderation betriebene GLONASS, welches ebenso wie GPS vorwiegend militärischen Zwecken dient. Um hiervon unabhängig zu werden, hat die EU den Aufbau eines eigenen vor allem für zivile Zwecke gedachten Satellitensystems unter dem Namen GALILEO beschlossen. Die traditionellen Methoden der Festpunktbestimmung werden damit zunehmend abgelöst durch die unmittelbare Koordinatenbestimmung mit Hilfe von Satelliten.

In besonderem Maße hat sich GPS in der Praxis durchgesetzt. Der Positionsbestimmung liegt hierbei das Prinzip des räumlichen Bogenschnitts zugrunde. Ermittelt man die Entfernungen zwischen einem Standort und drei in einem räumlichen Koordinatensystem (X, Y, Z) bekannten Punkten, so lassen sich hieraus die Koordinaten des gesuchten Standpunktes ermitteln. Die koordinatenmäßig bekannten Punkte werden durch Satelliten realisiert, deren genaue Position sich zu jedem Zeitpunkt aus den Daten ihrer Umlaufbahnen bestimmen lässt. Diese werden den von den Satellitensendern ausgestrahlten Radiosignalen aufmoduliert, wobei die Messung der Laufzeit des Signals vom Sender zum Empfänger im gesuchten Standort die Entfernung ergibt. Infolge mangelhafter Synchronisation zwischen Satelliten- und Empfängeruhren entsteht eine Zeitverschiebung, welche als unbekannte Größe neben den drei gesuchten Standortkoordinaten schließlich die Entfernungsbestimmung zu vier Satelliten erfordert.

Damit an jeder Stelle der Erde zu jedem beliebigen Zeitpunkt eine Positionsbestimmung erfolgen kann, umrunden beim GPS-System (seit 1993) 24 Satelliten in einer

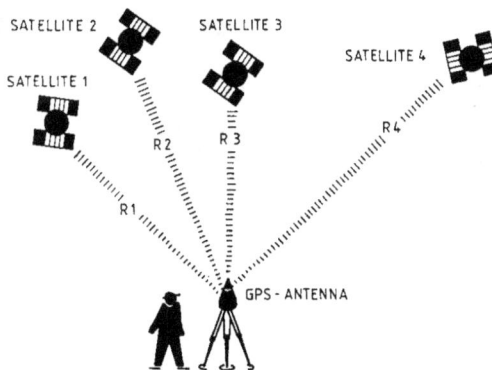

Abb. 3.1.7. Prinzip der Positionsbestimmung mittels Satelliten (nach *Seeber* 1989)

Höhe von etwa 20.000 km und mit einer Umlaufzeit von etwa 12 Stunden die Erde.
Die Satelliten sind auf drei um 60° gegeneinander versetzten Bahnebenen verteilt,
deren Neigung gegenüber der Äquatorialebene etwa 55° beträgt. Mehrere Kontroll-
stationen auf der Erde steuern und überwachen das System. Die für einen Neupunkt
im WGS 84 ermittelten geozentrischen Koordinaten können dann in beliebige andere
Koordinatensysteme, wie z. B. UTM-Koordinaten transformiert werden.

Aus militärischen Gründen kann die Genauigkeit der unmittelbaren Ortsbestimmung (Echtzeit-Navigation) durch eine künstliche Verfälschung der Bahndaten (Se-
lective Availability SA) sowie durch eine Verschlüsselung der von den Satelliten ausgesandten Signale (Anti-Spoofing A-S) eingeschränkt werden, so dass man lediglich
eine für einfache Navigationsaufgaben allerdings ausreichende Genauigkeit von etwa 100 m in der Lage und 150 m in der Höhe erhält. Nur autorisierte, i. d. R. US-
militärische Einrichtungen, können die verfälschten Daten decodieren. Die Siche-
rungsmaßnahme SA ist seit Mai 2000 deaktiviert, so dass z. Z. eine Navigations-
genauigkeit von etwa ±20 m erreicht werden kann.

Neben diesen Einschränkungen begrenzen zahlreiche äußere, nicht hinreichend
erfassbare Einflüsse die Genauigkeit der Ergebnisse und führten zur Entwicklung
von für Zwecke der geodätischen Koordinatenbestimmung speziellen Messmethoden.
Zunächst wird zur Streckenbestimmung statt der direkten Laufzeitmessung das bereits von den elektrooptischen Entfernungsmessern bekannte Phasenvergleichsverfahren angewandt (vgl. *Witte/Schmidt* 2006). Eine weitere Genauigkeitssteigerung wird
durch eine relative Punktbestimmung durch das DGPS-Verfahren (Differential GPS)
erreicht. Hierbei befindet sich ein stationärer GPS-Empfänger auf einem koordinatenmäßig bekannten Referenzpunkt (z. B. TP) und ein zweiter mobiler Empfänger

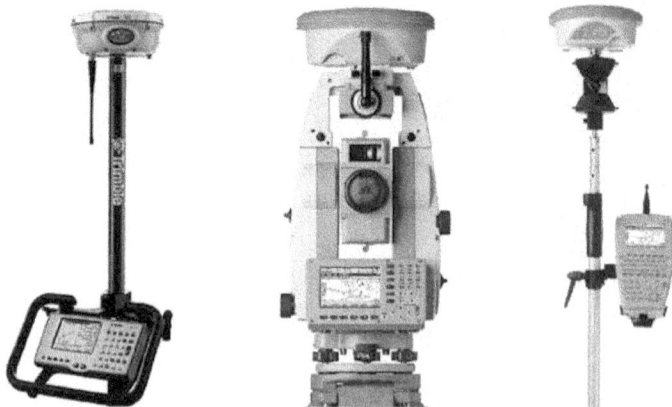

Abb. 3.1.8. GPS-Empfänger (Rover) *R*8 (*Trimble*, Raunheim) sowie *Smart
Station* mit GPS-Empfänger und Fernbedienungseinheit sowie Roverstation (*Leica Geosystems*, Heerbrugg/Schweiz)

(Rover) auf dem Neupunkt. Beide Empfänger erhalten simultan die Satellitensignale, woraus sich zunächst die vorläufigen Strecken zwischen den Satelliten und der Referenz- bzw. Roverstation (Pseudoentfernungen) ergeben. Aus den Koordinaten der Satellitenpositionen und der Referenzstation lassen sich Sollstrecken und damit Korrekturwerte für die Roverstation errechnen, welche unmittelbar per Funk (Telemetrie) an die Roverstation im Neupunkt übersandt werden. Zugleich können die zunächst im geozentrischen WGS84 ermittelten Koordinaten in Landeskoordinaten und -höhen transformiert werden. Durch die kurze Verweildauer auf den Neupunkten von 1–2 Minuten wird dieses Verfahren auch als Stop-and-Go- bzw. RTK-Verfahren (Real Time Kinematik) bezeichnet. Die erreichbare Genauigkeit beträgt $\leq \pm 1$ cm für die Lage und $\leq \pm 3$ cm für die Höhe.

Um satellitengestützte Vermessungen zu vereinfachen, haben verschiedene Staaten bereits damit begonnen, ein Netz von permanenten festen Referenzstationen einzurichten, wie z. B. SAPOS® als Satelliten-Positionierungsdienst in der BRD mit einem durchschnittlichen Stationsabstand von 70 km (vgl. 1.3). Da diese Abstände für eine hinreichende Genauigkeit der Korrekturwerte zu groß sind, werden die Daten mehrerer Referenzstationen herangezogen und die endgültigen Korrekturwerte durch ein Interpolationsverfahren ermittelt. Die Genauigkeit der so berechneten Koordinaten ist um den Faktor 2 geringer ($\leq \pm 2$ cm bzw. $\leq \pm 6$ cm), kann aber für topographische Vermessungen i. d. R. als ausreichend angesehen werden. Der Einsatz von GPS-Empfängern ist jedoch an bestimmte Bedingungen geknüpft:

- Freie ‚Sicht‘ zu der notwendigen Anzahl von Satelliten, d. h. keine Abschattungen durch Hindernisse (Gebäude, Vegetation, Erhebungen) oberhalb eines Höhenwinkels von 15°.

- Keine reflektierenden Objekte, wie Hauswände, Fahrzeuge, Gewässer u. ä. in der Nähe der Antenne, da es hierdurch neben einer Signalverrauschung auch zu Interferenzbildungen der direkten und der reflektierten Signale mit entsprechenden Phasenverschiebungen von mehreren Zentimetern kommen kann. Diese Mehrwegausbreitungen (‚Multipath‘-Effekte) bilden eine Hauptfehlerquelle bei GPS-Messungen.

- Keine Hochspannungsleitungen oder Funkmasten in unmittelbarer Nähe, da es hierdurch zu Störungen bei der Signalübertragung kommen kann.

Sind diese Voraussetzungen nur unzureichend erfüllt, bietet sich auch eine Kombination von Polaraufnahme und satellitengestützter Aufnahme an (vgl. 3.1.7). Hierfür werden GPS-Empfänger und 360°-Reflektoren sowie Kontroll- und Fernbedienungseinheit auf einem Lotstab vereinigt. Noch einen Schritt weiter geht die *Smart Station* von Leica Geosystems. Diese besteht aus einem Universaltachymeter und einem aufsetzbaren, in das Messsystem integrierten GPS-Empfänger und ermöglicht damit auch eine von einem übergeordneten Referenzsystem wie SAPOS unabhängige Aufnahme (vgl. Abbildung 3.1.8). Umfangreiche Darstellungen zur Satellitenpositionierung, insbesondere für die Praxis, findet man bei *Bauer, M.* (2003) und *Hofmann-Wellenhof u. a.* (1994).

3.1.6 Elektronisches Feldbuch und Datencodierung

Sowohl bei Liegenschaftsvermessungen als auch bei topographischen Vermessungen ist die Anfertigung eines manuell geführten graphischen Feldbuches (Messungsriss, Geländefeldbuch) unerlässlich. Während Informationen über die Art aufgenommener Punkte, wie z. B. Hausecke, Straßenkante, Geländepunkt usw., über eine Codierung abgespeichert werden könnten, kann die Information, welche Punkte welches Objekt bilden, sinnvoll nur durch ein graphisches Bild dokumentiert werden (vgl. 3.1.7). Das manuelle Feldbuch muss dann interaktiv und damit sehr zeitaufwendig ausgewertet werden.

Diese Lücke in der automatisierten Datenverarbeitung kann inzwischen durch sog. Pen-Computer (penbased computer oder penbased mapping systems) geschlossen werden. Sie bestehen ähnlich einem Notebook aus einem handlichen Rechner mit Bildschirm, jedoch ohne Tastatur. Mit einem speziellen Stift können unmittelbar auf dessen Oberfläche Befehle und Funktionen aufgerufen werden sowie, wie auf einem Digitizer, Bewegungen des Stiftes erfasst und dargestellt werden. Das so ‚gezeichnete‘ Feldbuch kann schließlich ‚online‘ auf einen weiteren PC übertragen werden. Darüber hinaus verfügen die Pen-Computer über zahlreiche weitere Funktionen wie:

- Instrumentensteuerung über Funk sowie Erfassung und Speicherung der Aufnahmedaten,
- Umrechnung in Koordinaten und Höhen sowie lagerichtige Darstellung der aufgenommenen Punkte, ggf. mit Symbolen für Punktarten, auf dem Bildschirm, wodurch eine unmittelbare Feldkontrolle gegeben ist sowie
- Kontroll- und Überwachungsfunktionen, wie etwa die Aufforderung zur Wiederholung von Orientierungsmessungen.

Die Pen-Computer ersetzen damit auch die Bedienungs- und Kontrolleinheiten der Tachymeter bzw. der GNSS-Empfänger. Hinzu kommen zahlreiche Anwenderprogramme sowie die Möglichkeit, bereits vorliegende Daten und graphische Darstellungen, wie z. B. Situationsobjekte, vorab in den Computer zu übertragen.

Bei der Zahlentachymetrie mit nichtregistrierenden Tachymetern erfolgte ausgehend von einer Standpunktnummer die Zuordnung der Messwerte von Objekt- bzw. Geländepunkten über eine laufende Punktnummer im Zahlenfeldbuch und im Geländefeldbuch (Feldskizze oder Kroki, vgl. 3.1.7). Aus letzterem waren zugleich auch die Punktart (Situationspunkt, Geländepunkt u. a.) sowie Zugehörigkeit zu einem bestimmten Objekt (Haus, Straßenkante u. a.) ersichtlich. Diese manuelle ‚Datencodierung‘ muss für einen automatisierten Datenfluss von der Aufnahme bis zum End-

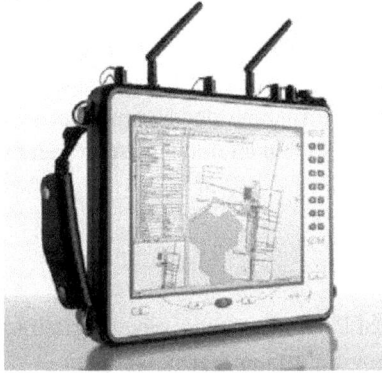

Abb. 3.1.9. Elektronisches Feldbuch (Feldcomputer) *colibri x7 protect* mit Antennen für die drahtlose Verbindung zu anderen Geräten (*Mettenmeier*, Paderborn)

produkt soweit wie möglich durch den Messwerten voranzustellende Kennziffern ersetzt werden, um zeitraubende und fehleranfällige interaktive Arbeitsschritte zu vermeiden. Eine derartige Datencodierung sollte berücksichtigen:

- *Allgemeine Daten*, welche der eigentlichen Aufnahme vorangestellt werden. Hierzu gehören Projektbezeichnung, Aufnahmedatum, Beobachter, Geräte-Nr. sowie Messungen zur Bestimmung und Berücksichtigung von Instrumentenfehlern. Optional können hier auch die mittlere NHN-Höhe und ein mittlerer y-Wert (Abstand vom Hauptmeridian eines Landessystems) für Reduktionsberechnungen angegeben werden. Diese Daten sollten allerdings besser in einem Auswertprogramm berücksichtigt werden, da sie für vorläufige Berechnungen i. d. R. nicht erforderlich sind.
- *Standpunktdaten*, d. h. Angaben zum Standpunkt, auf den sich alle nachfolgenden Daten bzw. Messwerte beziehen, wie Punktnummer und -art (z. B. TP), ggf. Numerierungsbezirk, Instrumentenhöhe u. ä.
- *Zielpunktdaten*, wie Punktnummer und Punktart, Reflektor- bzw. Antennenhöhe, ggf. Angaben zu exzentrischen Punkten.

Die Zuordnung der einzelnen Angaben kann durch zweistellige Schlüsselzahlen erfolgen. So könnten etwa *Allgemeine Daten* unter der Schlüsselzahl 00 (Projekt), 01 (Datum) usw., *Standpunkdaten* unter der Schlüsselzahl 10 und *Zielpunktdaten* unter 20 registriert werden. Weitere Schlüsselzahlen könnten für Korrekturen, Löschungen u. ä. vorgesehen werden. Schließlich ist für die einzelnen Punktarten (Situationspunkt, Grenzpunkt, Geländepunkt, Festpunkt u. a.) ein höchstens zweistelliger Zahlenkatalog zu vereinbaren, welcher sich ggf. auch an amtlichen (länderspezifischen) Vorgaben orientieren sollte.

Instrumentelle Vorgaben sowie vorliegende und i. d. R. nicht veränderbare Auswertsoftware schränken den Gestaltungsspielraum bei der Codierung ein. Grundsätzlich sollte jedoch insbesondere der Punktartenkatalog so beschaffen sein, dass ständige Änderungen von Codeziffern bei einer Messung vermieden werden, da hier eine

Hauptfehlerquelle besteht, deren Auswirkungen oft erst in mühsamer und zeitaufwendiger Nacharbeit beseitigt werden können. Hierzu gehören zu detaillierte Punktartangaben bei der Situation (Hausecke, Straßenkante, Einlauf, Schacht u. a.) ebenso wie die Vorschrift über eine bestimmte Reihenfolge bei Aufnahme der Neupunkte. Ein elektronisches Feldbuch ggf. auch manuell geführtes Geländefeldbuch ist in jedem Fall vorzuziehen.

3.1.7 Topographische Aufnahme

Voraussetzung jeglicher Vermessung ist, sofern nicht Routineaufgabe, eine sorgfältige Planung und Vorbereitung. Hierzu gehören bei topographischen Vermessungen:

- Zusammenstellung von Unterlagen wie Auftragsbeschreibung, top. Karten und/ oder Liegenschaftskarten, ggf. Luft- und Satellitenbilder, Festpunktverzeichnisse,

- Gebietsabgrenzung (falls nicht vom Auftraggeber festgelegt), Festpunktauswahl und vorläufige Standpunktfestlegung,

- Festlegung von Personal- und Geräteeinsatz für Aufnahme *und* Auswertung,

- Zeitplan und Kostenkalkulation,

- Erkundung durch Geländebegehung unmittelbar vor der Aufnahme und

- Planung des Messungsablaufes.

Grundsätzlich zu beachten ist, dass Aufnahme und Auswertung eine Einheit bilden, d. h. alle Maßnahmen müssen die vorhandenen Ressourcen berücksichtigen. Die eigentliche topographische Aufnahme bedarf, um Leerlauf und ggf. Doppelarbeit zu vermeiden, einer sorgfältigen Organisation. Dies gilt umso mehr, wenn die örtlichen Messungen weitab von Büro bzw. Dienststelle stattfinden.

Ein Messtrupp sollte wenigstens zwei Personen umfassen (vgl. 3.1.2). Um die (teure) Feldarbeit abzukürzen, kann häufig auch mit zwei Reflektoren bzw. GNSS-Empfängern gearbeitet werden. Insbesondere für die sachgerechte Erfassung der Geländeformen ist eine sorgfältige Punktauswahl und entsprechende Einweisung durch einen erfahrenen Topographen erforderlich, der zugleich das (elektronische) Geländefeldbuch führt. Welche Messinstrumente zum Einsatz kommen, d. h. Tachymeter und/oder GNSS-Empfänger, kann eventuell erst nach einer Geländebegehung entschieden werden.

Bei Einsatz eines *Tachymeters* werden zunächst mögliche Aufnahmestandpunkte erkundet und ggf. vorab durch einen oder mehrere Haupttachymeterzüge bestimmt (vgl. 3.1.3). Nebenstandpunkte (über Nebenzüge oder Freie Stationierung) werden jedoch grundsätzlich erst unmittelbar vor der Erfassung der Neupunkte festgelegt, da i. d. R. erst hierbei eine Entscheidung über die günstigste Lage getroffen werden kann. Der Messungsablauf gestaltet sich dann wie folgt:

- Nach der Instrumentenaufstellung und -orientierung über dem Standpunkt erfolgt zunächst die Ermittlung und Registrierung der Instrumentenhöhe. Alle zu verwendenden Reflektoren werden auf dieselbe möglichst große Reflektorhöhe (z. B. 2 m) eingestellt und diese registriert. Eine Änderung sollte nur bei Sichtbehinderung erfolgen.

- Sind die Koordinaten des Standpunktes bekannt, erfolgt die Orientierung zum vorhergehenden Standpunkt. Die Messwerte sind zu registrieren und zu Kontrollzwecken handschriftlich zu notieren. Falls der Standpunkt noch nicht bekannt ist, schließen sich die für seine Bestimmung erforderlichen Messungen an, d. h. beim Tachymeterzug zum vorhergehenden sowie folgenden Standpunkt und bei der Freien Stationierung zu den Referenzpunkten und ggf. Verknüpfungspunkten (vgl. 3.1.4).

- Da instrumentelle Veränderungen am Standpunkt durch äußere Einflüsse (weicher Boden, unbeabsichtigtes Anstoßen) nicht auszuschließen sind, kontrolliert man während der Aufnahme des öfteren (z. B. stündlich) und nach Messungsabschluss sowohl die Anschlussrichtung als auch den Zenitwinkel zum Anschlusspunkt und notiert zugleich die letzte registrierte Neupunktnummer. Damit lässt sich ggf. die Zahl der notwendigen Wiederholungsmessungen einschränken.

Sind die Voraussetzungen für die Verwendung von *GNSS-Empfängern* gegeben, d. h. ein störungsfreier Empfang der Satellitensignale, wird die Standpunktbestimmung durch Aufbau einer GNSS-Referenzstation auf einem Festpunkt oder durch ein bestehendes Netz von festen Referenzstationen (z. B. SAPOS®) ersetzt und die Neupunktbestimmung nach dem RTK-Verfahren mit einer Roverstation durchgeführt (vgl. 3.1.5). Nicht zwingend, aber aus Kontrollgründen wichtig, ist das Vorhandensein eines weiteren Festpunktes im Aufnahmegebiet. Da beim RTK-Verfahren die Ergebnisse innerhalb kurzer Zeit ($\approx$ 1 min) vorliegen sollen (Echtzeitmessung), sollte die Anzahl der verfügbaren Satelliten nicht geringer als sechs sein. Bei der eigentlichen Aufnahme ist zwischen Referenz- und Roverstation keine Sichtverbindung erforderlich. Der Messungsablauf ergibt sich dann wie folgt:

- Falls kein Satellitenpositionierungsdienst in Anspruch genommen werden kann, wird zunächst ein stationärer GNSS-Empfänger über einem bekannten Punkt als Referenzstation eingerichtet, wobei zur Vermeidung von Störeinflüssen der Antennenaufbau möglichst hoch erfolgen sollte. Gleiches gilt für die Roverantenne. Analog zur Instrumenten- und Reflektorhöhe bei der Tachymeteraufnahme sind die Antennenhöhen über dem Bodenpunkt und die des Roverstabes bis zu einer entsprechenden Markierung zu messen und zu registrieren.

- Entsprechend der Orientierungskontrolle bei der Tachymetermessung sind vor Beginn, mehrmals während und am Ende der eigentlichen topographischen Aufnahme vorhandene Festpunkte zur Kontrolle aufzunehmen und die erhaltenen

Koordinatendifferenzen im Kontrollfeldbuch zu dokumentieren und zu registrieren. Bei den Zwischenkontrollen sollte ebenfalls die zuletzt registrierte Neupunktnummer notiert werden.

Lassen sich zumindest störungsfreie Standpunkte einrichten, so erfolgt deren Bestimmung durch einen GNSS-Empfänger, der für die nachfolgende topographische Aufnahme durch einen Tachymeter ersetzt wird. Für dessen Orientierung ist mindestens
ein weiterer Standpunkt erforderlich. Ein mit einem GNSS-Empfänger ausgestatteter
Tachymeter vereinfacht das Verfahren entsprechend. Und schließlich kann mittels einer Kombination von GNSS-Empfänger und Reflektor (vgl. Abbildung 3.1.8) je nach
äußeren Bedingungen die Aufnahme nach beiden Verfahren durchgeführt werden.

Für die *topographische Aufnahme* gelten zunächst die in Kapitel 2 aufgeführten
Grundsätze. Sind Situation *und* Geländeformen zu erfassen, beginnt man zunächst
mit den Verkehrswegen und verdichtet dann die Aufnahme abschnittweise.

Die *Situationsaufnahme* umfasst alle Grundrissobjekte nach Maßgabe eines Auf-
tragsgebers bzw. anderweitiger Vorschriften, wie z. B. dem Objektartenkatalog von
ATKIS (vgl. 5.5.3). Alle Objekte werden durch Punkte so erfasst, dass eine Rekonstruktion entsprechend den vorgegebenen Anforderungen möglich ist, d. h. Geraden
durch Anfangs- und Endpunkt und gekrümmte Linien durch eine Punktreihe, deren
Dichte abhängig vom Endprodukt ist (vgl. 2.1.2).

Die *Geländeaufnahme*, d. h. die Aufnahme der Höhen und Geländeformen durch
Einzelpunke hat so zu erfolgen, dass hieraus eine geometrisch und morphologisch
richtige Rekonstruktion der Geländeoberfläche möglich ist (vgl. 6.2.4), wobei auch
hier die Punktdichte vom Endprodukt, d. h. insbesondere der Genauigkeit eines abzu-
leitenden DGM abhängig ist. Für die Messung ergeben sich folgende Regeln:

- Die Aufnahme erfolgt vom ‚Großen ins Kleine‘ und beginnt mit den ausgeprägten
  Geländeformen, d. h. großförmigen Rücken (Wasserscheide) und Mulden (Was-
  sersammler). Diese werden zunächst entlang der Kamm- oder Rückenlinien bzw.
  Mulden- oder Tallinien und daran anschließend querprofilartig in Richtung des
  stärksten Gefälles erfasst (vgl. Abbildung 3.1.11).

- Aufzunehmen sind alle Punkte, an denen sich die Geländeneigung merklich än-
  dert, sowie Kuppen, Mulden, Sättel, Steilränder, Böschungen, Terrassen u. ä. Das
  Geländeprofil zwischen benachbarten, in Gefällsrichtung aufgenommenen Punkten sollte sowohl im Aufriss als auch im Grundriss näherungsweise eine Gerade
  sein. Kontinuierliche Neigungsänderungen, d. h. konkav- oder konvexgekrümmte
  Profile, sowie Richtungsänderungen werden durch Geradenstücke angenähert.

- Gelände ohne ausgeprägte Geländeformen (z. B. Marschland) wird unter Beachtung höchster bzw. tiefster Stellen etwa rasterförmig erfasst.

Im Gegensatz zur üblichen Vorgehensweise, jede Messung möglichst unabhängig zu
verproben, werden bei einer topographischen Aufnahme mit Ausnahme der Stand-

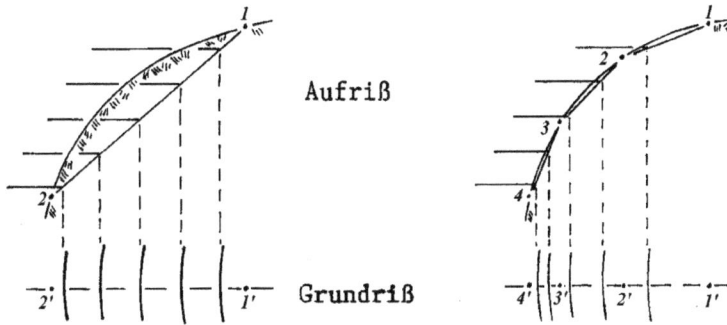

Abb. 3.1.10. Fehlerhafte und richtige Erfassung eines konvexgekrümmten Hanges (Aufriss) und die Auswirkung auf das Höhenlinienbild (Grundriss)

punktmessungen die der Neupunkte nicht kontrolliert, da dies angesichts der Vielzahl von Punkten wirtschaftlich nicht vertretbar wäre. Ohnehin ist die Gefahr von Messfehlern gering, viel eher kommt es zu Codierungsfehlern und Unstimmigkeiten bei der Punktnummernvergabe, die sich durch Doppelmessungen kaum aufdecken lassen. Wichtig ist eine ständige Kommunikation zwischen dem Topographen und seinen Mitarbeitern, um ggf. Widersprüche sofort zu klären.

Für die Objektidentifizierung und deren Rekonstruktion ist ein *Geländefeldbuch* (Feldriss, Kroki) erforderlich, wobei ein elektronisches Feldbuch die Feldbuchführung durch die unmittelbare Koordinatenberechnung und Punktdarstellung vereinfacht, eine Kontrolle der Aufnahme ermöglicht sowie den automatisierten Datenfluss gewährleistet (vgl. 3.1.6). Steht dieses nicht zur Verfügung, ist die Anfertigung eines manuellen Feldbuches unumgänglich. Als Grundlage können ggf. vorhandene Karten mit $M \geq 1 : 2000$ (z. B. Liegenschaftskarten) dienen.

Voraus geht eine intensive Erkundung des unmittelbar aufzunehmenden Geländeabschnitts, wobei zunächst die Verkehrswege, Gewässer, Nutzungs- und Vegetationsgrenzen sowie die Geländegroßformen skizziert werden. Letztere werden durch Geripplinien, gestrichelt für Kamm- oder Rückenlinien bzw. geschlängelt für Tal- oder Muldenlinien, dargestellt. Bei der nachfolgenden Punktaufnahme werden dann Situations- und Geländedetails eingetragen. Besondere Geländeformen, wie Böschungen, Steilränder u. ä. erhalten eine Signatur entsprechend geltender Zeichenvorschriften (vgl. 2.3). Die Geripplinien sowie Pfeile zwischen den Geländepunkten geben die Richtung des näherungsweise linearen Gefälles an und ermöglichen ggf. eine Höhenlinienkonstruktion durch lineare Interpolation, wobei die Konstruktion durch die die Eintragung von Formlinien erleichtert wird. Der Detailreichtum bei der Darstellung der Geländeformen hängt von der zur Verfügung stehenden Auswertsoftware ab. Liegt ein Programm zur Berechnung eines Digitalen Geländemodells vor, so kann die Darstellung auf die Geländegroßformen und besondere Ausprägungen (z. B. Steilränder u. ä.) reduziert werden. Grundsätzlich gilt, dass ein Geländefeldbuch zweifelsfrei

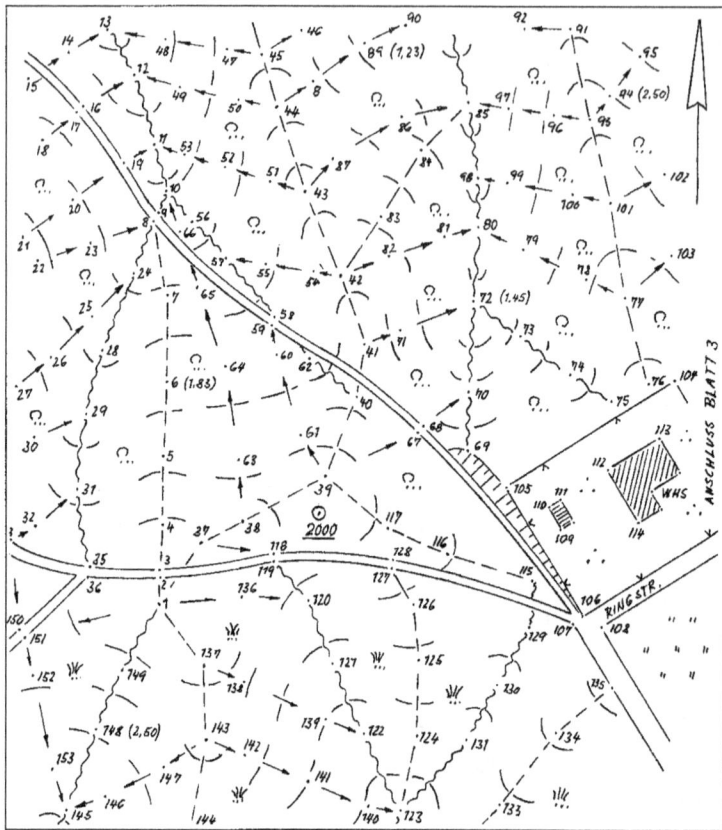

Abb. 3.1.11. Ausschnitt aus einem manuell geführten Geländefeldbuch mit Geripplinien, Interpolationspfeilen und Formlinien

deutbar sein muss, da Aufnahme und Auswertung häufig nicht von demselben Mitarbeiter durchgeführt werden.

Die in den geräteinternen Speichern bzw. im elektronischen Feldbuch abgelegten Daten werden unmittelbar nach Aufnahmeabschluss (ggf. täglich) auf die Festplatte eines PC oder Notebooks und nach Möglichkeit auf eine weitere externe Festplatte übertragen.

3.1.8 Datenverarbeitung

Ziel einer topographischen Vermessung ist die Erzeugung eines Digitalen Topographischen Modells (DTM), aus dem dann ggf. eine topographische Karte abzuleiten ist (vgl. Kap. 5). Zu diesem Zweck sind zunächst aus den Aufnahmedaten Landeskoordinaten und -höhen für die Neupunkte abzuleiten, wobei die hierfür erforderlichen

Berechnungen vom Aufnahmeverfahren (Polarverfahren oder RTK-Verfahren) abhängen.

Bei Aufnahme mit einem Tachymeter liegen im einfachsten Fall polare Messdaten, d. h. Horizontalrichtungen, Zenitwinkel und Schrägstrecken vor. Für die Ermittlung von Landeskoordinaten und -höhen sind folgende Schritte erforderlich:

- Korrektur der Messwerte wegen Instrumentenfehlern, falls nicht intern bereits berücksichtigt.

- Mittelbildung aus zwei Lagen bei den Tachymeterzugdaten und Berechnung von Richtungswinkeln (vgl. 3.1.1).

- Reduktion der gemessenen Schrägstrecken s' zunächst auf die Horizontale, dann auf das Bezugsellipsoid (z. B. GRS80 $\approx$ NHN $+$ 40 m) und Dehnung mit dem Korrekturfaktor k für die (ebene) Koordinatenrechnung im G.-K.- bzw. UTM-System. Für die endgültige Strecke gilt (vgl. Tabelle 3.1):

$$s_{GK,UTM} = (s' - \Delta s_h - \Delta s_E) \cdot k$$

$$\text{mit} \quad k_{GK} = 1 + \frac{y_m^2}{2R^2} \quad k_{UTM} = 0{,}9996 \cdot \left(1 + \frac{y_m^2}{2R^2}\right)$$

- Berechnung von Landeskoordinaten und -höhen zunächst für die Standpunkte und anschließend für die Neupunkte (vgl. 3.1.1). Bei der freien Stationierung ergeben sich zunächst örtliche Koordinaten, die durch eine Helmerttransformation ins Landessystem umzuformen sind (vgl. 3.1.4).

	Formeln	$s' = 100\,\text{m}$	$s' = 500\,\text{m}$	$s' = 1000\,\text{m}$
Korrektur auf Horizontale	$\Delta s_h = s'(1 - \sin z)$	0,111 m	0,555 m	1,110 m
Korrektur auf Ellipsoid	$\Delta s_E \approx s' \cdot \frac{h_m}{R}$	0,004 m	0,019 m	0,038 m
Strecke im G.-K.-System	$s_{GK} = s \cdot \left(1 + \frac{y_m^2}{2R^2}\right)$	99,897 m	499,487 m	998,975 m
Strecke im UTM-System	$s_{UTM} = s \cdot 0{,}9996 \cdot \left(1 + \frac{y_m^2}{2R^2}\right)$	99,857 m	499,287 m	998,575 m

h_m mittlere NHN-Höhe $+$ 40 m (ETRS89)

R Radius Gaußscher Schmiegungs-Kugel (6383 km für BRD)

y_m mittlerer Ordinatenwert (Abstand vom Hauptmeridian)

Tab. 3.1. Korrekturen für gemessene Schrägstrecken s' und Werte unter Annahme von $z = 97$ gon, $h_m = 240$ m, $y_m = 100$ km

Bei Aufnahme mit einem GNSS-Empfänger erhält man durch die geräteinterne Software zunächst geozentrische Koordinaten X, Y, Z, z. B. im WGS84. Für die Umrechnung in Landeskoordinaten und -höhen sind folgende Schritte erforderlich:

- Transformation der geozentrischen Koordinaten X, Y, Z in ellipsoidisch-geographische Koordinaten φ, λ, h des zugehörigen Bezugsellipsoids, wobei

    φ ellipsoidisch-geographische Breite,

    λ ellipsoidisch-geographische Länge,

    h ellipsoidische Höhe,

- Transformation der ellipsoidisch-geographischen Koordinaten in geodätische Koordinaten (z. B. UTM) sowie

- Berechnung von NHN-Höhen aus ellipsoidischen Höhen h und Geoidhöhen N (Geoidundulationen): $h_{\text{NHN}} = h - N$.

Liegen unterschiedliche Bezugsellipsoide zugrunde (z. B. GRS80 beim WGS84 und Bessel-Ellipsoid beim Gauß-Krüger-System), so ist vor der zweiten Transformation eine Umrechnung der ellipsoidisch-geographischen Koordinaten des Ausgangsellipsoids (z. B. GRS80) in solche des Bezugsellipsoids des Landessystems (z. B. Bessel-Ellipsoid) erforderlich (Datumstransformation). Einzelheiten zu den Rechenschritten entnehme man der Spezialliteratur (z. B. *Hofmann-Wellenhof u. a.* 1994).

Für alle Berechnungen liegen heute Programmsysteme vor, ggf. auch als Anwenderprogramme der Tachymeter bzw. GNSS-Empfänger. Wichtig ist hierbei eine entsprechende Abstimmung zwischen Geräte- und Auswertsoftware. Ist diese mangelhaft, können sowohl Berechnungsfehler als auch Probleme bei der Datenübertragung auftreten. Daher bieten die Gerätehersteller auch entsprechend auf ihre Instrumente abgestimmte Schnittstellen (Hard- und Software) sowie Auswertprogramme an.

3.1.9 Zur Genauigkeit tachymetrischer Verfahren

Eine Aussage zur Genauigkeit der ermittelten Koordinaten und Höhen ist aus mehreren Gründen von Bedeutung. Zunächst einmal gilt es, die Anforderungen eines Auftraggebers zu erfüllen. Des Weiteren sind Messungsaufwand und zu erzielende Genauigkeit miteinander korreliert. Und schließlich ist von Interesse, welche Einflussgrößen welchen Anteil am Gesamtergebnis haben, wodurch nicht zuletzt auch übertriebenen Genauigkeitsanforderungen entgegengewirkt werden kann.

Die Definitionsgenauigkeit, also die Genauigkeit mit der ein Neupunkt lage- und/ oder höhenmäßig definierbar ist, begrenzt a priori das Ergebnis (vgl. Kapitel 2). So ist die Lage eines Grenzpunktes sehr viel genauer erfassbar (± 1 cm) als die der Begrenzungslinie eines Feldweges (± 20 cm). Gleiches gilt für die Höhe eines Punktes auf einer asphaltierten Straße (± 1 cm) oder auf einem Acker ($\geq \pm 10$ cm).

Die Lagegenauigkeit bzw. Höhengenauigkeit (Standardabweichung σ_L bzw. σ_H) eines tachymetrisch erfassten Neupunktes kann man wie folgt abschätzen (Fehlerfortpflanzungsgesetz):

$$\sigma_L^2 = \sigma_R^2 + \sigma_D^2 + \sigma_M^2 \quad \text{und} \quad \sigma_{X,Y} = \frac{\sigma_L}{\sqrt{2}}$$

wobei σ_R Genauigkeit des Referenz- bzw. Standpunktes

σ_D Definitionsgenauigkeit des Neupunktes

σ_M Genauigkeit des Tachymeters bzw. der Neupunkterfassung beim RTK-Verfahren

$\sigma_{X,Y}$ Koordinatengenauigkeit

Nimmt man die Messgenauigkeit eines Tachymeters in Lage und Höhe mit ± 1 cm und die anderen Standardabweichungen mit ± 5 cm an, so erhält man eine Lagegenauigkeit von ± 7 cm. Zugleich wird deutlich, dass die Messgenauigkeit des Tachymeters keinen Einfluss auf das Gesamtergebnis hat. Steht die Ableitung einer topographischen Karte im Vordergrund, so wird deren Genauigkeit durch die *graphische Genauigkeit* von $\pm 0{,}2$ mm bestimmt. Hieraus resultiert für den Maßstab 1 : 1000 eine Lagegenauigkeit von $\pm 0{,}2$ m und für 1 : 5000 von ± 1 m, d. h. die Aufnahmegenauigkeit wirkt sich praktisch nicht aus.

Für die Höhengenauigkeit σ_H gilt analog obige Formel, wobei sich allerdings zusätzlich noch der Lagefehler in Abhängigkeit von der Geländeneigung ($\sigma_L \cdot \tan\alpha$) auswirkt:

$$\sigma_H^2 = \sigma_R^2 + \sigma_D^2 + \sigma_M^2 + (\sigma_L \cdot \tan\alpha)^2$$

Nimmt man obige Werte auch für die Höhengenauigkeit sowie die resultierende Lagegenauigkeit an, so erhält man z. B. bei einer Geländeneigung von $\alpha = 30°$ eine Standardabweichung von ± 8 cm.

Gegenüber allen anderen Verfahren stellt die tachymetrische Vermessung die genaueste Methode dar und eignet sich daher in besonderer Weise für Präzisionsaufnahmen (z. B. bei Überwachungsmessungen) und für die Kontrolle der Ergebnisse aus den Fernerkundungsverfahren (Kapitel 4).

3.2 Terrestrische Photogrammetrie

Die Vermessung mittels der *terrestrischen Photogrammetrie* (Erdbildmessung) unterscheidet sich von der Aerophotogrammetrie vor allem durch folgende Merkmale:

- Die Aufnahme wird von erdfesten oder nahe an der Erdoberfläche befindlichen Standorten aus durchgeführt.
- Die Anwendung erfolgt heute fast ausschließlich im nicht-topographischen Bereich (Bauaufnahme, Industrievermessung u. a.).
- Die Aufnahmeentfernungen sind vergleichsweise gering und betragen selten mehr als 100 m.

Insbesondere letzteres hat zu der heute üblichen Bezeichnung *Nahbereichsphoto-*
grammetrie geführt. Der Ursprung liegt jedoch in der topographischen Vermessung
und datiert auf das Jahr 1851, als der französische Oberst *A. Laussedat* der französischen Akademie der Wissenschaften eine Aufnahmekamera für topographische
Zwecke vorstellte. Zwölf Jahre zuvor (1839) war vor dem gleichen Gremium die
Erfindung der Photographie durch die beiden Franzosen *Niepce* und *Daguerre* bekannt gegeben worden. Laussedat entwickelte das von ihm so benannte Verfahren der
‚Métrophotographie‘, später in Anlehnung an die Messtischaufnahme als ‚*Messtisch-*
photogrammetrie‘ bezeichnet, und führte zwischen 1864 und 1868 topographische
Aufnahmen im Umfang von 72.000 ha in verschiedenen Teilen Frankreichs durch
(vgl. *Finsterwalder* 1952). Unabhängig hiervon entwickelte der deutsche Baumeis-
ter *A. Meydenbauer* 1858 eine großformatige *Messkamera*, die er für topographische
Aufnahmen, vor allem aber für die Aufnahme und Rekonstruktion von Bauwerken
einsetzte. Auf seine Initiative hin wurde 1885 mit der königlich-preußischen Mess-
bildanstalt ein umfangreiches Denkmälerarchiv eingerichtet.

Auch wenn die Anwendung für topographische Objekte heute eher selten ist und
nicht zuletzt auch in Konkurrenz zum terrestrischen Laserscanning steht, sollen im
Folgenden einige hierfür wesentliche Merkmale dargestellt werden. Die mathematischen und physikalischen Grundlagen entsprechen denen der Luftbildaufnahme
(vgl. 4.1) und werden, von Besonderheiten abgesehen, hier nicht weiter erörtert. Umfangreiche Ausführungen zur Nahbereichs- bzw. terrestrischen Photogrammetrie enthalten die einschlägigen Lehrbücher (z. B. *Weimann* 1988, *Luhmann* 2003, *Kraus*
2004). Schließlich wird im Folgenden der heute eher unübliche Begriff *terrestrische*
Photogrammetrie als Pendant zur *Aerophotogrammetrie* beibehalten.

3.2.1 Aufnahmekameras

Der Grundgedanke der Photogrammetrie, nämlich die Rekonstruktion eines Objektes
aus seiner zentralperspektiven Abbildung, setzt voraus, dass die Aufnahmegeometrie bekannt oder bestimmbar ist. Diese Forderung wurde von Beginn an durch die
Konstruktion von *Messkameras* realisiert, d. h. von Aufnahmekameras mit bekannter *innerer Orientierung*, durch welche die Form des Aufnahmestrahlenbündels festgelegt war. Derartige analoge Messkameras waren noch bis in die 1990er Jahre in
vielfältiger Ausführung üblich. Teilweise verfügten sie auch über Einrichtungen zur
Bestimmung bzw. Festlegung eines Teils der Daten der *äußeren Orientierung*, also der
Lage des Aufnahmestrahlenbündels im Raum (vgl. 4.1.1). Ziel war es, die Bildauswertung ohne aufwendige Rechnungen durch geometrische Rekonstruktion auf ana-
logem Weg vornehmen zu können. Kennzeichen dieser Kameras waren insbesondere
das große Bildformat sowie zunächst, wegen der erforderlichen Maßhaltigkeit und
Planlage der Bildebene, Glasplatten als Träger der photographischen Emulsion. Später wurden diese dann weitgehend durch Film ersetzt, wobei die Planlage durch eine
Andruckplatte bzw. Ansaugvorrichtung wie bei Luftbildkameras realisiert wurde. Der

Vorteil von Messkameras war die unmittelbare Auswertbarkeit der Bilder ohne umfangreiche Korrekturrechnungen, von Nachteil die etwas umständliche Handhabung
und mangelnde Flexibilität, insbesondere wegen der nur in festen Abständen bzw. gar
nicht veränderbaren Fokussierung, sowie die hohen Gerätekosten.

Für spezielle Zwecke, wie etwa Architekturaufnahmen, wurden zwei identische
Messkameras auf einer festen Basis angeordnet, z. T. mit einem je nach Aufnahmeentfernung veränderlichen Abstand ($\leq$ 1,2 m). Die Aufnahmerichtungen dieser *Ste-
reomesskameras* verliefen streng parallel und senkrecht (normal) zur Basis, so dass
eine räumliche Bildauswertung ohne weitere Objektinformationen (z. B. Passpunkte)
nach dem sog. Normalfall erfolgen konnte (vgl. 3.2.4).

Seit Ende der 1980er Jahre konnte infolge der Entwicklung der EDV und damit der
programmierbaren Rechenprozesse sowie der Möglichkeit zur Verarbeitung großer
Datenmengen die analoge durch die analytische Bildauswertung abgelöst werden,
d. h. die Berechnung von Objektkoordinaten aus Bildkoordinaten sowie den Daten
der inneren und äußeren Orientierung (vgl. 4.1.1). Abbildungsverzerrungen infolge
Maßverzugs und mangelhafter Planlage des Filmmaterials konnten mittels eines mit
abgebildeten, präzisen quadratischen Gitters (Réseau) berücksichtigt werden. Derartige *Teilmesskameras* waren entsprechend modifizierte, konventionelle Photokameras
mit auswechselbaren Objektiven und auf nahezu beliebige Aufnahmeentfernungen
fokussierbar. Die Bildformate lagen zwischen dem Kleinbildformat ($24 \times 36 \, \text{mm}^2$)
und dem Format von Luftbildkameras ($230 \times 230 \, \text{mm}^2$), wobei Kameras mit einem
mittleren Format (z. B. $55 \times 55 \, \text{mm}^2$) am häufigsten anzutreffen sind.

Die analogen filmbasierten Kameras sind inzwischen auch in der photogrammetrischen Praxis durch optoelektronische (digitale) Aufnahmesysteme weitgehend abge-

Abb. 3.2.1. Links: Messkamera von Meydenbauer, Bildformat $20 \times 20 \, \text{cm}^2$,
von 1890. Mitte: Messkamera *P 31*, Bildformat $9 \times 12 \, \text{cm}^2$, von 1974 (*Wild*,
Heerbrugg). Rechts: Digitale Messkamera *Rollei 6008 digital metric*, Bildformat $3,7 \times 4,9 \, \text{cm}^2$ (*Trimble*, Raunheim)

löst worden, wobei vorwiegend flächenhaft (matrixförmig) angeordnete CCD-Sensoren Verwendung finden. Neben aufwendigen und damit teuren digitalen Messkameras sind es bei weniger hohen Genauigkeitsansprüchen vor allem auch hochwertige
konventionelle Digitalkameras, deren innere Orientierung allerdings über aufwendige
Kalibrierungsverfahren mittels Passelementen im Objekt (Punkte, Strecken) bestimmt
werden muss.

3.2.2 Einzelbildverfahren

Für die Aufnahme eines ebenen Objektes (z. B. Gebäudefassade) genügt ein einzelnes
Bild, ggf. auch mehrere, sich geringfügig überlappende, falls die Objektgröße dies erfordert. Da i. d. R. davon auszugehen ist, dass Bild- und Objektebene nicht parallel zueinander sind, erfolgt die Objektrekonstruktion durch eine (analytische) *Entzerrung*.
Bei unbekannter innerer und äußerer Orientierung der Kamera sind hierfür vier Passpunkte, welche ein möglichst großes Viereck bilden, erforderlich. Tiefenunterschiede
im Objekt führen zu perspektiven Verzerrungen, d. h. radialen Lagefehlern. Ihre Berücksichtigung setzt die genaue Kenntnis der Tiefenunterschiede, z. B. in Form eines
digitalen Oberflächenmodells voraus (vgl. 4.1.3). Für topographische Zwecke spielt
das Verfahren keine Rolle, wenn man von der Fassadenwiedergabe bei digitalen Stadtmodellen absieht (vgl. 5.4).

3.2.3 Einschneideverfahren

Für die Aufnahme und Rekonstruktion eines in der Tiefe gestaffelten, räumlichen Objektes sind mindestens zwei von unterschiedlichen Standpunkten aus aufgenommene
Bilder erforderlich. Beim *Einschneideverfahren* erfolgt die Anordnung der Kamera-
standpunkte und der Aufnahmerichtungen so, dass sich die homologen (konjugier-
ten) Strahlen $O_1P'P$, $O_2P''P$ und ggf. $O_3P'''P$ unter einem günstigen Winkel schneiden
(Vorwärtsschnitt). Verlaufen die Aufnahmerichtung und die Abszissenachse des Bildkoordinatensystems horizontal, so erhält man unter Berücksichtigung der Daten der
inneren Orientierung sehr einfache Abbildungsbeziehungen. Zusätzlich müssen die
Winkel zwischen der jeweiligen Aufnahmerichtung und der Basis zwischen den Aufnahmestandpunkten sowie die Basislänge bestimmt werden. Um Objektkoordinaten
im Landessystem zu erhalten, werden die Koordinaten und Höhen der Standpunkte
(Projektionszentren) über geodätische Messungen ermittelt.

Das Verfahren wurde als *Messtischphotogrammetrie* bis ins 20. Jh., insbesondere
auch bei Forschungsexpeditionen, für die Aufnahme von schwer zugänglichen topographischen Objekten (Bergmassive, Gletscher u. ä.), vor allem aber für Architekturaufnahmen angewandt. Von Vorteil war seine methodische Einfachheit, die zumindest für den Grundriss eine rein graphische Auswertung ermöglichte. Nachteilig war,
dass nur eindeutig identifizierbare Punkte rekonstruierbar waren. In den 1980er Jahren erfuhr es in Form der *Bündeltriangulation* eine Renaissance in der Nahbereichsphotogrammetrie. Hierbei wird ein Objekt in gleicher Weise durch mehrere Bilder,

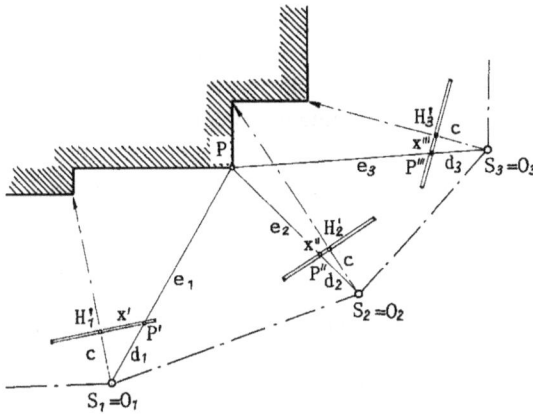

Abb. 3.2.2. Prinzip des Einschneideverfahrens am Beispiel einer Bauaufnahme (die Bilder befinden sich in Positivstellung)

jedoch ohne Kenntnis der äußeren Orientierung (ggf. auch der inneren Orientierung) erfasst, wobei lediglich die Bedingung günstiger Strahlenschnitte einzuhalten ist. Die Bilder bzw. die zugehörigen Strahlenbündel werden in einem simultanen Rechenprozess, der Bündelblockausgleichung, über Verknüpfungspunkte, d. h. über im Überlappungsbereich benachbarter Bilder befindliche identische Objektpunkte, zu einem Block verbunden und dieser über Passpunkte in ein Objektkoordinatensystem transformiert. Das Ergebnis sind die Daten der äußeren Orientierung für jedes Bild und die Koordinaten der gemessenen Objektpunkte.

3.2.4 Stereoverfahren

Eine Auswertung strukturierter, nicht jedoch durch identifizierbare Einzelpunkte definierter Objektflächen ist nur durch das *Stereoverfahren* möglich. Dessen Anwendung geht zurück auf die Konstruktion des *Stereokomparators* durch *C. Pulfrich* im Jahre 1901. Hiermit war es erstmals möglich, unter bestimmten Bedingungen, nämlich paralleler, horizontaler und senkrecht (normal) zur Basis verlaufender Aufnahmeachsen sowie hinreichender inhaltlicher Überdeckung aufgenommene Bilder unter stereoskopischer Betrachtung räumlich auszumessen. Diese auch als *Normalfall der Stereophotogrammetrie* bezeichnete Anordnung ermöglicht bei Kenntnis der inneren und äußeren Orientierung die Anwendung vereinfachter Abbildungsgleichungen zur Berechnung räumlicher Objektkoordinaten aus Bildkoordinaten.

Falls keine Landeskoordinaten erforderlich sind, legt man zugleich ein örtliches Koordinatensystem X, Y, Z so an, dass der Ursprung mit dem Projektionszentrum des linken Aufnahmestandpunktes, die Y-Achse mit der entsprechenden Aufnahmerichtung und die X-Achse mit der (horizontalen) Basis b zusammenfällt. Damit erhält man nach Messung von b und des Höhenunterschiedes zwischen den Aufnahmestandpunkten die Daten der äußeren Orientierung für beide Standpunkte. Außer zu Kontrollzwecken sind keinerlei Objektinformationen erforderlich. Neben der Messung von Bildkoordinaten kann in einem Stereokartiergerät mittels einer räumlichen Messmarke eine linienweise Modellabtastung vorgenommen werden (vgl. 4.1.6).

Von der strengen Einhaltung des Normalfalles kann abgewichen werden, sofern eine Konvergenz oder Divergenz der Aufnahmeachsen etwa 1,3° nicht überschreitet, da bei einer stereoskopischen Bildauswertung die Bildkorrelation (visuell oder digital) wegen zu unterschiedlicher Perspektiven erschwert oder nicht mehr möglich ist. Die entsprechenden Drehwinkel müssen dann geodätisch oder über Einrichtungen an einer Messkamera bestimmt werden. Bis in die 1950er Jahre wurden mit dieser Methode zahlreiche topographische Vermessungen, insbesondere von Gletschern und Hochgebirgsmassiven in den Alpen und im Himalaja, durchgeführt (vgl. *Finsterwalder* 1952).

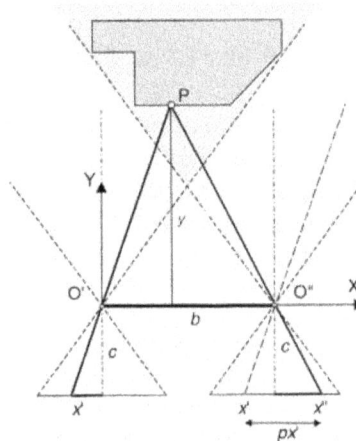

Abb. 3.2.3. Normalfall der terrestrischen Stereophotogrammetrie (nach *Luhmann* 2003)

Die heutigen rechentechnischen Möglichkeiten erlauben nicht nur eine vom Normalfall abweichende Aufnahmekonstellation, sondern auch die nachträgliche Bestimmung der äußeren Orientierung (ggf. auch der inneren Orientierung) durch das Verfahren Bündeltriangulation (vgl. 3.2.3). Dies ermöglicht eine flexible Aufnahmeanordnung sowie die Verwendung von Teilmesskameras, setzt allerdings eine hinreichende Anzahl von Pass- und Kontrollelementen voraus.

Für die Durchführung einer Aufnahme durch das Stereoverfahren ist auch die für die Objektkoordinaten X, Y, Z erzielbare Genauigkeit von Bedeutung. Zur Abschätzung genügt die Annahme des Normalfalles. Für die Objektkoordinaten gilt hierbei mit dem Bildmaßstab $M_b = 1/m_b$:

$$X = m_b \cdot x', \quad Z = m_b \cdot z', \quad Y = \frac{b \cdot c}{p_{x'}} \quad \text{mit } p_{x'} = x' - x''$$

Für die Standardabweichung ergibt sich dann nach dem Fehlerfortpflanzungsgesetz:

$$\sigma_{X,Z} = m_b \cdot \sigma_{x',z'} \quad \text{und} \quad \sigma_Y = \frac{Y}{b} \cdot m_b \cdot \sigma_{px'} = \frac{Y^2}{b \cdot c} \cdot \sigma_{px'}$$

Abb. 3.2.4. Terrestrisches Messbild aus dem Karakorum im Himalaja (Originalformat $13 \times 18\,\text{cm}^2$) und Stereo-Auswertung $1:50.000$ mit $50\,\text{m}$-Höhenlinien aus dem Jahre 1959 (nach *Finsterwalder/Hofmann* 1968)

Die Genauigkeit der X, Z-Koordinaten ist damit direkt proportional zur Genauigkeit der Bildkoordinaten x', z' und kann durch Wahl eines möglichst großen Bildmaßstabs (in Grenzen) beeinflusst werden. Auf die Tiefenkoordinaten Y wirkt sich zusätzlich das Tiefen-Basis-Verhältnis Y/b aus, d. h. deren Genauigkeit nimmt ab mit dem Quadrat der Entfernung. Dies ist insbesondere bei Objekten mit großen Tiefenunterschieden, wie sie häufig bei topographischen Aufnahmen zu finden sind, von Bedeutung. Zur Genauigkeitssteigerung ist unter Beachtung der stereoskopischen Auswertbarkeit auch im Nahbereich des Objektes eine möglichst große Basis b zu wählen.

Die Anwendung der terrestrischen Photogrammetrie für topographische Zwecke dürfte heute auf solche Projekte beschränkt sein, bei denen neben der Ermittlung von Koordinaten auch eine bildmäßige Erfassung erwünscht ist. Hierzu gehört die Aufnahme von Steinbrüchen, Gletschern, Felsbrüchen, Hangrutschungen, archäologischen Fundstätten u. ä., ggf. auch in Kombination mit dem terrestrischen Laserscanning (vgl. 3.3). Die Planung einer Aufnahme durch das Stereoverfahren ist eine anspruchsvolle Aufgabe, bei der zahlreiche Parameter zu berücksichtigen sind. Einzelheiten hierzu findet man u. a. bei *Weimann* (1988).

3.3 Terrestrisches Laserscanning (TLS)

Bei der topographischen Vermessung durch Tachymetrie werden die aufzunehmenden Objekte durch diskrete Punkte ersetzt und durch Messung von Polardaten erfasst. Die Punkte sind durch eine Codierung entsprechend ihrer Bedeutung attributiert und damit identifizierbar. Ihre Gesamtheit bildet ein die topographischen Objekte bzw. die Geländeoberfläche repräsentierendes Punktfeld und ermöglicht ggf. unter Zuhilfenahme eines Geländefeldbuches eine Rekonstruktion. Während dies bei definierten Objekten (Gebäude, Verkehrswege) i. d. R. problemlos ist, ist die Erfassung der Geländeoberfläche vor allem von der richtigen Punktauswahl und von der Punktdichte abhängig. Will man letztere erhöhen, so nehmen der Aufwand für Aufnahme und Auswertung entsprechend zu. Dies führt zum Grundgedanken des *Laserscanning*, nämlich ein Punktfeld nahezu objektunabhängig so zu verdichten, dass die Rekonstruktion ohne spezifische Punktauswahl und Zusatzinformationen möglich wird.

Diese Methode wurde erstmals zu Beginn der 1990er Jahre für die Geländeaufnahme vom Flugzeug aus eingesetzt (Aero- oder Airborne-Laserscanning ALS) und seitdem zu einem außerordentlich leistungsfähigen Verfahren in der Praxis entwickelt (vgl. 4.2). In Anlehnung hieran hat sich in den letzten Jahren das *terrestrische Laserscanning* in der geodätischen Messtechnik etabliert. Seine Merkmale sind z. T. ähnlich denen der terrestrischen Photogrammetrie, d. h. die Aufnahmen werden von erdfesten oder nahe an der Erdoberfläche befindlichen Standorten aus durchgeführt und sie erfolgen überwiegend im Nahbereich ($\leq$ 100 m). Spezifische Merkmale sind:

- Die Objekterfassung erfolgt durch einen Abtastvorgang (Scanning) vollständig automatisiert, d. h. es werden mit hoher Frequenz Distanzen zum Objekt bei gleichzeitiger schrittweiser Ablenkung des Laserstrahls in horizontaler und vertikaler Richtung gemessen. Für jeden Punkt werden Distanz und Richtungen sowie i. d. R. auch die Reflexionsintensität registriert.

- Das Ergebnis ist ein Punktraster mit polaren Messdaten, welches die Objektoberfläche ohne unmittelbare Berücksichtigung bestimmter Objektmerkmale, wie diskrete Punkte oder Kanten, repräsentiert.

- Die aufgenommen Objektflächen bedürfen anders als bei der Rekonstruktion aus photographischen Bildern keiner Flächenstruktur (Textur).

- Für die räumliche Erfassung und Rekonstruktion benötigt man, eine entsprechende Objektausdehnung vorausgesetzt, nur einen einzigen Standpunkt.

- Die Aufnahme ist unabhängig von bestehenden Lichtverhältnissen, jedoch insbesondere bei größeren Entfernungen witterungsabhängig.

Der Anwendungsbereich des terrestrischen Laserscanning liegt ebenso wie der der terrestrischen Photogrammetrie vor allem in der Vermessung nichttopographischer Objekte (Bauaufnahme, Industrievermessung u. a.). Es ist aber gleichermaßen auch für topographische Einzelobjekte mit vorwiegend vertikaler Struktur einsetzbar.

Sehr viel größere Bedeutung für topographische Vermessungen hat das Aero-Laserscanning. Die folgenden Ausführungen zum terrestrischen Verfahren beschränken sich daher auf die grundlegenden Merkmale, zumal die Entwicklung der Scannertechnologie, insbesondere auch hinsichtlich der Universalität der Geräte (Multisensorsysteme), ständigen Veränderungen unterworfen ist. Seine sachgerechte Anwendung erfordert vertiefte Kenntnisse und Erfahrungen unter Hinzuziehung entsprechender Literatur, welche vor allem in Form von Fachaufsätzen in großer Zahl vorliegt. Für weitergehende Ausführungen zum Laserscanning sei auch auf Abschnitt 4.2 verwiesen.

3.3.1 Geräte und Aufnahmetechnik

Geräte für das terrestrische Laserscanning entsprechen prinzipiell einem mit einem Laser-Distanzmesser ausgestatteten, reflektorlos messenden Tachymeter, welcher die Strecke (beim Laserscanning häufig als *range r* bezeichnet) und die Horizontal- und Vertikalrichtung zu einem diskreten Objektpunkt ermittelt. Das Ergebnis sind räumliche Polarkoordinaten (r, β, α) des eingestellten Objektpunktes in Bezug auf das Gerätekoordinatensystem (x, y, z). Im Gegensatz zu Tachymetern verfügen Laserscanner jedoch nicht über ein um die Steh- bzw. Kippachse dreh- und schwenkbares Fernrohr zur Anzielung diskreter Punkte, sondern über optisch-mechanische Systeme zur kontinuierlichen (automatischen) Ablenkung des Laserstrahls in horizontaler und vertikaler Richtung. Diese erfolgt entweder über zwei oszillierende Planspiegel (Schwingspiegel), deren Drehachsen senkrecht zueinander stehen, oder vertikal über einen rotierenden, 45° zur Stehachse angeschrägten Spiegel, bzw. einen rotierenden

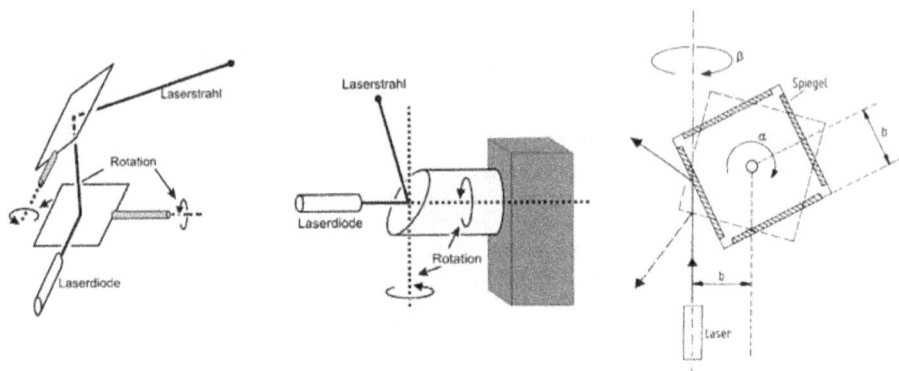

Abb. 3.3.1. Laserstrahlablenkung durch Schwingspiegel (l), rotierenden Schrägspiegel (m) (nach *Hesse* 2008) und durch Polygonspiegel (r) (nach *Witte/Schmidt* 2006)

oder oszillierenden Polygonspiegel, sowie horizontal durch Rotation des Gerätes um seine Stehachse. Eine weitere Lösung ist schließlich, ähnlich einem Tachymeter, die der Rotation sowohl um die Stehachse als auch die Kippachse.

Für die Entfernungsmessung werden sowohl das Phasenvergleichsverfahren als auch das Impulslaufzeitverfahren verwendet (vgl. *Kahmen* 2006). Ersteres ist genauer und ermöglicht zudem eine Scangeschwindigkeit (Messrate) von bis zu 500.000 Punkten in der Sekunde, ist jedoch auf weniger als 100m Reichweite beschränkt. Beim Impulslaufzeitverfahren sind unter idealen Bedingungen Reichweiten über 1 km erzielbar (bis zu 6 km beim LPM-321 von Riegl), bei allerdings geringerer Genauigkeit und geringeren Messraten (z.B. $\leq$ 60.000). Letztere sind zudem abhängig von der Entfernung zum Objekt. Die verwendeten Wellenlängen liegen sowohl im Bereich des sichtbaren Lichtes (z.B. $\lambda = 532$ nm, Grün) oder des nahen Infrarot ($\lambda = 700$–900 nm, NIR).

Die reale Reichweite eines Laserscanners ist objektabhängig, d.h. von der Objektbeschaffenheit (Oberflächenrauhigkeit, Farbe, Feuchtigkeit) und dem Winkel zwischen auftreffendem Laserstrahl und Objektfläche sowie, insbesondere bei größeren Objektentfernungen, von den atmosphärischen Verhältnissen (vgl. Abbildung 3.3.2).

Weiterhin unterscheiden sich die Geräte hinsichtlich des von einem Standpunkt aus aufnehmbaren Bereiches bzw. Gesichtsfeldes (FOV field of view). *Panoramascanner* erfassen in der Horizontalen 360°, in der Vertikalen bis zu 270° und damit nahezu ihre vollständige Umgebung. Sie sind daher insbesondere für die Aufnahme von Innenräumen, Tunneln u.ä. geeignet. *Kamerascanner* haben entsprechend einer Photokamera ein eingeschränktes Gesichtsfeld und sind vor allem für die Erfassung nicht allzu ausgedehnter Einzelobjekte sinnvoll. Der Aufnahmebereich von *Hybridscannern* entspricht in der Vertikalen dem der Kamerascanner und in der Horizontalen

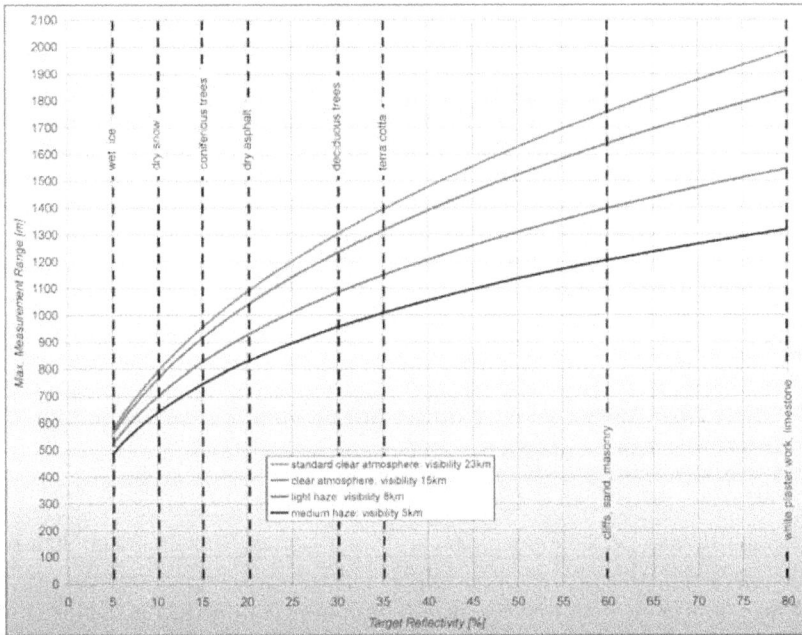

The following conditions are assumed:
Flat target larger than footprint of laser beam, perpendicular angle of incidence, average brightness

Abb. 3.3.2. Beispiel für die Reichweite eines terrestrischen Laserscanners in Abhängigkeit von der Objektart und dem Reflexionsgrad sowie den atmosphärischen Verhältnissen (© *Riegl*, Horn/Austria)

dem der Panoramascanner, wodurch insbesondere horizontal lang gestreckte Objekte gut erfassbar sind. Eine differenziertere Einteilung nach Bauform und Funktionalität schlagen *Ingensand u. Wunderlich* (2009) vor. Danach sollten unterschieden werden: Profilscanner für kinematische Aufnahmen, Panoramascanner für statische Aufnahmen, Tachymeterscanner, d. h. Tachymeter mit eingeschränkten Scannerfunktionen, Scannertachymeter, d. h. Scanner mit Tachymeterfunktionen, und Spezialscanner.

Weitere Kennzeichen eines Laserscanners sind die Divergenz bzw. Bündelung des Laserstrahls und die minimale Winkelschrittweite beim Scanvorgang. Beide sind in ihrer Auswirkung entfernungsabhängig und maßgeblich für die Objektauflösung. Die Strahldivergenz bestimmt die Größe des Laserspots (footprint) im Objekt, d. h. beträgt diese z. B. 0,8 mrad ($\approx$ 0,05°), so ergibt sich in 100 m Entfernung eine Punktgröße von 80 mm und in 1000 m bereits 80 cm. Je kleiner die Strahldivergenz, desto repräsentativer ist der Informationsgehalt für den einzelnen Objektpunkt hinsichtlich Genauigkeit der Entfernung und Signalintensität. Die Winkelschrittweite bestimmt den Punktabstand im Objekt und sie sollte so gewählt werden, dass einerseits keine Überlappung der Laserspots im Objekt stattfindet und andererseits feine Objektstrukturen

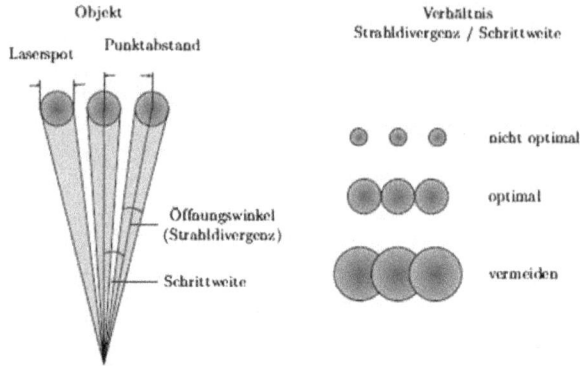

Abb. 3.3.3. Zusammenhang zwischen Strahldivergenz und Winkelschrittweite beim terrestrischen Laserscanning (nach *Rietdorf* 2005)

noch aufgelöst, also getrennt voneinander erfasst werden können. Nach dem *Abtast-
theorem* sollte die Abtastfrequenz, also hier die Punktdichte, mindestens doppelt so
hoch sein wie die kleinste im Objekt vorkommende Ortsfrequenz (Objektstruktur),
welche noch unterscheidbar und damit auswertbar sein soll (vgl. *Luhmann* 2003).

Die Vielzahl heute angebotener Geräte unterscheidet sich hinsichtlich der oben genannten Merkmale und ihrer Ausstattung. Die Genauigkeit der Distanzmessung liegt
i. A. bei $\leq \pm 20$ mm beim Impulslaufzeitverfahren und $\leq \pm 8$ mm beim Phasenver-
gleichverfahren (*Schneider, D.* 2009). Die Positionierungsgenaugkeit ist abhängig von
der Winkelauflösung und damit entfernungsabhängig. Die Herstellerangaben hierzu

Abb. 3.3.4. Terrestrische Laserscanner: *Leica ScanStation C10* mit GNSS-
Empfänger (*Leica Geosystems*, Heerbrugg/Schweiz), *Trimble GX 3D*
(*Trimble*, Raunheim) und *Riegl LPM-321* (*Riegl*, Horn/Austria)

sind gerätespezifisch sehr unterschiedlich, z. B. $\pm 0,009°$ beim Riegl LPM-321 und $\pm 0,004°$ beim Trimble GX 3D, welches zu einer Lageabweichung von ± 16 mm bzw. ± 7 mm auf 100 m Entfernung führt. Einen Überblick zu den physikalischen Prinzipien und zur Leistung terrestrischer Laserscanner gibt *Wölfelschneider* (2009).

Die Geräteausstattung umfasst häufig Einrichtungen zur Zentrierung und Horizontierung (Kompensatoren) sowie eine integrierte Digitalkamera. Teilweise besteht auch die Möglichkeit zur unmittelbaren Georeferenzierung mittels eines aufgesetzten GNSS-Empfänger sowie zur Messung von Polygonzügen und Passpunkten und damit auch zur freien Stationierung. Schließlich kann bei einigen Geräten eine ‚Full-Waveform-Registrierung' erfolgen, bei der Mehrfachreflexionen und Signalintensität aufgezeichnet werden (vgl. 4.2.2). Als Passpunkte sind spezielle Zielmarken vorzusehen, welche geodätisch zu bestimmen sind (*Eling* 2009).

Die Planung und Durchführung einer Aufnahme topographischer Objekte durch terrestrisches Laserscanning ist, ähnlich der einer terrestrisch-photogrammetrischen Aufnahme, eine anspruchsvolle Aufgabe und bedarf in Abhängigkeit vom Ziel der Erfassung (Überwachungsmaßnahme, Volumenermittlung, topographische Karte) einer sorgfältigen Vorbereitung. Zu beachten sind insbesondere:

- Objektausdehnung und -tiefe,
- Oberflächenstruktur und Reflexionseigenschaften (Farbe, Rauhigkeit, Feuchtigkeit) des Objektes,
- erforderliche Genauigkeit und Scan-Auflösung,
- zur Verfügung stehende Geräte und Auswertsoftware sowie
- Passpunktanordnung und -bestimmung.

3.3.2 Datenauswertung

Das Ergebnis der Scanneraufnahme ist eine Punktmenge (*Punktwolke*) mit Polarkoordinaten in Bezug auf das Scannersystem, welche die Objektoberfläche nur bedingt repräsentiert. Im Gegensatz zum tachymetrischen und photogrammetrischen Verfahren werden bestimmte Objektmerkmale, wie z. B. Kanten, nur zufällig erfasst. Der Scanvorgang erfolgt in festen Winkelschritten, woraus je nach Objektbeschaffenheit sowie Objektlage und -neigung zum Scanner ein unterschiedliches Abtastmustermuster und damit ggf. eine inhomogene Auflösung resultieren.

Die Auswertung der Messdaten umfasst unabhängig von der späteren Ergebnisrepräsentation folgende Schritte:

- Umrechnung der Polarkoordinaten der Laserpunkte in kartesische Gerätekoordinaten (x, y, z) bezogen auf den Gerätenullpunkt (Standpunkt),
- Herausfiltern von Fehlmessungen, z. B. infolge vorübergehender Sichtbehinderungen oder unerwünschter Objektbereiche,

- falls erforderlich, Transformation der Punkte in ein übergeordnetes Koordinatensystem, z. B. ins Landesystem (Georeferenzierung) und

- Modellierung der Punktwolke entsprechend der Objektstruktur.

Liegen die Standpunktkoordinaten bereits durch geodätische Messungen im Landessystem vor und wurde das Instrument zentriert und horizontiert, ist lediglich eine Orientierung über mindestens einen Passpunkt im Objekt erforderlich.

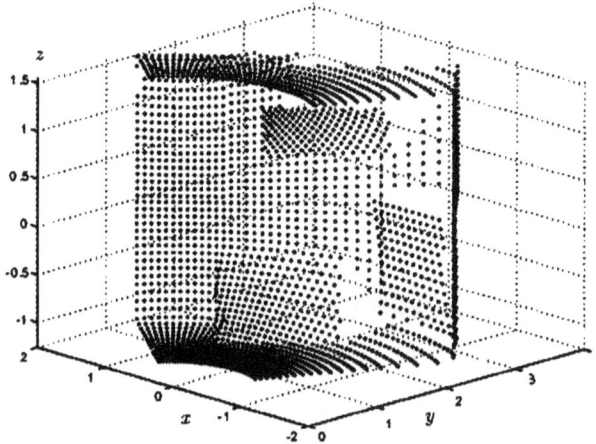

Abb. 3.3.5. Punktverteilung bei der Abtastung eines Innenraumes (nach *Rietdorf* 2005)

Die Gesamtheit der Laserstrahlen eines Aufnahmevorgangs bildet ein räumlich-vektorielles Strahlenbündel, welches dem Aufnahmestrahlenbündel einer photogrammetrischen Kamera entspricht. Im Gegensatz zu letzterem ist jedoch die erfasste Objektfläche aus einer einzigen Aufnahme von einem Standpunkt aus rekonstruierbar. Sind wegen einer größeren Objektausdehnung Aufnahmen von mehreren Standpunkten erforderlich, können diese analog der photogrammetrischen Methode über identische Objektbereiche oder signalisierte Punkte miteinander verknüpft und über Passpunkte in ein übergeordnetes Koordinatensystem transformiert werden (vgl. *Kraus* 2004).

Da topographische Objekte in der Regel eine eher unregelmäßige Struktur aufweisen, bietet sich z. B. eine *Objektmodellierung* mittels Dreiecksvermaschung an (vgl. 5.2.1). Hilfreich ist in jedem Fall eine vorübergehende Visualisierung der registrierten Reflexionsintensität als Grautonbild, aber auch als Farbbild bei Kombination mit der Aufnahme einer integrierten Digitalkamera. Eine besondere Vorgehensweise ist für (topographische) Überwachungsmessungen bei drohenden Hangrutschungen, Felsabbrüchen u. ä. erforderlich. Über die Erfassung einer Gletscheroberfläche und seiner Bewegungsgeschwindigkeit mittels multi-temporaler terrestrischer Laserscanneraufnahmen berichten *Schwalbe u. Maas* (2009).

3.4 Verfahrensvergleich und -kombination

Tachymetrie, terrestrische Photogrammetrie und terrestrisches Laserscanning sind für topographische Vermessungen eine Alternative, wenn Luftbildmessung oder Aero-Laserscanning, z. B. wegen zu geringer Gebietsgröße, als Aufnahmeverfahren nicht infrage kommen. Sie sind dann einerseits konkurrierende, andererseits aber auch sich ergänzende Verfahren. Allen ist gemeinsam, dass eine Georeferenzierung der Ergebnisse geodätische Messungen für die Standpunkte bzw. Passpunkte im Gelände voraussetzt. Alle Verfahren führen zu einem Punktfeld, das prinzipiell z. B. als Grundlage zur Berechnung eines digitalen Geländemodells dienen kann. Zum Vergleich seien noch einmal die spezifischen Merkmale im Hinblick auf ihre Anwendung für die topographische Vermessung gegenübergestellt.

Die *Tachymetrie*, ob konventionell oder als RTK-Verfahren, ist gekennzeichnet durch die Erfassung diskreter, das Gelände repräsentierender Punkte und erfordert daher spezielle Kenntnisse und Erfahrung bei Aufnahme und Auswertung. Neben den Messdaten müssen Informationen über die Punktart sowie ihre Beziehungen zu benachbarten Punkten gespeichert werden. Diese Vorgehensweise ist sehr zeitaufwendig, ermöglicht aber eine teils interaktive und teils automatisierte Weiterverarbeitung bis zum Endprodukt. Aufgenommen werden sämtliche topographischen Objekte, also Situation und Höhen. Das aufzunehmende Gelände muss begehbar, kann aber beliebig gestaltet sein (flach, steil, zerklüftet). Vegetation behindert, von Ausnahmen abgesehen, zumindest beim Polarverfahren die Erfassung nur unwesentlich. Die gerätebedingte Genauigkeit ist für die topographische Vermessung in jedem Fall ausreichend.

Die *terrestrische Photogrammetrie* in Form des Stereoverfahrens liefert maßstabsabhängig ein detailreiches Bild des aufgenommenen Geländes, wobei für die räumliche Rekonstruktion eine weitere Aufnahme von einem zweiten, nach bestimmten Kriterien ausgewählten Standpunkt erforderlich ist. Der Zeitaufwand für die Aufnahme ist im Vergleich zur Tachymetrie sehr gering. Die Auswertung muss interaktiv erfolgen, kann aber spezifische topographische Merkmale (Punkte, Kanten) explizit erfassen. Eine automatisierte Auswertung durch digitale Korrelation ist bei einfach strukturierten Flächen denkbar. Geeignet ist das Verfahren vor allem für nicht oder nur schwer begehbares Gelände mit überwiegend vertikaler Struktur (z. B. Steinbrüche, Felshänge), möglichst ohne Verdeckungen durch Bebauung oder Vegetation. Die Genauigkeit ist entfernungs- bzw. maßstabsabhängig, nimmt aber in Aufnahmerichtung ab mit dem Quadrat der Entfernung.

Das *terrestrische Laserscanning* liefert von einem Standpunkt aus die Raumkoordinaten einer Punktwolke, jedoch ohne spezifische Objektmerkmale. Der Zeitaufwand für die Aufnahme ist infolge der vollständigen Automation des Abtastvorgangs außerordentlich kurz, der für die Auswertung wegen der interaktiven Datenbereinigung deutlich höher. Die Eignung für topographische Zwecke entspricht der der terrestrischen Photogrammetrie, allerdings mit dem Nachteil der nur zufälligen Erfassung topographisch wichtiger Objektdetails. Zusammenfassend ergibt sich:

- Die *Tachymetrie* ist für die Aufnahme eines beliebig strukturierten, begehbaren Geländes mit Bebauung und Vegetation das am besten geeignete Verfahren.

- *Terrestrische Photogrammetrie* und *Laserscanning* sind vor allem bei unzugänglichem oder gut einsehbarem kleinförmigen Gelände mit vorwiegend vertikaler Struktur die Alternative. Hierzu gehören etwa Aufnahmen von Steinbrüchen, Tagebaustätten, archäologischen Fundstätten, die Überwachung drohender Felsabbrüche oder Hangrutschungen u. ä.

In bestimmten Fällen bietet sich auch eine Kombination von Laserscanner oder Tachymeter mit Digitalkamera (Videotachymeter) an, um die jeweiligen Vorzüge beider Methoden zu nutzen. So sind heute bereits häufig Digitalkameras in die Scanner integriert und zugleich weisen viele Scanner schon Tachymeterfunktionen auf. Die Vereinigung von Tachymeter, Laserscanner und Digitalmesskamera in einem *Multisensorsystem* dürfte in absehbarer Zeit möglich sein (*Ingensand u. Wunderlich* 2009). Eine Kombination verschiedener Geräte einschließlich solchen zur Positions- und Neigungsbestimmung mittels GNNS/INS findet man beim sog. *Mobile Mapping*, bei dem die Sensoren auf einer sich bewegenden Plattform (z. B. Kraftfahrzeug) montiert sind. Diese Systeme werden weniger für topographische Geländeaufnahmen als vielmehr für spezielle Aufgaben, wie z. B. die Aufnahme von Bestandsplänen in Straßenräumen, eingesetzt (*Hesse* 2008).

Kapitel 4
Topographische Vermessung mittels Fernerkundung

Die bis in die 1930er Jahre in der topographischen Vermessung vorherrschende Tachymetrie wurde im Laufe der folgenden Jahrzehnte zunehmend durch die *Aerophotogrammetrie* abgelöst. Letztere stellte bereits ein Verfahren der *Fernerkundung* dar, ein Begriff, der allerdings erst mit der Erfassung der Erdoberfläche von Raumkapseln und Satelliten aus in den 1950er Jahren geprägt wurde. Man versteht hierunter alle Verfahren, bei denen sich der Aufnahmesensor in größerer Entfernung vom Objekt (hier der Erdoberfläche) befindet und die Objektinformationen aus der von dort remittierten elektromagnetischen Strahlung abgeleitet werden. Zu unterscheiden ist hierbei zwischen *passiven* Systemen, welche z. B. das reflektierte Sonnenlicht nutzen (Luftbildkamera, optische Scanner) und *aktiven* Systemen, welche die verwendete elektromagnetische Strahlung zunächst durch einen Sensor erzeugen und aussenden (Radarverfahren, Laserscanning) (vgl. *Albertz* 2009). Durch die in den 1990er Jahren entwickelten aktiven Fernerkundungsmethoden hat sich das Spektrum der Aufnahmemöglichkeiten erheblich erweitert, so dass heute für topographische Vermessungen bzw. Informationsgewinnung zur Verfügung stehen:

- Die *Aerophotogrammetrie* für die Erfassung aller topographischen Objekte (Situation, Höhen und Geländeformen),
- das *Aero- oder Airborne-Laserscanning ALS* für die Höhenaufnahme,
- *Radarverfahren* für die Radarbilderzeugung und die Höhenaufnahme durch *Radar-Interferometrie* sowie
- *Satellitenbildverfahren* für die Bildkartenherstellung.

Alle Verfahren unterscheiden sich nicht nur hinsichtlich der Verwendung unterschiedlicher Spektralbereiche, sondern auch methodisch. Dem Aero-Laserscanning und den Radarverfahren ist gemeinsam, dass die zur Informationsgewinnung verwendete Strahlung im Gegensatz zur Aerophotogrammetrie und den Satellitenbildverfahren durch einen *aktiven* Sensor (Sender und Empfänger) erzeugt werden muss. Während die Luftbildaufnahme und das Laserscanning aus einer begrenzten Höhe vom Flugzeug (seltener auch vom Helikopter) aus erfolgen, werden die Radarverfahren sowohl vom Flugzeug als auch von Raumplattformen (Spaceshuttle, Satellit) aus eingesetzt. Satellitenbilder schließlich sind das Ergebnis der Aufnahme aus mehreren 100 km Höhe.

Für alle Verfahren besteht das Problem, die *äußere Orientierung*, also die Sensorposition und -neigung in einem übergeordneten Koordinatensystem (X, Y, Z), im Moment der Aufnahme bei sich bewegendem Sensor hinreichend genau zu bestimmen. Dies erfolgt heute weitgehend durch direkte Sensororientierung mittels Satellitenpositionierung und Inertialplattform (GNSS/INS). Luftbild- und Satellitenbild-Aufnahmen können auch indirekt über Passpunkte orientiert werden.

4.1 Aerophotogrammetrie

Die *Aerophotogrammetrie* bzw. *Luftbildvermessung* ist zentraler Gegenstand der *Photogrammetrie*, d. h. derjenigen Fachdisziplin, welche sich mit der photographischen Aufnahme von Objekten sowie der Informationsentnahme und -verarbeitung aus den Bildern befasst und zwar durch:

- Ausmessung und Rekonstruktion von Objekten (geometrische Information) sowie

- Interpretation, d. h. Aussagen über Zustände und Veränderungen von Objekten aus ihrer Form und Farbe (Grauton) sowie Bezug zur Umgebung (semantische Information).

Im Vordergrund topographischer Vermessungen steht naturgemäß die Entnahme geometrischer Informationen über die Objekte der Erdoberfläche. Zugleich ist es aber erforderlich, Aussagen zur Objektart und deren Wichtigkeit zu treffen, d. h. Objekte aus Form, Farbe und Bezug zur Umgebung zu identifizieren (Bildlesen). Die eigentliche Interpretation geht weit über das Bildlesen hinaus und ist Gegenstand spezieller Fachliteratur (z. B. *Albertz* 2009).

Die folgenden Ausführungen beschränken sich im Wesentlichen auf die Bereiche der Photogrammetrie, deren Kenntnis für die sachgerechte topographische Vermessung der Erdoberfläche aus Luftbildern erforderlich ist. Weitergehende und vertiefende Informationen entnehme man der Fachliteratur (z. B. *Kraus* 1996–2004, *Luhmann* 2003).

4.1.1 Grundlagen der Bilderzeugung

Ein Luftbild ist das Ergebnis der Einwirkung elektromagnetischer Strahlung und zwar durch

- Reflexion der auf die Erdoberfläche auftreffenden Strahlung,

- Empfang und Speicherung durch einen strahlungsempfindlichen Sensor und

- Weiterverarbeitung zu einem sichtbaren Bild.

Strahlungsquelle ist das reflektierte Sonnenlicht im Wellenlängenbereich von etwa 0,38–0,72 µm (sichtbares Licht) und 0,72–0,90 µm (nicht sichtbares nahes Infrarot

NIR). Die durch die auf den Sensor auftreffende Strahlung erzeugte Abbildung ergibt sich:

- *Geometrisch* (mathematisch) durch die Strahlungsrichtung (Lage und Form der Objekte) sowie

- *radiometrisch* (physikalisch) aus Strahlungsintensität und spektraler Zusammensetzung (Grau- oder Farbtonunterschiede).

Zur Beurteilung des Leistungsvermögens der Luftbildmessung ist die Kenntnis der Geometrie und der Radiometrie der Bilderzeugung sowie der das Ergebnis beeinflussenden Faktoren erforderlich. Entsprechend der Bildentstehung ist schließlich zwischen *geometrischen* und *radiometrischen* Eigenschaften eines Luftbildes zu unterscheiden, auch wenn eine strenge Trennung nicht in jedem Fall möglich ist.

(1) Geometrische Bilderzeugung

Die Rekonstruktion von Lage und Form der abgebildeten Objekte sowie ihre Einpassung in ein Landeskoordinatensystem (Georeferenzierung) werden allgemein als Transformation bezeichnet. Die hierfür erforderlichen Transformationsgleichungen können auf verschiedene Weise gewonnen werden und zwar durch *mathematische Modellierung der Aufnahmegeometrie* oder ohne deren Berücksichtigung über eine *Interpolation mit Hilfe von Passpunkten* mittels geeigneter Polynomansätze.

Von der zweiten Methode macht man z. B. bei relativ unverzerrten Satellitenbildern Gebrauch bzw. dann, wenn die Modellierung der Aufnahmegeometrie schwierig ist (vgl. *Albertz* 2009). Bei der Luftbildmessung wurde von Beginn an die Möglichkeit zur Modellierung der Aufnahmegeometrie genutzt, ursprünglich optisch-mechanisch (analog), da für die Verarbeitung großer Datenmengen nur begrenzte Rechenhilfsmittel zur Verfügung standen, und schließlich, mit der Entwicklung der Computertechnik, mathematisch (analytisch).

Luftbilder sind zunächst das Ergebnis der Abbildung durch ein Objektiv, also einer Zentralprojektion, deren wesentliche Gesetzmäßigkeiten lauten:

- Alle Punkte des Raumes (P) werden durch Geraden (Projektionsstrahlen) in eine Bildebene abgebildet, wobei sich diese in *einem* Punkt außerhalb der Bildebene schneiden (Projektionszentrum O).

- Die Durchstoßpunkte der Projektionsstrahlen durch die Bildebene ergeben die Bildpunkte (P'), wobei jedem Raumpunkt nur *ein* Bildpunkt entspricht. Jedoch entsprechen jedem Bildpunkt unendlich viele Raumpunkte, nämlich alle, die auf dem Projektionsstrahl PO liegen.

Letzteres führt zu der Erkenntnis, dass die Abbildung nicht eindeutig umkehrbar, d. h. eine *räumliche* Objektrekonstruktion aus einer einzelnen zentralperspektiven Abbildung nicht möglich ist (vgl. 4.1.6).

Eine Modellierung der Aufnahmegeometrie (analog oder analytisch) setzt zunächst die Kenntnis der *Form* des Aufnahmestrahlenbündels voraus, auch als *innere Orientierung* bezeichnet. Deren Parameter sind:

- Der *Bildhauptpunkt* $H'(x_{H'}, y_{H'})$ als Lotfußpunkt des Projektionszentrums O in der Bildebene in Bezug auf den Ursprung M' eines Bildkoordinatensystems (x', y'). Letzterer wird bei analogen (filmbasierten) und digitalen Messkameras unterschiedlich definiert.

- Die Länge des Lotes $OH' = c$, d. h. dem Abstand des Projektionszentrums von der Bildebene, bei einer Luftbildkamera als *Kamerakonstante* c_k bezeichnet.

- Die Auswirkung der Objektivverzeichnung in der Bildebene $\Delta r'$.

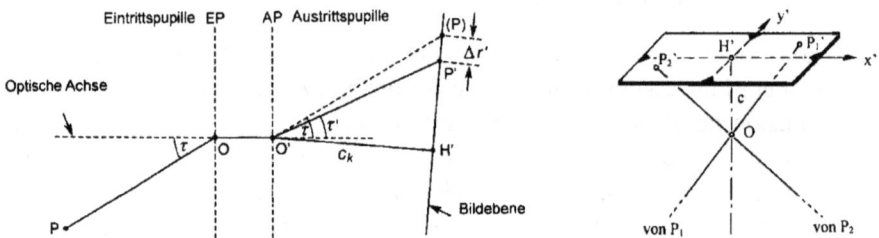

Abb. 4.1.1. Innere Orientierung einer Messkamera (nach *Albertz/Wiggenhagen* 2009) und analoges Messbild mit Rahmenmarken unter Annahme von $H' = M'$

Zur Objektrekonstruktion muss schließlich die *äußere Orientierung*, d. h. die Lage des Aufnahmestrahlenbündels in einem übergeordneten Referenzsystem X, Y, Z (z. B. Landessystem) bekannt sein. Deren insgesamt sechs Parameter sind:

- Die Koordinaten des Projektionszentrums (X_0, Y_0, Z_0) im X, Y, Z-System und

- die Neigungen (Drehungen) des Aufnahmestrahlenbündels gegenüber dem X, Y, Z-System:

    ω Querneigung (Drehung um die X-Achse),

    φ Längsneigung (Drehung um Y-Achse),

    κ Kantung (Drehung um die Z-Achse).

Die Transformation der Objektkoordinaten eines Punktes P(X, Y, Z) in seine Bildkoordinate wird dann durch die *Kollinearitätsgleichungen* beschrieben (zur Ableitung vgl. z. B. *Luhmann* 2003):

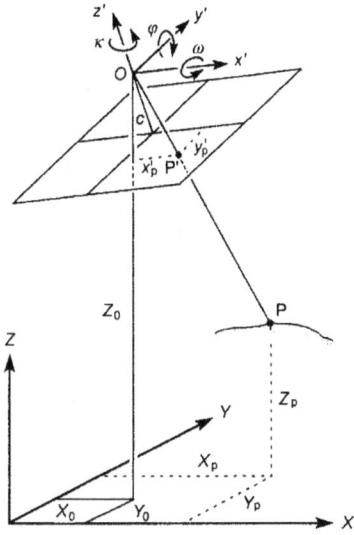

Abb. 4.1.2. Äußere Orientierung eines Luftbildes (das Bild befindet sich in Positivanordnung) (nach *Albertz/Wiggenhagen* 2009)

$$x' = x_{H'} - c\,\frac{a_{11}(X - X_0) + a_{21}(Y - Y_0) + a_{31}(Z - Z_0)}{a_{13}(X - X_0) + a_{23}(Y - Y_0) + a_{33}(Z - Z_0)}$$

$$y' = y_{H'} - c\,\frac{a_{12}(X - X_0) + a_{22}(Y - Y_0) + a_{32}(Z - Z_0)}{a_{13}(X - X_0) + a_{23}(Y - Y_0) + a_{33}(Z - Z_0)}$$

mit a_{ik} Koeffizienten der Drehmatrix (mit Funktionen der Drehwinkel)

Sind die Daten der inneren und äußeren Orientierung bekannt, lassen sich die Bildkoordinaten beliebiger Objektpunkte berechnen. Durch Umformung der Gleichungen können schließlich aus den Bildkoordinaten die Objektkoordinaten hergeleitet werden, wofür jedoch zwei zentralperspektive Bilder von verschiedenen Positionen erforderlich sind (vgl. 4.1.6). Die *Kollinearitätsgleichungen* bilden die Grundlage der analytischen und digitalen Luftbildauswertung.

(2) Radiometrische Bilderzeugung

Die Erzeugung eines reellen Abbildes eines mit einer Kamera aufgenommenen Objektes ist zunächst ein physikalischer und seine Speicherung und Sichtbarmachung dann ein photochemischer bzw. photophysikalischer Prozess, i. A. als Photographie bezeichnet.

Die photographische Bilderzeugung hat eine lange Tradition und begründete auch die Photogrammetrie (vgl. 1.3). Der Begriff *Photographie* geht auf den Franzosen *J. N. Niépce* zurück, dem es 1826 erstmalig gelang, ein durch Zentralprojektion erzeugtes und durch Lichteinwirkung auf eine lichtempfindliche Substanz haltbares Bild herzustellen (vgl. *Bestenreiner* 1988). Seinem Landsmann *Daguerre* gelang schließlich 1835 eine Bilderzeugung mit Hilfe von Silberjodid, einem sog. Silbersalz, welches in Form von Silberbromid bis heute die Grundlage photochemischer Verfahren bildet. Die Bekanntmachung dieser Erfindungen 1839 vor der französischen Akademie der Wissenschaften gilt als Erfindungsjahr der Photographie.

Das Prinzip der Photographie ist bis heute nahezu unverändert. Ein aufzunehmendes Objekt wird mit Hilfe eines Objektivs auf einen lichtempfindlichen Sensor abgebildet und durch ein geeignetes Verfahren sichtbar und haltbar gemacht (fixiert). Je nach verwendetem Sensor erfolgt dieser Prozess *photochemisch* oder *photophysikalisch*. Die bis vor wenigen Jahren noch vorherrschenden lichtempfindlichen photographischen Emulsionen und sind bis heute weitgehend durch Halbleitersensoren abgelöst. Jedoch werden Luftbildkameras auf der Basis von Filmmaterial schon aus Kostengründen noch längere Zeit Verwendung finden.

Filmmaterial besteht aus mehreren Schichten, deren wichtigste die *Emulsion* und der *Schichtträger* sind. Eine Emulsion besteht aus einer transparenten Trägerschicht (Gelatine), in der fein verteilt die eigentlichen lichtempfindlichen Substanzen in Form von Halogen-Silber-Kristallen, vorwiegend Silberbromid (*BrAg*), enthalten sind. Der *Schichtträger* ist entweder ein Film, bestehend aus Acetatzellulose, oder für Kontaktabzüge ein mit Kunststoff verstärktes Papier (PE-Papier). Für Luftbildaufnahmen, die der Bildmessung dienen, wird aus Gründen der Maßhaltigkeit auch Polyesterfilm verwendet.

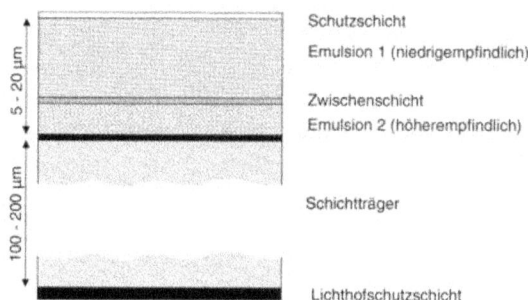

Abb. 4.1.3. Prinzipieller Aufbau photographischen Schwarz-Weiß-Filmmaterials (nach *Luhmann* 2003)

Die wesentlichen Prozesse der Bildentstehung sind Belichtung, Entwicklung und Fixieren. Bei der *Belichtung* werden die BrAg-Kristalle je nach Lichtintensität z.T. zu Brom- und Silberatomen reduziert. Das Ergebnis ist ein zunächst nicht sichtbares (latentes) Bild. Der durch die Belichtung eingeleitete Prozess wird durch die *Entwicklung* fortgesetzt, d.h. alle genügend belichteten Kristalle werden vollständig reduziert. Übrig bleiben schwarze Silberkörner, deren je nach Lichteinwirkung unterschiedliche Anhäufung das negative Bild ergibt. Beim anschließenden *Fixieren* werden die ver-

bliebenen, weiterhin lichtempfindlichen Kristalle herausgelöst, also das Bild ‚haltbar‘
gemacht. Durch eine Kopie nach dem gleichen Verfahren erhält man ein tonwertrich-
tiges Bild (Positiv), in dem die Objektfarben durch unterschiedliche Grautöne wiedergegeben werden.

Hinsichtlich der spektralen (Farben-)Empfindlichkeit unterscheidet man zwischen
orthochromatischem Film, der nicht für Rot empfindlich ist und daher nur für Kopier-
zwecke Verwendung findet, sowie *panchromatischem* Film, der alle Farben in entsprechende Grautöne umsetzt. Letzterer war insbesondere in der Luftbildmessung lange
Zeit vorherrschend.

Das Material für die *Farbphotographie* besteht aus drei Emulsionen, welche jeweils nur für eine Grundfarbe des Spektrums (Blau, Grün und Rot) sensibilisiert
sind. Beim sog. *Umkehrverfahren* (Diapositivverfahren) entstehen nach der Belichtung und verschiedenen Verarbeitungsschritten in den jeweiligen Emulsionsschichten
nicht die Originalfarben, sondern die zu ihnen komplementären Farben, d. h. Gelb,
Purpur (Magenta) und Blaugrün (Cyan). Bei Durchlichtbetrachtung sieht man durch
subtraktive Farbmischung die gemeinsam enthaltene Grundfarbe. Beim *Negativver-
fahren* entsteht nach dem gleichen Prinzip zunächst ein komplementärfarbiges Ne-
gativ sowie nach anschließender Kopie ein ebenfalls komplementärfarbiges Positiv,
welches durch subtraktive Farbmischung wiederum zum richtigen Farbeindruck führt.
Beim *Infrarot-Farbfilm* ist die blauempfindliche durch eine infrarotempfindliche
Emulsion ersetzt und es werden andere Farben erzeugt. Infrarot reflektierende Objekte
werden in Rot, rote Objekte in Grün und grüne Objekte in Blau wiedergegeben. Blaue
Objekte werden nicht abgebildet. Die Bedeutung dieses auch als *Falschfarbenfilm* bekannten Materials liegt insbesondere in der Aufdeckung von Vegetationsschäden, da
die Infrarotremission der Vegetation sehr stark mit deren Vitalitätszustand korreliert
ist.

Die *photophysikalische* Bilderzeugung erfolgt durch Ausnutzung der optoelektronischen Eigenschaften von sehr kleinen strahlungsempfindlichen Halbleiterelemen-
ten, i. d. R. CCD-Sensoren (Charged Coupled Devices), welche sich in großer Zahl

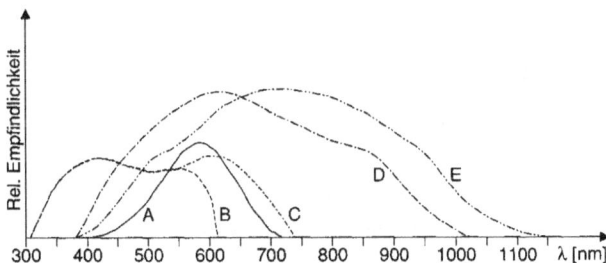

Abb. 4.1.4. Spektrale Empfindlichkeit des menschlichen Auges (A), ortho-
(B) und panchromatischen Films (C) sowie zweier CCD-Sensoren (D und
E) (nach *Luhmann* 2003)

flächenförmig (matrixförmig) oder zeilenförmig angeordnet in der Bildebene der Aufnahmekamera befinden. Bei der Belichtung werden die auf die CCD-Sensoren auftreffenden Photonen von diesen absorbiert und proportional zur einfallenden Lichtmenge sog. Ladungsträger erzeugt. Diese werden schließlich von einer entgegengesetzt geladenen Elektrode angezogen, über ein Register ausgelesen und in Spannungssignale umgewandelt.

Dies eröffnet die Möglichkeit, den einzelnen Bildelementen entsprechend der Intensität der Spannungssignale und damit der einwirkenden Lichtmenge eine Zahl zuzuordnen, d. h. ein analoges, aus Grau- oder Farbtönen bestehendes in ein digitales, aus Zahlen bestehendes (Grauton-)Bild umzuwandeln, ein Vorgang, der als *Analog-Digital-Wandlung* bezeichnet wird. Ein Bild besteht schließlich aus einer Zahlenmatrix (ggf. zeilenförmig) und kann in dieser Form abgespeichert und einer mathematischen Weiterverarbeitung zugeführt werden (vgl. 4.1.5). Für eine spätere farbige Wiedergabe müssen mehrere Flächen- oder Zeilensensoren in der Bildebene angeordnet werden, wobei die Farbtrennung über vorgeschaltete Filter erfolgt (vgl. 4.1.2).

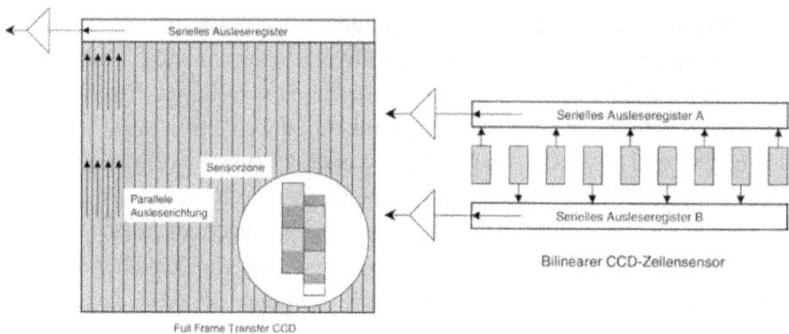

Abb. 4.1.5. Prinzip eines Flächensensors sowie eines Zeilensensors mit zwei Ausleseregistern (nach *Luhmann* 2003)

Die *radiometrischen Bildeigenschaften* werden durch das Auflösungsvermögen, die Kontrastwiedergabe sowie die Schärfe beschrieben, mit der die Objektwiedergabe im Bild erfolgt. Sie werden beeinflusst durch

- die Strahlungsquelle, d. h. Sonnenstand bzw. auch Aufnahme unterhalb einer geschlossenen Wolkendecke, sowie die Atmosphäre zwischen Erdoberfläche und Aufnahmekamera,

- die Eigenschaften des bilderzeugenden Sensors, d. h. der Kamera, vor allem des abbildenden Objektivs, der photographischen Emulsion bzw. der optoelektronischen Sensorzeilen oder -flächen, und

- die Bewegung des Flugzeuges im Moment der Belichtung, vor allem in Flugrichtung, die zu einer Bildwanderung und damit unscharfen Abbildung führt (Bewegungsunschärfe).

Unter dem *Auflösungsvermögen* (AV) versteht man die Eigenschaft eines photographischen Systems (Objektiv und Sensorelemente), feine Objektdetails noch erkennbar im Bild wiederzugeben. Bei digitalen Systemen spricht man auch von Bodenauflösung oder GSD (Ground Sample Distance). So ist das AV zunächst durch die Korngröße einer photographischen Emulsion bzw. die Pixelkantenlänge eines CCD-Sensors begrenzt. Um ein Objektdetail abzubilden und als solches in seiner Form erkennbar zu machen, muss es naturgemäß mehrere Körner bzw. Bildpixel umfassen, d. h. je kleiner diese sind, desto höher ist die Auflösung. Diese *geometrische Auflösung* kann durch Abbildung von Testfiguren (Linientafel oder Siemensstern) ermittelt werden und wird in Linienpaaren je mm (Lp/mm) angegeben. So beträgt das Auflösungsvermögen des menschlichen Auges in 30 cm Sehweite ungefähr 6 Lp/mm, d. h. sechs schwarze Linien und entsprechend große weiße Zwischenräume können noch getrennt wahrgenommen werden. Für Luftbilder auf Filmbasis ist eine Auflösung von bis zu 50 Lp/mm erreichbar, so dass eine bis zu achtfach vergrößerte Betrachtung sinnvoll ist, um feine Details zu erkennen. Eine vergleichbare Auflösung wird bei CCD-Sensoren erst ab einer Pixelkantenlänge von etwa 7 µm erreicht (vgl. *Luhmann* 2003). Linienhafte Objekte können infolge der Aneinanderreihung vieler Sensorelemente auch noch unter der theoretischen Auflösungsgrenze wahrgenommen werden. Die geometrische Auflösung wird allerdings durch weitere Einflüsse überlagert, wie Unschärfe durch Bildwanderung, Beugung sowie Kontrastverluste bei geringen Objektkontrasten (*spektrale Auflösung*).

Unter *Kontrast* versteht man die wahrnehmbaren Grau- bzw. Farbtonunterschiede zwischen den einzelnen Objekten. Kontrastverluste bei der Bildwiedergabe entstehen vor allem durch die Atmosphäre zwischen Erdoberfläche und Kamera (Aerosol), durch Unter- oder Überbelichtung sowie bei feinen Objektdetails außerdem durch Überstrahlung und Verwaschung infolge von Lichtdiffusion.

Die *Abbildungschärfe* wird zunächst vom optischen System (Linsenfehler, Schärfentiefe, Beugung) beeinflusst. Hinzukommen Bewegungsunschärfe sowie Kantenunschärfe durch Lichtdiffusion.

Die genannten Einflüsse auf die Bildqualität können durch die Optimierung der Aufnahmegeräte und der Aufnahmebedingungen gering gehalten werden. So besteht für die Nutzer und ggf. auch Auftraggeber einer Luftbildaufnahme die Möglichkeit durch bestimmte Vorgaben, wie z. B. Termine und Tageszeit der Bildflugdurchführung, Verwendung eines bestimmten Kameratyps (ggf. auch Filmmaterials), Wahl eines bestimmten Bildmaßstabs und damit der Flughöhe, für eine optimale Bildqualität zu sorgen (vgl. 4.1.8).

4.1.2 Luftbild-Messkameras

Luftbilder für Messzwecke erfordern spezielle Aufnahmekameras, die verschiedenen Anforderungen genügen müssen. Neben einer hohen optischen und mechanischen Präzision weisen sie folgende Merkmale auf:

- Die innere Orientierung sowie die Auswirkung der Objektivverzeichnung in der Bildebene sind bekannt. Infolge hoher Beanspruchung, insbesondere auch durch große Temperaturunterschiede am Boden und beim Bildflug, ist von Zeit zu Zeit eine Überprüfung und Kalibrierung der Kameras erforderlich.

- Wegen der durch die Flugzeugbewegungen im Moment der Belichtung zu erwartenden Unschärfen (Bildwanderung) müssen kurze Belichtungszeiten ($\geq 0{,}001$ s) möglich sein. Dies erfordert eine hohe Lichtstärke des Objektivs sowie ein großes Öffnungsverhältnis (Objektivdurchmesser/Brennweite). Ein ggf. durch letzteres entstehender Verlust an Schärfentiefe ist wegen der im Verhältnis zur Bildweite großen Aufnahmeentfernung unerheblich. Eine Umfokussierung der Kamera wegen unterschiedlicher Aufnahmeentfernungen ist aus dem gleichen Grund nicht erforderlich und auch zwecks Stabilität der inneren Orientierung nicht vorgesehen.

- Der gesamte Aufnahmevorgang erfolgt nach Voreinstellung bestimmter Aufnahmeparameter automatisch. Hierzu gehören u. a. die Belichtungsmessung sowie das fortlaufende Auslösen des Kameraverschlusses in kurzen Abständen bei Kameras mit flächenhaften Sensoren (Film, CCD-Sensoren) bzw. das zeilenweise Auslesen bei Zeilenkameras.

Abb. 4.1.6. Luftbildaufnahme durch eine Flächenkamera mit einer Längsüberdeckung von 60% (Photo: *Wild*, Heerbrugg/Schweiz)

Wegen der beschriebenen Eigenschaften werden solche Kameras als *Messkamera*
bzw. bei flächenhaften Sensoren auch als *Reihenmesskamera* bezeichnet. Hauptauf-
gabe ist die fortlaufende Erzeugung von *Senkrechtaufnahmen bzw. -bildern*, d. h. die
Aufnahmerichtung weicht nur geringfügig von der Lotrichtung ab ($\leq 5°$). Zwar
können mit besonderen Aufhängevorrichtungen auch Schrägaufnahmen durchgeführt
werden, jedoch sind diese wegen großer Maßstabsunterschiede und Kontrastverlusten
wenig für Messzwecke geeignet.

Film-Messkameras, also Luftbildkameras mit konventioneller photographischer
Bilderzeugung, werden trotz der Fortschritte bei der digitalen Photographie noch für
längere Zeit von Bedeutung sein. Dies nicht zuletzt aus Kostengründen, aber auch
durch die Möglichkeit, die erzeugten Bilder durch Präzisionsscanner zu digitalisieren
und damit der digitalen Weiterverarbeitung zugänglich zu machen.

Das Bildformat filmbasierter Reihenmesskameras beträgt i. d. R. $23 \times 23\,\text{cm}^2$. Für
unterschiedliche Aufnahmekonstellationen stehen Kameras mit Objektiven verschiedener maximaler Bildwinkel $2\tau_{max}$ und Brennweiten f zur Verfügung (vgl. 4.1.8):
Schmalwinkel SW (mit $2\tau_{max} \approx 30°$ und $f \approx 60\,\text{cm}$), Normalwinkel NW (56°/30 cm),
Weitwinkel WW (94°/15 cm) und Überweitwinkel ÜWW (122°/9 cm). Zur Kenn-
zeichnung wird statt der Kamerakonstante (als geometrischer Parameter) häufig die
Brennweite (optischer Parameter) angegeben. Beide sind infolge der Kamerafokus-
sierung auf (im optischen Sinn) Unendlich nahezu gleich, jedoch ist erstere für die
geometrische Bildauswertung maßgebend und wird daher auf jedem Bild am Rand
abgebildet.

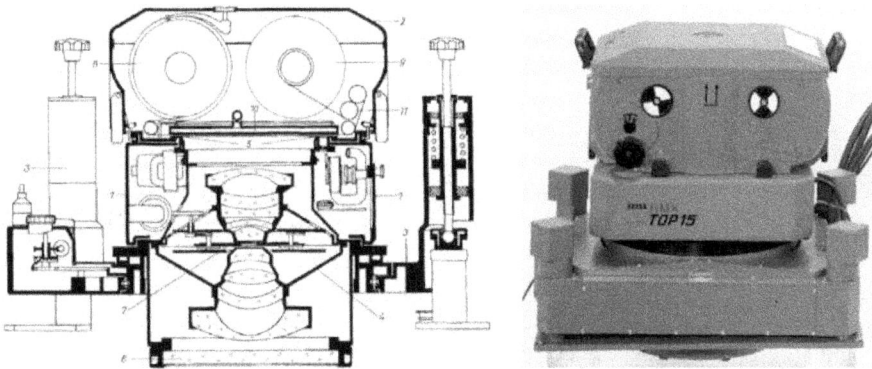

Abb. 4.1.7. Schnittbild einer filmbasierten Reihenmesskamera (nach *Rüger*
u. a.1978) und Reihenmesskamera *RMK TOP* in kreiselstabilisierter Auf-
hängung (*Z/I Imaging*, Aalen)

Die Filmkassette (2) kann bis zu 150 m Film aufnehmen und ist während des Bild-
fluges auswechselbar (vgl. Abb. 4.1.7). Sie enthält eine Andruckplatte (10) mit einer
Ansaugvorrichtung für die exakte Planlage des Films im Moment der Belichtung.
Hierbei wird dieser gleichzeitig gegen den Anlegerahmen (5) des Kamerakörpers (1)

gepresst. Letzterer enthält die Rahmenmarken (je nach Kameratyp 4–8), welche den Bildmittelpunkt M' bzw., bei entsprechender Kamerakalibrierung, den Bildhauptpunkt H' definieren. Neben den Rahmenmarken werden zugleich Zusatzinformationen, wie Kamerakonstante, Bildnummer, Uhrzeit u. a. aufbelichtet.

Die Mindestzeit für die Aufnahme eines Bildes, d. h. Planlegen des Films, Andrücken, Belichten, Lösen und Weitertransportieren (Kamerazyklus) beträgt 1,5 bis 2 s. Um die Bildwanderung in Flugrichtung und damit Bewegungsunschärfen zu kompensieren, enthalten die Filmkassetten zusätzlich einen Vorrichtung (Forward Motion Compensation FMC), welche Andruckplatte und Film im Moment der Belichtung mit relativer Fluggeschwindigkeit, d. h. im Verhältnis Kamerakonstante/Flughöhe ü. G. (c/h_g), mitbewegt. Damit sind auch längere Belichtungszeiten möglich, wie sie etwa bei Aufnahmen unterhalb einer geschlossenen Wolkendecke oder bei Verwendung von höher auflösendem, damit aber weniger empfindlichem Filmmaterial erforderlich sind.

Kameratyp (Hersteller)	RMK TOP (Z/I Imaging)	RC 30 (Leica Geosystems)
Bildformat	$23 \times 23\,\text{cm}^2$	$23 \times 23\,\text{cm}^2$
Objektiv (WW/NW)	Pleogon A3/Topar A3	UAG-S/NAT-S
Brennweite (WW/NW)	15 cm/30 cm	15 cm/30 cm
Bildfeld (WW/NW)	82 gon/46 gon	82 gon/46 gon
Blenden (WW/NW)	1 : 4 bis 1 : 22/1 : 5,6 bis 1 : 22	1 : 4 bis 1 : 22
Belichtungszeit	1/50 bis 1/1000 s	1/100 bis 1/1000 s
Kassettenvolumen	150 m	120 m
kürzeste Bildfolge	1,5 s	2 s
Gewicht (ca.)	134 kg/128 kg	130 kg

Tab. 4.1. Technische Daten von Film-Messkameras mit austauschbaren Objektiven

Optoelektronische (digitale) Messkameras werden trotz z. Z. noch sehr hoher Investitionskosten zunehmend die analogen Kameras ablösen, zumal sie hinsichtlich geometrischer und radiometrischer Bildeigenschaften inzwischen letzteren mindestens ebenbürtig oder sogar überlegen sind (*Jacobsen* 2008). Während bei der Aufnahme mit einer Film-Messkamera die Bilderzahl möglichst gering gehalten wird, um die Kosten bei der zumindest teilweise noch manuellen Verarbeitung und Auswertung zu begrenzen, besteht durch die automatisierten digitalen Arbeitsprozesse die Möglichkeit, sehr viele Bilder ohne großen Mehraufwand auszuwerten und damit infolge einer größeren Überbestimmung (Redundanz) eine Genauigkeitssteigerung bei der Bildkoordinatenmessung zu erzielen. So liegt bei einer Längsüberdeckung von 90% jeder Objektpunkt in zehn Bildern. Deren Perspektiven und damit auch Grauwertverteilung unterscheiden sich nur geringfügig, wodurch sich zugleich die Sicherheit bei der automatischen Korrelation homologer Bildpunkte erhöhen dürfte (*Gruber u. a.* 2003).

Von Vorteil ist auch, dass ohne instrumentellen Mehraufwand immer eine gleichzeitige Aufnahme von panchromatischen und Farb- bzw. Multispektralbildern (R, G, B, NIR) erfolgt. Und nicht zuletzt entfallen die Kosten für Filme, d. h. ihre Anschaffung, Entwicklung, Kopie, Digitalisierung und Archivierung.

Da die Herstellung großer CCD-Sensorflächen entsprechend dem Bildformat von Film-Messkameras auf praktische Schwierigkeiten stößt, ist man bei der Konstruktion digitaler Kameras unterschiedlich vorgegangen. Im Folgenden werden nur die wesentlichen Merkmale der verschiedenen Kameratypen aufgeführt. Weitere Einzelheiten findet man z. B. bei *Sandau* (2005) oder *Ehlers u. a.* (2008).

Zeilenkameras verfügen über zeilenförmige Anordnungen von CCD-Sensoren in der Bildebene eines Objektivs quer zur Flugrichtung. Für eine stereoskopische Erfassung sind neben einer Bildzeile in Nadirrichtung, also in der optischen Achse, eine davor für die Erfassung schräg nach hinten und eine dahinter für die Erfassung schräg nach vorn erforderlich (Drei-Zeilen-Kamera). Damit entstehen bei der Aufnahme bei entsprechender Abstimmung zwischen Flug- und Auslesegeschwindigkeit gleichzeitig drei kontinuierliche Bildstreifen in jeweils unterschiedlicher Perspektive entsprechend einer Zentralprojektion. Jede Bildzeile bildet für sich in Flugrichtung eine Parallel- und quer zur Flugrichtung eine Zentralprojektion. Da CCD-Sensoren nur panchromatische (Grauton-) Bilder liefern, ist die Anordnung weiterer Zeilensensoren für die getrennte Aufnahme der Farben Rot, Grün und Blau (R, G, B) über Strahlteiler und Filter erforderlich. Aufgrund der Bedeutung für Interpretationsaufgaben kommt eine Zeile für das nahe Infrarot (NIR) hinzu.

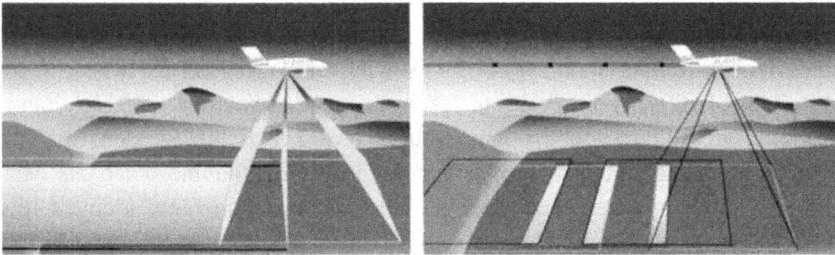

Abb. 4.1.8. Luftbildaufnahme mit einer Drei-Zeilen-Kamera und einer Flächenkamera im Vergleich (© *Leica Geosystems*, Heerbrugg/Schweiz)

Wegen der infolge von Luftturbulenzen unvermeidlichen kurzperiodischen Flugzeugbewegungen, d. h. Neigungen in und quer zur Flugrichtung sowie Lage- und Höhenänderungen, und den hieraus resultierenden Verzerrungen müssen die Daten der äußeren Orientierung für jede Bildzeile bestimmt werden. Dies kann nur über eine unmittelbare Ermittlung durch ein GNSS/INS-System beim Bildflug erfolgen. Die konventionelle Methode über Passpunkte bzw. eine Aerotriangulation scheidet damit im Gegensatz zur Aufnahme mit einer Flächenkamera zunächst aus.

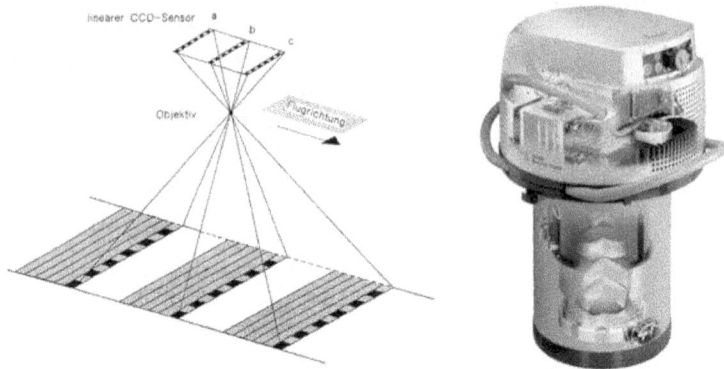

Abb. 4.1.9. Aufnahmeprinzip einer Drei-Zeilen-Kamera (nach *Müller u. Strunz* 1987) und *Airborne Digital Sensor ADS 40* (*Leica Geosystems*, Heerbrugg/Schweiz)

Beispielhaft für eine Zeilenkamera ist die *ADS 40* bzw. *80* (Airborne Digital Sensor) von Leica Geosystems, hervorgegangen aus der ursprünglich für die Raumfahrtmission *Mars Express* konstruierten *HRSC* (High Resolution Stereo Camera) (vgl. *Wewel u. a.* 1998). Die erste Version der ADS verfügt über drei panchromatische Zeilensensoren sowie vier Multispektral-Zeilensensoren mit je 12.000 Pixeln (Pixelgröße 6,5 μm) und einer Zeilenlänge von 78 mm. Damit ergibt sich bei einer Kamerakonstanten von $c_k = 62,7$ mm ein Öffnungswinkel von etwa 64° quer zur Flugrichtung. Zum Vergleich: Der entsprechende Öffnungswinkel einer analogen Weitwinkelkamera (Bildformat 23×23 cm^2, $c_k = 150$ mm) beträgt 75°, der einer Normalwinkelkamera ($c_k = 300$ mm) 42°. In der neuesten Kameraversion, der ADS 80, befinden sich ein integriertes Inertialsystem (vgl. 4.1.4) sowie wahlweise acht (SH81) bzw. zwölf CCD-Zeilen (SH82). Da die Zeilenauslesefrequenz sehr hoch ist (800 Hz), kann auf Maßnahmen zur Bildbewegungskompensation (FMC) verzichtet werden.

Optoelektronische *Flächenkameras* für die Luftbildaufnahme, auch als Matrix- oder Array-Kameras bezeichnet, verfügen über eine oder mehrere kleinere rechteckige CCD-Sensorflächen mit zugeordneten Objektiven, welche jeweils Zentralprojektionen erzeugen und die dann zu einem größeren Gesamtbild zusammengefügt werden. Neben den Flächensensoren und Objektiven für die hochauflösende panchromatische Bildaufnahme sind weitere für die Farbaufnahme erforderlich, i. d. R. mit einer geringeren Auflösung.

Die erste Kamera wurde im Jahre 2000 von Z/I Imaging zunächst unter der Bezeichnung Digital Modular Camera *DMC* (inzwischen *Digital Mapping Camera*) vorgestellt (*Hinz u. a.* 2001). Zentraler Bestandteil sind insgesamt acht Kameramodule, d. h. Objektive mit zugehörigen CCD-Sensorflächen, vier für die hochauflösende panchromatische und vier für die niedriger auflösende Multispektral-Aufnahme.

Die Anordnung der panchromatischen Kameramodule (Kamerakonstante $c_k = 120$ mm) erfolgt so, dass deren optische Achsen unter einem festen Winkel ge-

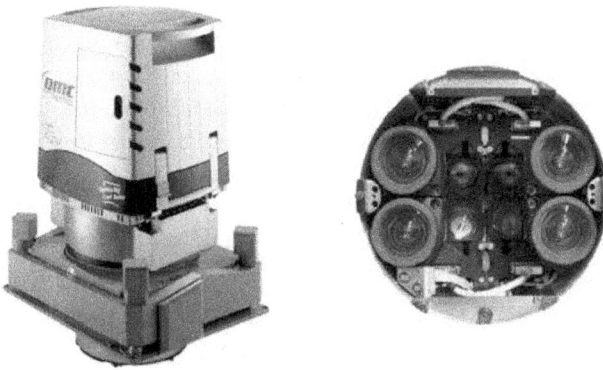

Abb. 4.1.10. *Digital Mapping Camera DMC* mit kreiselstabilisierter Aufnahmeplattform sowie Anordnung der Objektive (*Z/I Imaging*, Aalen)

ringfügig konvergieren, so dass vier sich etwas überlappende Teilbilder entstehen, die dann zu einem rechteckigen Gesamtbild mit entsprechender innerer Orientierung entzerrt und verknüpft werden. Dieses Konstruktionsprinzip wurde bereits in den 1930er Jahren bei Messkameras angewandt (Konvergentkamera, Panoramakamera), hat sich aber wegen des umständlichen Entzerrungsaufwandes nicht durchsetzen können.

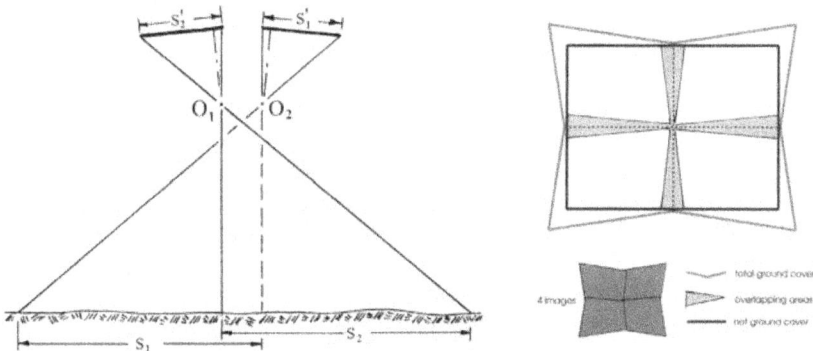

Abb. 4.1.11. Prinzip der Konvergentaufnahme sowie erfasste Bildfläche aus 4 Teilbildern bei der DMC (nach *Hinz u. a.* 2001)

Bei einer Bildgröße von 7680 × 13.824 Pixeln in und quer zur Flugrichtung und einer Pixelgröße von 12 μm ergibt sich ein Bildformat von etwa $92 \times 166\,mm^2$. Die entsprechenden Öffnungswinkel werden mit 44° bzw. 74° angegeben. Stereoskopische Teilbilder werden wie bei einer Analogkamera durch eine Bildfolge mit 60% Längsüberdeckung erzeugt.

Die optischen Achsen der vier (Weitwinkel)-Objektive für die Multispektralerfassung (R, G, B, NIR) sind parallel angeordnet und erfassen jeweils den gleichen Geländeabschnitt wie das panchromatische Gesamtbild. Bei einer Kamerakonstanten von $c_k = 25$ mm und einer Bildfläche von etwa 2000×3000 Pixeln ergibt sich damit eine entsprechend verringerte Bodenauflösung pro Pixel. Bei einer Zusammenführung der Bilder mit der panchromatischen Aufnahme müssen daher entsprechende Anpassungen erfolgen (Pansharpening).

Die Flächenkameras *UltraCam D* bzw. *X* von *Vexcel* verfügen ebenfalls über zwei getrennte Kameramodule mit jeweils vier Objektiven. Anders als bei der DMC sind hier die vier Objektive für die panchromatische Erfassung mit parallel ausgerichteten optischen Achsen in einer Reihe in Flugrichtung angeordnet. Die Belichtung erfolgt geringfügig zeitversetzt, so dass die Projektionszentren im Landeskoordinatensystem praktisch zusammenfallen. Belichtet werden hierbei jeweils insgesamt neun Sensorteilflächen, die schließlich bei der nachfolgenden Bildbearbeitung zu einem Gesamtbild von 9420×14.430 Pixeln (*UltraCamX*) zusammengesetzt werden. Bei einer Pixelgröße von $7{,}2\,\mu$m ergibt sich ein Bildformat von etwa 68×104 mm^2 und mit $c_k = 100{,}5$ mm der jeweilige Öffnungswinkel mit 37° bzw. 55°. Die vier Kameras für die Multispektralaufnahme sind ähnlich wie bei der DMC angeordnet und mit entsprechenden Filtern ausgestattet. Bei einem Bildformat von etwa 19×29 mm^2 und $c_k = 28$ mm wird jeweils die Geländefläche des panchromatischen Gesamtbildes erfasst, mit der Folge einer ebenfalls verringerten Bodenauflösung.

Im Gegensatz zur Zeilenkamera müssen bei Flächenkameras geeignete Maßnahmen zur Bildbewegungskompensation ergriffen werden. Dies geschieht elektronisch durch eine spezielle Auslesetechnik (vgl. *Kraus* 2004).

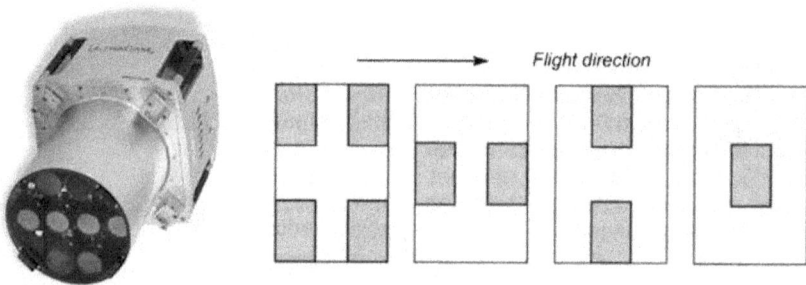

Abb. 4.1.12. Optoelektronische Kamera *UltraCam* sowie von den Objektiven jeweils erfasste Bildbereiche der panchromatischen Aufnahme (*Vexcel Imaging*, Graz)

Der Vorteil von Flächen- gegenüber Zeilenkameras besteht im Wesentlichen darin, dass die Bildaufnahme und -auswertung prinzipiell der der Analogkameras entsprechen. Ggf. kann hierbei auch auf eine Bestimmung der äußeren Orientierung über ein GPS/INS-System verzichtet werden, während eine Zeilenkamera hierauf zwingend angewiesen ist. Letztere benötigt entsprechend auch neue Auswertverfahren. Andererseits ist der Kalibrierungsaufwand für eine Flächenkamera mit verschiedenen Kameramodulen erheblich höher als bei einer Zeilenkamera mit nur einem Objektiv.

4.1.3 Geometrische Bildeigenschaften

Ziel der Luftbildauswertung ist die Erfassung topographischer Objekte aus den Luftbildern zwecks Einrichtung oder Ergänzung topographischer Modelle bzw. Informationssysteme sowie von Luftbildkarten durch

- Transformation von Objekt-Bildkoordinaten (x', y') in Landeskoordinaten (X, Y, Z) sowie

- (codierte) Angaben zur Objektart und -eigenschaft (Attributierung).

Die Beziehungen zwischen Bild- und Raumkoordinaten eines Objektes werden durch die Kollinearitätsgleichungen beschrieben. Voraussetzung einer Transformation ist die Kenntnis der inneren und äußeren Orientierung (vgl. 4.1.1). Während die Parameter der inneren Orientierung durch eine Kamerakalibrierung bekannt sind und ggf. im Rahmen einer Aerotriangulation (vgl. 4.1.4) allenfalls als verbesserungswürdige Größen angesehen werden, gilt dies zunächst für die Parameter der äußeren Orientierung nicht. Des Weiteren sind Korrekturen der Bildgeometrie infolge verschiedener Einflüsse zu berücksichtigen.

Die Geometrie eines Luftbildes unterliegt prinzipiell drei zu unterscheidenden Fehlerursachen, wenn auch die Auswirkungen zum Teil ähnlich sind:

- Abweichungen des physikalischen Aufnahmestrahlenbündels vom mathematischen Modell der Zentralprojektion infolge von Objektivverzeichnung und Refraktion. Hinzukommen herstellungsbedingte Ungenauigkeiten der Kamera, wie Abweichungen zwischen Aufnahmerichtung und optischer Achse des Objektivs, Linsenzentrierfehler, Unebenheiten der lichtempfindlichen Sensorfläche, ggf. auch Filmverzug.

- Verzerrungen durch die Kamera- bzw. Bildneigung im Moment der Belichtung.

- Verzerrungen durch Geländehöhenunterschiede und die Erdkrümmung, also Eigenschaften des aufgenommenen Objekts.

Im Gegensatz zur mathematischen Abbildung, die von einem geradlinigen Projektionsstrahl zwischen Objekt- und Bildpunkt ausgeht und damit von einem im Objekt- und Bildraum kongruenten Projektionsstrahlenbündel, führt die reale Abbildung durch ein Objektiv zu einem ,Abknicken' der Projektionsstrahlen im Bildraum und damit zu Lageabweichungen der Bildpunkte. Neben tangentialen und asymmetrischen Komponenten ist vor allem die rotationssymmetrische *Verzeichnung* wirksam (vgl. 4.1.1). Die hieraus resultierenden radialsymmetrischen Lagefehler sind bei Objektiven photogrammetrischer Messkameras i. d. R. $\leq 5\,\mu m$ und können mit Hilfe des zu jeder Kamera gehörenden Kalibrierungsprotokolls berücksichtigt werden.

Refraktion und *Erdkrümmung* wirken sich in gleicher, wenn auch entgegen gesetzter Weise radialsymmetrisch zum Bildhauptpunkt auf die Lage der Bildpunkte aus. Die *Refraktion* führt infolge der Strahlenbrechung zu einem gekrümmten Projektionsstrahlenverlauf im Objektraum und damit ausgehend vom Bildhauptpunkt zu radialen Versetzungen in der Bildebene. Diese können je nach Flughöhe über Grund und Öffnungswinkel des Kameraobjektivs weit mehr als $10\,\mu m$ am Bildrand erreichen.

Die Berechnung von Objektkoordinaten bezieht sich zunächst vereinfachend auf eine horizontale X, Y-Ebene. Die tatsächliche Bezugsfläche ist jedoch das Geoid, ersatzweise ein Rotationsellipsoid bzw. eine Kugel. Letztere kann auch hier mit ausreichender Näherung angenommen werden. Die Berücksichtigung der *Erdkrümmung* erfordert prinzipiell eine Korrektur der Lage des Bildpunktes P' um $\Delta r'$ und damit der Bildkoordinaten, damit der Geländepunkt P in P^* abgebildet wird.

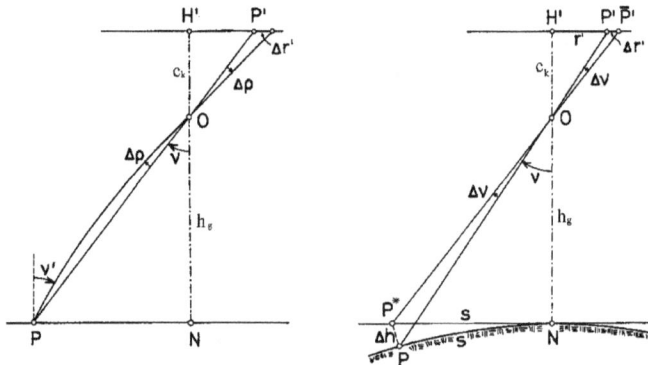

Abb. 4.1.13. Einfluss von Refraktion und Erdkrümmung bei der Luftbildaufnahme (nach *Finsterwalder/Hofmann* 1968)

Für eine Weitwinkelkamera (Bildformat $23 \times 23\,cm^2$, $c_k = 150\,mm$) betragen die Korrekturen $\Delta r'_R$ infolge der *Refraktion* unter Annahme einer idealisierten Normalatmosphäre in den Bildecken ($r' = 150\,mm$) bei einer Flughöhe von $1000\,m$ ($M_b \approx 1 : 6600$) $-1,9\,\mu m$ und bei einer Flughöhe von $10.000\,m$ ($M_b \approx 1 : 66.000$) $-22,5\,\mu m$. Dies entspricht einem Naturmaß von $-13\,mm$ bzw. $-1,48\,m$. Für die entsprechenden Werte der Korrektur $\Delta r'_E$ infolge der *Erdkrümmung* ergeben sich $+12\,\mu m$ ($+79\,mm$) bzw. $+119\,\mu m$ ($+7,85\,m$) (vgl. *Finsterwalder/Hofmann* 1968). Während der Einfluss der Erdkrümmung bei der Einpassung in ein Landessystem indirekt berücksichtigt wird, wirken sich Höhendifferenzen zwischen Horizontalebene und gekrümmter Bezugsfläche unmittelbar aus und müssen bei der Höhenauswertung beachtet werden (vgl. 4.1.7).

Eine verzerrungsfreie Abbildung ergäbe sich unter Annahme von Verzeichnungs- und Refraktionsfreiheit nur dann, wenn die optische Achse im Moment der Aufnahme

streng lotrecht (Nadiraufnahme) und die erfasste Geländeoberfläche eine Horizontalebene wäre. Hieraus lässt sich dann entweder aus Kamerakonstante (c_k) und Flughöhe
über Grund (h_g) oder aus einer Bild- (s') und Naturstrecke (s) der Bildmaßstab M_b
berechnen:

$$M_b = \frac{1}{m_b} = \frac{c_k}{h_g} = \frac{s'}{s} \qquad m_b \quad \text{Bildmaßstabszahl}$$

Ein so berechneter Maßstab gilt näherungsweise auch für Senkrechtaufnahmen
($v \leq 5°$) von unebenem Gelände, etwa für überschlägige Berechnungen und Bildflugplanung (vgl. 4.1.8).

Neigungen der Aufnahmeachse verursachen *projektive Verzerrungen* mit entsprechenden systematischen Maßstabsänderungen. Unebenes Gelände führt zu *perspektiven Verzerrungen*, d. h. Gelände- oder Objektpunkte die ober- oder unterhalb einer
gemeinsamen Bezugsebene (z. B. Kartenebene) liegen, werden gegenüber einer Orthogonalprojektion (Karte) ausgehend vom Bildhauptpunkt radial versetzt abgebildet.
Sichtbar wird dieser Effekt unmittelbar durch ‚umklappende‘ Gebäude, zunehmend
zum Bildrand. Bei einer Zeilenkamera treten die perspektiven Versetzungen lediglich
in Zeilenrichtung, also quer zur Flugrichtung auf.

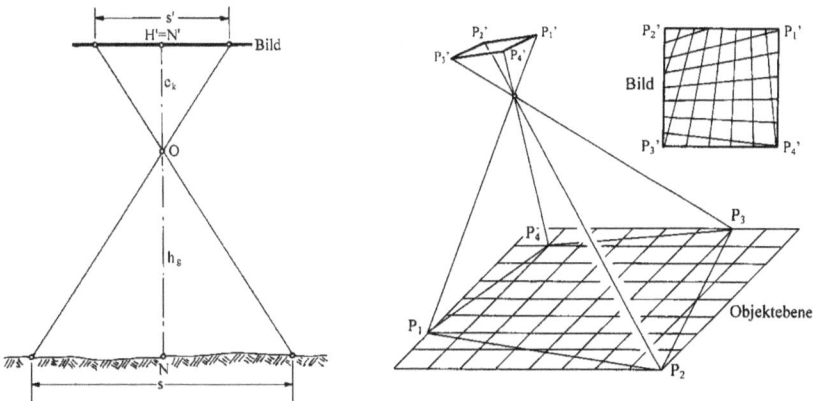

Abb. 4.1.14. Nadiraufnahme bei horizontalem Gelände sowie projektive
Verzerrungen einer geneigten Aufnahme

Die Berücksichtigung bzw. Eliminierung der genannten Fehlereinflüsse erfolgt
durch:

- Korrektur der Bildkoordinaten (Verzeichnung, Refraktion, Erdkrümmung),
- Wiederherstellung (Bestimmung) der Daten der äußeren Orientierung (Beseiti-
  gung projektiver Verzerrungen) sowie
- Bildung eines Stereomodells bzw. Einpassung auf ein digitales Geländemodell
  DGM (Beseitigung perspektiver Verzerrungen).

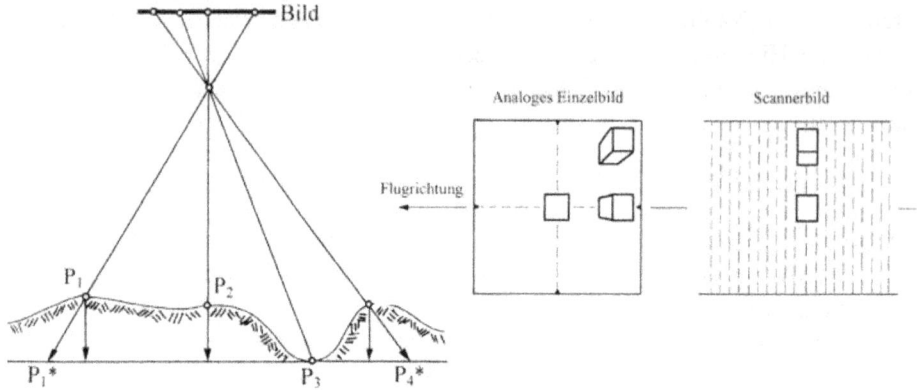

Abb. 4.1.15. Perspektive Verzerrungen zwischen Zentral- und Orthogonal-
abbildung sowie Gebäudeabbildung an unterschiedlichen Bildstellen bei
der Flächen- und der Zeilenkamera

4.1.4 Bestimmung der äußeren Orientierung

Primäre Aufgabe der geometrischen Luftbildauswertung ist die *Georeferenzierung,*
d. h. die Bestimmung der *äußeren Orientierung* der Bilder bzw. Bildzeilen, bestehend aus den Koordinaten des Projektionszentrums X_0, Y_0, Z_0 und den Neigungen
(Drehungen) ω, φ, κ des Aufnahmestrahlenbündels in Bezug auf ein übergeordnetes
Referenzsystem X, Y, Z (z. B. Landessystem) (vgl. 4.1.1). Für diese auch als *Sensororientierung* bezeichnete Aufgabe kommen heute drei Möglichkeiten in Betracht:

- Die *direkte Sensororientierung* mittels eines GPS/INS-Systems während des
  Fluges (vgl. 4.1.8). Dies setzt das Vorhandensein je eines GPS-Empfängers im
  Flugzeug und als Bodenstation (Referenzstation) für die Anwendung des DGPS-
  Verfahrens sowie einer IMU (Inertiale Meßeinheit) voraus. Die derzeit erzielba-
  ren Genauigkeiten von $\leq \pm 0{,}2$ m für die Position (X_0, Y_0, Z_0) und von $\leq \pm 0{,}01°$
  für die Drehwinkel (ω, φ, κ) (*Cramer* 2005) ist für Auswertungen im Maßstab
  $\leq 1 : 5000$ (z. B. Orthophotoherstellung) als völlig ausreichend anzusehen. Eine
  Genauigkeitssteigerung kann vor allem durch eine anschließende Blockausgleichung über Passpunkte erzielt werden.

- Die *indirekte Sensororientierung* über Passpunkte, d. h. im Bild exakt definierba-
  rer Punkte, deren Landeskoordinaten und Höhen bekannt sind (vgl. 4.1.9).

- Die *integrierte Sensororientierung*, d. h. eine Kombination aus direkter und indirekter Methode über eine Aerotriangulation.

Für Flächensensoren (Analog- oder Digitalbilder) sind alle Verfahren möglich, für
Zeilensensoren nur die direkte und integrierte Bestimmung.

Die indirekte Sensororientierung beruht auf der Anwendung der Kollinearitätsgleichungen (vgl. 4.1.1), in Anlehnung an die vermessungstechnische Methode des (ebenen) Rückwärtsschnitts als *räumlicher Rückwärtsschnitt* bezeichnet. Um aus diesen
Gleichungen die sechs Unbekannten $(X_0, Y_0, Z_0, \omega, \varphi, \kappa)$ zu ermitteln, ist die Auf-
stellung von sechs Gleichungen (drei Gleichungspaaren) mittels der Bild- (x', y') und
Raumkoordinaten (X, Y, Z) dreier Passpunkte erforderlich. Anschaulich heißt das:
Das Aufnahme- bzw. Projektionsstrahlenbündel ist so zu verschieben und zu verdre-
hen, dass die zu den Passpunkten gehörenden Projektionsstrahlen durch diese hin-
durchgehen.

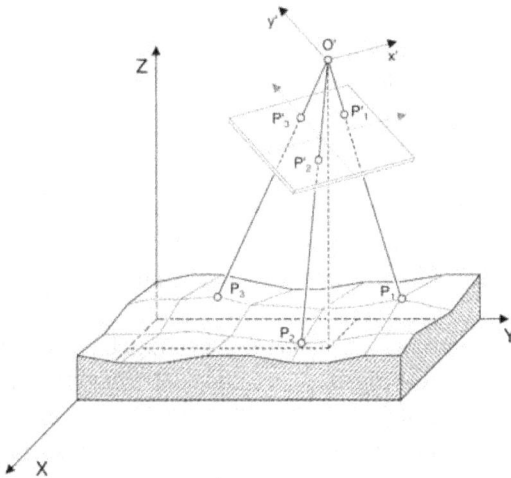

Abb. 4.1.16. Prinzip des räumlichen
Rückwärtsschnittes (das Bild
befindet sich in Positivanordnung)
(nach *Luhmann* 2003)

Hierbei werden die Daten der inneren Orientierung $(x_{H'}, y_{H'}, c_k)$ als bekannt vorausgesetzt. Werden diese jedoch als verbesserungswürdige Näherungswerte angesehen, so sind zwei weitere Gleichungspaare und damit Passpunkte erforderlich (Selbstkalibrierung). Stehen darüber hinaus weitere Passpunkte zur Verfügung, erfolgt
schließlich die Berechnung der Unbekannten durch eine *Ausgleichung nach vermittelnden Beobachtungen* (vgl. *Kahmen* 2006).

Liegen zwei Luftbilder mit einer Längsüberdeckung von 60% vor (stereoskopische
Teilbilder, vgl. 4.1.6), so kann das Verfahren der *Doppelpunkt-* oder *Doppelbildein-
schaltung im Raum* angewandt werden, bei dem die insgesamt 12 Orientierungspara-
meter der beiden Bilder gemeinsam bestimmt werden. Grundgedanke ist hierbei, dass
sich die von dem jeweiligen Projektionszentrum zu identischen Objektpunkten verlaufenden Projektionsstrahlen wieder schneiden müssen, d. h. die Aufnahmebasis (Ver-
bindungsgerade zwischen den Projektionszentren) und die jeweiligen (homologen)
Projektionsstrahlen müssen in einer Ebene liegen (*Koplanaritätsbedingung*). Hierfür
genügt es nach den Gesetzmäßigkeiten der projektiven Geometrie, diesen Schnitt homologer Strahlen durch eine gegenseitige Verdrehung der Projektionsstrahlenbündel

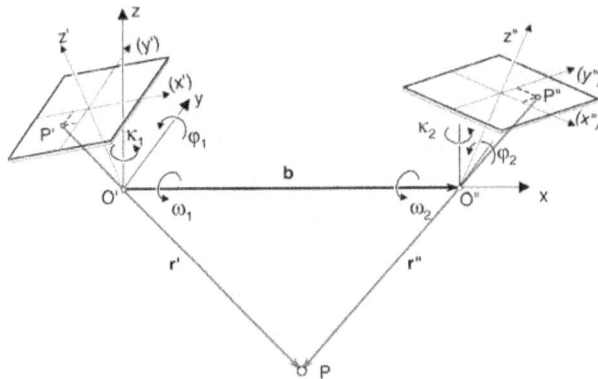

Abb. 4.1.17. Prinzip der relativen Orientierung eines Stereobildpaares (nach *Luhmann* 2003)

an mindestens fünf günstig gelegenen Punkten herbeizuführen. Bei letzteren handelt es sich nicht um Passpunkte sondern um sog. *Verknüpfungspunkte*, welche im gemeinsam überdeckten Bereich der beiden Teilbilder gut identifizierbar sind und welche diesen großflächig einschließen.

Dieser Vorgang wird als *relative Orientierung* bezeichnet und das Ergebnis ist ein Modell des Aufnahmeobjekts, welches über eine räumliche *Ähnlichkeitstransformation* ins Landeskoordinatensystem einzupassen ist (*absolute Orientierung*). Erst für den letztgenannten Vorgang, nämlich die Bestimmung von sieben Transformationsparametern, sind schließlich Passpunkte erforderlich, d. h. zwei Vollpasspunkte (X, Y, Z) und ein Höhenpasspunkt (Z), alternativ zwei Lage- und drei Höhenpasspunkte. Auch hier gilt, dass sie einen möglichst großen Modellbereich einschließen sollen. Für Kontrollen, ggf. auch eine Genauigkeitssteigerung, sind allerdings weitere Passpunkte unerlässlich.

Bis in die 1980er Jahre wurde aus den bereits erwähnten Gründen dieses Verfahren an den Analogauswertgeräten ausschließlich empirisch und getrennt nach relativer und absoluter Orientierung (zweistufig) angewandt, wobei sich die Daten der äußeren Orientierung nur indirekt ergaben. Im Zentrum stand die unmittelbare analoge Auswertung des orientierten Modells. Mit dem Aufkommen der analytischen und digitalen Auswertgeräte eröffnete sich schließlich die Möglichkeit der mathematischen und damit auch automatisierten Berechnung (vgl. *Kraus* 2004).

Luftbildaufnahmen für topographische Zwecke erfordern i. d. R. mehrere Bilder mit einer Längsüberdeckung von 60%, bei einer Trassenbefliegung in Form von einzelnen aufeinander folgenden Streifen, bei einer Flächenbefliegung in Form von sich zu wenigstens 20% überdeckenden parallelen Streifen (vgl. 4.1.8). Greift man den Grundgedanken der Doppelpunkteinschaltung auf, sind alle aufeinander folgenden Bilder über gemeinsame Bildpunkte miteinander verknüpfbar. Führt man für diese

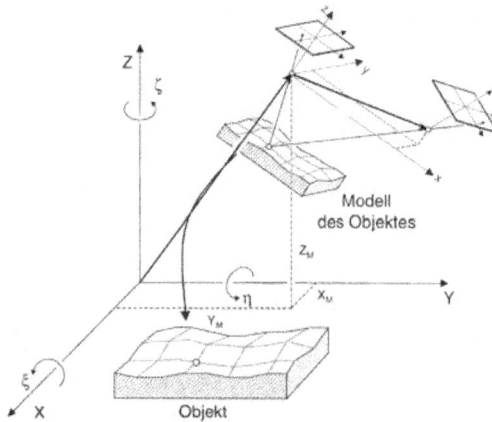

Abb. 4.1.18. Prinzip der absoluten Orientierung durch Ähnlichkeitstransformation (nach *Luhmann* 2003)

Bilder fortlaufend eine relative Orientierung durch, dann erhält man einen Modellstreifen, der schließlich über die o. g. Passpunktzahl ins Landessystem transformiert werden kann. Diese sog. *Aerotriangulation* wurde zunächst auch an Analogauswertgeräten durchgeführt (Folgebildanschluss) und hatte zum Ziel, durch terrestrische Messverfahren zu bestimmende Passpunkte einzusparen. Die Entwicklung der Computertechnik ermöglichte schließlich die Ablösung des Analogverfahrens durch numerische Verfahren, zunächst die *Methode der unabhängigen Modelle* und schließlich die *Bündelmethode*. Bei ersterer werden aufeinander folgende Bildpaare unabhängig voneinander relativ zu Modellen orientiert, diese dann über gemeinsame Modellpunkte miteinander zu Streifen sowie die Streifen zu einem Block verknüpft und dieser schließlich über Passpunkte ins Landessystem transformiert. Bei der Bündelmethode werden auf der Basis von gemessenen und korrigierten Bildkoordinaten die Einzelbilder (bzw. Strahlenbündel) über Verknüpfungspunkte miteinander in einem simultanen Ausgleichungsprozess zu einem Block verknüpft und ins Landessystem transformiert (*Blockausgleichung*). Das Ergebnis sind die Daten der äußeren Orientierung für jedes Bild und ggf. der inneren Orientierung der Aufnahmekamera. Liegen aus einer GPS/INS-Erfassung bereits Daten vor, können diese als Näherungswerte in das Rechenverfahren einfließen, so dass weniger Passpunkte erforderlich sind.

Aufnahmen mit Zeilenkameras werden ausschließlich mit DGPS und IMU durchgeführt. Zwar ist auch hier eine indirekte Bestimmung der äußeren Orientierung möglich, jedoch ist diese sehr aufwendig (vgl. *Kraus* 2004). Bei einer Zeilenauslesefrequenz von 800 Hz (ADS 80 von Leica) und einer Fluggeschwindigkeit von 360 km/h ergibt sich ein Zeilenabstand von 13 cm im Gelände. Bei gleicher Geschwindigkeit und einer Messfrequenz der IMU von 100 Hz beträgt der Abstand der Messpositionen 1 m. Nach einer zeitlichen Zuordnung von Messpositionen und Zeilenauslesezeitpunk-

ten müssen die Daten der äußeren Orientierung für jede Zeile durch ein Interpolationsverfahren zwischen den benachbarten IMU-Werten ermittelt werden. Problematisch
bleibt die schwierige Kalibrierung der Achssysteme des GPS-Empfängers, der IMU
sowie der Aufnahmekamera, so dass eine Genauigkeitssteigerung vor allem durch eine anschließende Blockausgleichung über Passpunkte erzielt wird (*Cramer* 2005).

Die ermittelten Daten gelten dann für alle Bildzeilen, die jeweils zum gleichen
Zeitpunkt erfasst bzw. ausgelesen wurden, insbesondere auch die panchromatischen
Vorwärts-, Nadir- und Rückwärtszeilen, welche schließlich für die Stereoauswertung
zur Verfügung stehen (vgl. 4.1.6).

4.1.5 Einzelbildauswertung

Ziel der Auswertung eines einzelnen Luftbildes bzw. mehrerer Einzelbilder für topographische Zwecke ist die Nachführung topographischer Informationssysteme sowie
die Herstellung von Bildkarten. In beiden Fällen ist eine Entzerrung, d. h. die Beseitigung projektiver, also durch Bildneigungen hervorgerufener Verzerrungen und, sofern
größere Höhenunterschiede vorliegen, auch von perspektiven Verzerrungen erforderlich (vgl. 4.1.3). Das Ergebnis bezeichnet man als *Orthophoto*, da es geometrisch, wie
auch eine topographische Karte, einer Orthogonalprojektion der Erdoberfläche in eine
Bezugsfläche entspricht. Eine *Bildkarte* ist schließlich ein kartographisch durch Kartenrahmen, Koordinaten, Objektbeschriftung u. ä. ergänztes Orthophoto (vgl. 5.3.2).

Die auszuwertenden Luftbilder liegen heute i. d. R. in digitaler Form vor, d. h. sie
sind entweder mit einer optoelektronischen Kamera aufgenommen oder sie werden
als Analogbilder mit einem Präzisionsscanner digitalisiert, wobei die Pixelgröße so
gewählt wird, dass kein Auflösungsverlust eintritt. Sie bilden damit flächen- oder zeilenförmige Matrizen, wobei jeder Grauwert eines Pixels durch eine ganze Zahl ≥ 0
repräsentiert wird. Der Grauwertumfang umfasst 256 Werte bei Darstellung durch
8 bit bzw. 4096 Werte bei 12 bit. Die digitalen Bilder eröffnen die Möglichkeit zur
digitalen Bildverarbeitung, d. h. zu radiometrischen und geometrischen Bildverbesse-
rungen sowie -auswertungen mittels mathematischer Operationen.

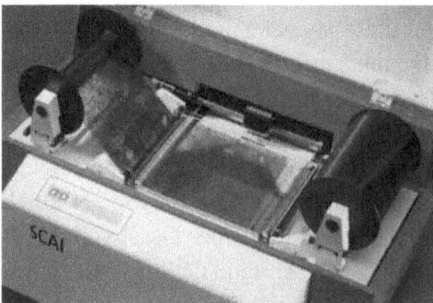

Abb. 4.1.19. Präzisionsscanner für
Luftbildfilme *SCAI (Carl Zeiss,*
Oberkochen)

Radiometrische Korrekturen zur Verbesserung der Bildqualität sollen vor allem durch äußere Einflüsse bedingte Bildstörungen reduzieren. Hierzu gehören:

- Helligkeitsabfall am Bildrand, Wolkenschatten, aber auch Pixelausfälle,
- Kontrastminderung durch die Luftschichten zwischen Erdoberfläche und Kamera (Aerosol) sowie
- durch Lichtdiffusion erzeugte Kantenunschärfe und damit Verluste von Detailkontrasten.

Die hierfür verwendeten mathematischen Filter-Operationen ermöglichen eine gezielte Grauwertveränderung und damit insbesondere Verbesserungen des Kontrastes und der Detailerkennbarkeit (vgl. *Albertz* 2009).

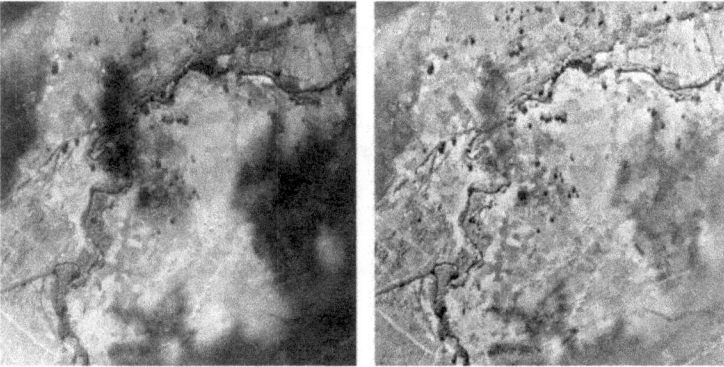

Abb. 4.1.20. Verminderung des Einflusses von Wolkenschatten in einem Luftbild durch ein digitales Kontrastausgleichsverfahren (nach *Albertz* 2009)

Überschreiten die durch Höhenunterschiede im Gelände hervorgerufenen radialen Lagefehler nicht ein vorgegebenes Maß (vgl. 4.1.7), so ist bei Bildern von Flächensensoren eine rein projektive Entzerrung möglich. Die projektiven Beziehungen zwischen Bild- und Objektebene lassen sich aus den Kollinearitätsgleichungen herleiten und ermöglichen die Berechnung von Objektkoordinaten X, Y aus Bildkoordinaten x', y' ohne Kenntnis von innerer und äußerer Orientierung durch *projektive Transformation* (vgl. *Luhmann* 2003):

$$Y = \frac{b_0 + b_1 x' + b_2 y'}{c_1 x' + c_2 y' + 1}, \quad X = \frac{a_0 + a_1 x' + a_2 y'}{c_1 x' + c_2 y' + 1}$$

Die acht unbekannten Koeffizienten a_i, b_i und c_i werden mit Hilfe von vier Passpunkten berechnet. Die Orthophotoherstellung entspricht dann der der Differentialentzerrung (s.u.), d.h. es werden die zugehörigen Bildkoordinaten x', y' sowie die Grauwerte im Bild ermittelt und an der betreffenden Position im Orthophoto gespeichert.

Bei größeren Höhenunterschieden muss eine *Differentialentzerrung* durchgeführt werden, welche sowohl die Lagefehler infolge der projektiven als auch der perspektiven Verzerrungen beseitigt. Hierbei bilden die Pixel des zu entzerrenden digitalen Luftbildes sehr kleine (differentielle) Flächenelemente, welche im Orthophoto eine entsprechende Lageveränderung erfahren. Voraussetzung sind die Kenntnis der Daten der inneren und äußeren Orientierung sowie ein digitales Geländemodell (DGM), welches auf verschiedene Weise gewonnen werden kann (vgl. 5.2.1). Die Entzerrung erfolgt durch *indirekte Transformation* über die Kollinearitätsgleichungen, wobei neben den Orientierungsdaten die Koordinaten X, Y, Z der Gitterpunkte des DGM sowie die X, Y-Koordinaten der Orthophotopixel bekannt sind.

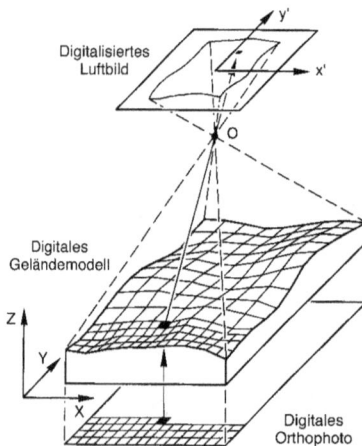

Abb. 4.1.21. Prinzip der *Differentialentzerrung* (nach *Albertz* 2009)

Die Berechnung gestaltet sich prinzipiell wie folgt (vgl. auch *Kraus* 2004):

- Interpolation der zu dem jeweiligen Pixel im Orthophoto gehörenden Höhe Z aus der jeweiligen DGM-Gittermasche, da die Pixelgröße im Orthophoto kleiner ist als die Gitterweite des DGM.

- Berechnung der zugehörigen Bildkoordinaten x', y' mit den Kollinearitätsgleichungen (vgl. 4.1.1).

- Ermittlung des zugehörigen Grauwertes im Bild z. B. durch eine bilineare Interpolation, da die berechneten Bildkoordinaten nicht zwangsläufig in die Mitte eines Bildpixels fallen, und Speicherung des ermittelten Grauwertes an der betreffenden X, Y-Position des Orthophotos (Resampling, vgl. *Albertz* 2009).

Für die Herstellung eines farbigen Orthophotos muss die Grauwertinterpolation und -zuweisung mit den gleichen Bildkoordinaten entsprechend dreimal aus den jeweiligen ‚Farbbildern' durchgeführt werden. Zur maßstäblichen Ausgabe des Orthophotos auf einem Bildschirm oder als Druckvorlage werden die Grundrisskoordinaten des DGM noch durch die Maßstabszahl geteilt.

Aufnahmen einer Zeilenkamera werden mittels der aus GPS/INS-Daten bekannten äußeren Orientierung zeilenweise projektiv entzerrt, so dass entsprechend korrigierte stereoskopische Flugstreifen entstehen. Durch Bildzuordnungsverfahren werden dann aus diesen die für die Orthophotoherstellung erforderlichen DGM erzeugt (*Wewel u. a.* 1998).

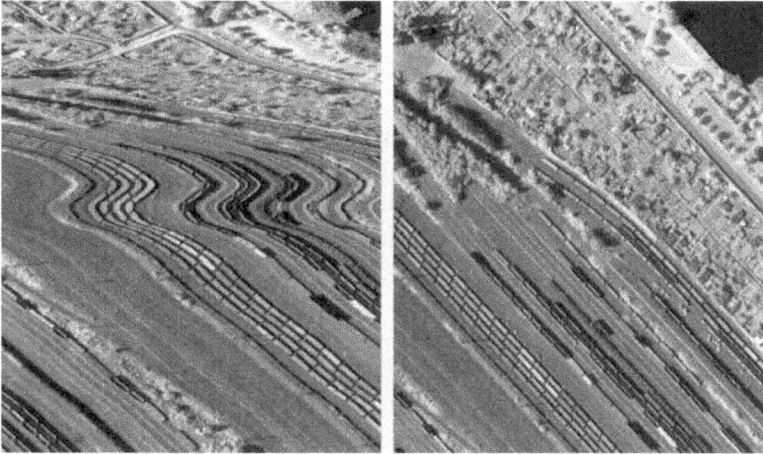

Abb. 4.1.22. Durch unregelmäßige Flugzeugbewegungen entstandene Verzerrungen von Bildzeilen sowie korrigiertes Bild nach Entzerrung mittels der Daten der äußeren Orientierung durch digitale Bildverarbeitung (nach *Wewel u. a.* 1998)

Ein in einer photogrammetrischen Arbeitsstation erzeugtes Orthophoto kann zugleich für die Nachführung der Situation eines topographischen Modells (z. B. Basis-Landschaftsmodell von ATKIS) und damit entsprechender topographischer Karten genutzt werden. Dieses Verfahren wird auch als *Monoplotting* bezeichnet. Durch Überlagerung des bestehenden Grundrissbildes mit dem Orthophoto können Löschungen und Ergänzungen unmittelbar durchgeführt werden. Für entsprechende Maßnahmen hinsichtlich der Höhen- und Geländeformen ist dann ein DGM oder ein Stereomodell heranzuziehen. Zu beachten ist, dass alle ober- und unterhalb der DGM-Fläche befindlichen Objekte, wie Gebäude, Bäume, künstliche Einschnitte u. ä. nur im Grundriss lagerichtig sind und dass es je nach Abstand vom Bildhauptpunkt zu Verdeckungen durch ‚Umklappen' kommt (vgl. 4.1.3)

Besondere Hardware ist für die Herstellung von Orthophotos außer einem leistungsfähigen PC nicht erforderlich. Voraussetzung ist, dass die zu bearbeitenden Bilder in digitaler Form vorliegen. Für alle Berechnungen stehen heute umfangreiche Softwarepakete, insbesondere auch solche der Kamerahersteller zur Verfügung. Sollen die Bildkarten ausgedruckt werden, benötigt man einen entsprechend großformatigen Drucker, ggf. auch Reproduktionsscanner für die Ausgabe als Druckvorlage auf Film.

4.1.6 Stereoauswertung

In den meisten Fällen topographischer Vermessungen ist neben der Bestimmung von Objektkoordinaten auch die der Geländehöhen und -formen erforderlich. Die Ermittlung räumlicher Koordinaten X, Y, Z durch Luftbildauswertung setzt voraus, dass von dem auszuwertenden Objektbereich wenigstens zwei Luftbilder vorliegen, für welche folgende Bedingungen bestehen:

- Die Bilder bilden ein Stereobildpaar (stereoskopische Teilbilder), d. h. sie müssen von zwei verschiedenen Positionen aus aufgenommen sein, da eine räumliche Objektrekonstruktion aus nur einem Bild entsprechend den Gesetzmäßigkeiten der Zentralprojektion nicht möglich ist (vgl. 4.1.1).

- Es muss sich um Senkrechtaufnahmen handeln (Aufnahmeneigung $v \leq 5°$) und die Maßstabsunterschiede dürfen nicht allzu groß sein, da sonst eine Korrelation identischer Bildstellen erschwert oder nicht möglich ist.

- Die Basis b zwischen den Aufnahmepositionen sollte im Verhältnis zur Aufnahmeentfernung, also Flughöhe über Grund h_g (Basis-Verhältnis b/h_g), möglichst groß sein, um einen günstigen Schnitt der homologen Projektionsstrahlen von den identischen Punkten P' und P'' zum Raumpunkt P zu erzeugen. Ein schleifender Schnitt führt zu Ungenauigkeiten bei der Bildkorrelation und damit zu Ungenauigkeiten bei der Höhenbestimmung (vgl. 4.1.7).

Die erstgenannten Voraussetzungen werden bei der Luftbildaufnahme mit Flächenkameras dadurch erfüllt, dass diese so ausgelöst werden, dass die Inhalte aufeinander folgender Bilder sich zu etwa 60% überdecken (Längsüberdeckung p) und sie sich infolge der unterschiedlichen Aufnahmeposition in unterschiedlicher Perspektive abbilden. Bei einer Dreizeilenkamera erhält man gleichzeitig drei fortlaufende Bildstreifen, wobei die identischen Objektbereiche zeitversetzt in unterschiedlicher Perspektive in Vorwärts-, Nadir- und Rückwärtsrichtung abgebildet und registriert werden. Schließlich erfolgt die Bildflugdurchführung so, dass größere Aufnahmeneigungen, ggf. durch Verwendung einer kreiselstabilisierten Aufnahmeplattform, und größere Maßstabunterschiede durch größere Flughöhenänderungen vermieden werden.

Die Voraussetzung einer großen Aufnahmebasis gegenüber der Flughöhe ü. G. ist an den Öffnungswinkel der Kamera in Flugrichtung geknüpft. So hat eine analoge Überweitwinkelkamera bei einer Längsüberdeckung von 60% ein Basis-Verhältnis b/h_g von etwa $1:1$, hingegen eine Normalwinkelkamera nur von etwa $1:3$ (vgl. 4.1.8).

Sind die Daten der inneren und der äußeren Orientierung der beiden stereoskopischen Teilbilder bekannt, können die Raumkoordinaten X, Y, Z eines Objektpunktes P durch einen *räumlichen Vorwärtsschnitt* aus den gemessenen Bildkoordinaten von $P'(x', y')$ und $P''(x'', y'')$ berechnet werden. Durch Umformung der Kollinea-

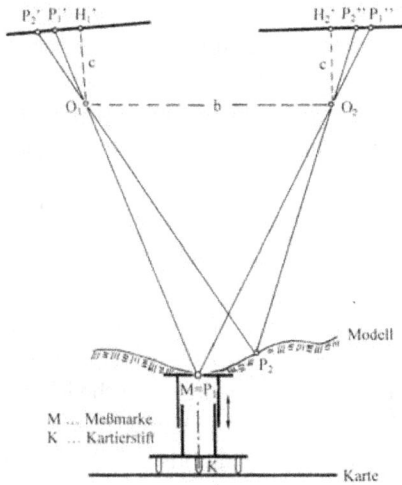

Abb. 4.1.23. Prinzip der Stereoauswertung am Beispiel der (analogen) optischen Projektion

ritätsgleichungen (vgl. 4.1.1) erhält man je zwei Bestimmungsgleichungen für jeden Objektpunkt:

Bild 1:
$$X = X_{01} + (Z - Z_{01}) \cdot \frac{a_{11}x' + a_{12}y' - a_{13}c_k}{a_{31}x' + a_{32}y' - a_{33}c_k}$$

$$Y = Y_{01} + (Z - Z_{01}) \cdot \frac{a_{21}x' + a_{22}y' - a_{23}c_k}{a_{31}x' + a_{32}y' - a_{33}c_k}$$

Bild 2:
$$X = X_{02} + (Z - Z_{02}) \cdot \frac{b_{11}x'' + b_{12}y'' - b_{13}c_k}{b_{31}x'' + b_{32}y'' - b_{33}c_k}$$

$$Y = Y_{02} + (Z - Z_{02}) \cdot \frac{b_{21}x'' + b_{22}y'' - b_{23}c_k}{b_{31}x'' + b_{32}y'' - b_{33}c_k}$$

mit
X_{01}, Y_{01}, Z_{01}	Koordinaten des Projektionszentrums Bild 1
a_{ik}	Koeffizienten der Drehmatrix Bild 1
X_{02}, Y_{02}, Z_{02}	Koordinaten des Projektionszentrums Bild 2
b_{ik}	Koeffizienten der Drehmatrix Bild 2
c_k	Kamerakonstante
$x'_H = y'_H = 0$	Koordinaten der Bildhauptpunkte

Mit den vier Gleichungen liegt bereits eine Überbestimmung vor. Befindet sich ein Punkt in weiteren Bildern, wie etwa im dreifach überdeckten Bereich aufeinander folgender Bilder oder in der Querüberdeckung zweier paralleler Streifen, so erhöht sich die Anzahl der Bestimmungsgleichungen entsprechend. Die Unbekannten X, Y, Z werden dann durch eine Ausgleichung nach vermittelnden Beobachtungen berechnet.

Für exakt definierte Objektpunkte ist prinzipiell keine Auswertung unter stereoskopischer Betrachtung erforderlich, d. h. deren Bildkoordinaten könnten nacheinander
im jeweiligen Teilbild gemessen werden. Die stereoskopische Einstellung erhöht allerdings die Genauigkeit bei der Punktidentifizierung und -einstellung und sie ist für
die Messung linienhafter Objekte sowie beliebiger Geländepunkte, etwa zur Höhenermittlung unabdingbar.

Bis in die 1980er Jahre wurde die *Stereoauswertung* an Analogauswertgeräten mit
optischer oder mechanischer Projektion durchgeführt (vgl. 1.3), da keine leistungsfähigen Rechenhilfsmittel zur Bewältigung der Datenfülle zur Verfügung standen. Die
Ermittlung der Daten der äußeren Orientierung erfolgte schrittweise empirisch durch
die *relative Orientierung* über Verknüpfungspunkte und die anschließende *absolute
Orientierung* über Passpunkte. Das so erzeugte (reelle oder virtuelle) optische Modell
(vgl. Abbildung 4.1.23) wurde mit einer räumlichen Messmarke abgetastet, wobei der
Modelleindruck für den Auswerter bei den einfachen Geräten mit optischer Projektion
durch das Anaglyphenverfahren und bei solchen mit mechanischer Projektion durch
eine spiegelstereoskopartige Betrachtungseinrichtung entstand. Das Resultat des Abtastvorgangs war eine direkte Kartierung im gewünschten Maßstab. Bei Modellabtastung mit konstanter Messmarkenhöhe Z konnten unmittelbar Höhenlinien erzeugt
werden.

Die analogen Auswertgeräte wurden schließlich durch analytische Geräte abgelöst,
bei denen die analogen Prozesse durch Rechenoperationen ersetzt wurden. Zentraler
Bestandteil war neben einer Betrachtungs- und Messeinrichtung ein Echtzeitrechner,
der nach rechnerischer Wiederherstellung von innerer und äußerer Orientierung die
in einer Ebene angeordneten analogen Teilbilder permanent und für den Auswerter
unmerklich so verschob, dass eine stetige stereoskopische Betrachtung und Messung
ermöglicht wurde.

Eine weitere Veränderung erfuhr der Auswertprozess schließlich durch das Vorliegen digitaler bzw. digitalisierter Bilder. Die stereoskopischen Teilbilder werden ab-
wechselnd mit einer Frequenz von mindestens 50 Hz auf einem Monitor nach dem
Wechselblendenverfahren oder dem Polarisationsverfahren präsentiert (vgl. *Kraus*
2004). Der stereoskopische Eindruck wird bei Betrachtung durch eine mit entsprechenden Flüssigkeitskristallen ausgestattete Brille erreicht, welche mit gleicher Frequenz synchron das jeweilige Teilbild freigibt. Aufgrund der hohen Wechselfrequenz
hat der Betrachter einen kontinuierlichen Modelleindruck.

Nach ,Wiederherstellung' der inneren und äußeren Orientierung durch Eingabe
bzw. Aufruf der entsprechenden Daten folgt die Auswertung prinzipiell dem Verfahren der indirekten Transformation (vgl. 4.1.5). Hierbei repräsentiert die stationäre
Messmarke die X, Y, Z-Koordinaten eines Punktes, aus denen die zugehörigen Bildkoordinaten x', y', x'', y'' berechnet und in ,Echtzeit' in entsprechende digitale Bild-
verschiebungen umgerechnet werden, so dass ein Modelleindruck entsteht. Durch ge-
meinsames Verschieben der beiden Bilder gegenüber der Messmarke mit Hilfe eines

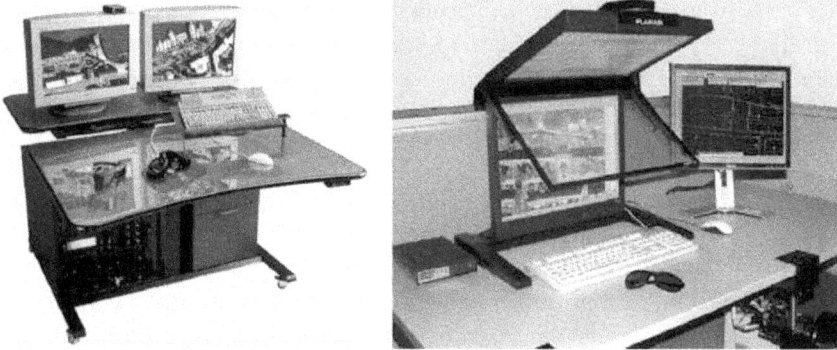

Abb. 4.1.24. Digitale photogrammetrische Arbeitsstationen *Image Station* (*ZI/Imaging*, Aalen) und *Summit Evolution* (*DAT/EM Systems International*, Anchorage/USA), jeweils mit Monitoren für die Bildmessung (links) sowie Nutzerschnittstelle (rechts)

Cursors, also Veränderung der Grundrisskoordinaten X, Y, sowie gegenseitiges Verschieben in Basisrichtung mit Hilfe eines Rändels am Cursor, also Veränderung der Höhe Z, kann die Messmarke in Kontakt mit dem (virtuellen) Modell gehalten und dieses kontinuierlich abgetastet werden.

Auch wenn ein linienweises Abtasten aller Objekte möglich ist, wird dieses allenfalls bei Kurven praktiziert, wobei die Raumkoordinaten in bestimmten Abständen nach vorgegebenen konstanten Weg- oder Zeitintervallen automatisch registriert werden. Alternativ genügt die exakte Einstellung einiger Punkte, welche dann von einem Programm zu einer Kurve höherer Ordnung verbunden werden. Geradlinige Objekte werden mit ihren Eckpunkten erfasst. Die Vervollständigung der gemessenen Punkte zu Linien (Geraden und Kurven) erfolgt durch den Aufruf entsprechender Programme.

Die Höhe beliebiger Geländepunkte kann nur stereoskopisch ermittelt werden. Da das unmittelbare Abtasten von Höhenlinien sehr aufwendig ist, werden i. d. R. digitale Geländemodelle (DGM) erzeugt. Hierbei erfolgt zunächst eine Messung von ausgeprägten Geländeformen (Rücken, Mulden, Kuppen, Senken, Böschungen, Steilränder u. ä., vgl. 3.1.7). Anschließend wird das Stereomodell profilweise automatisch abgefahren, wobei in Abständen, die der Profilweite entsprechen, die Höhe Z gemessen wird. Ergebnis ist ein rasterförmiges, im Grundriss quadratisches DGM mit zusätzlichen durch Punkte erfassten Geländeformen.

Die stereoskopische Einstellung der Messmarke(n) im (virtuellen) Modell des betrachteten Geländeausschnitts erfolgt praktisch durch einen visuellen Vergleich der Grauwert- bzw. Farbverteilung der stereoskopischen Teilbilder der Umgebung des einzustellenden Punktes durch den Auswerter (*visuelle Korrelation*). Da die Teilbilder auch in digitaler Form als Matrizen vorliegen, eröffnet sich die Möglichkeit, identische Punkte bzw. Bildstellen, d. h. entsprechende Matrizenausschnitte mit Hilfe eines Korrelationsalgorithmus zu ermitteln (*digitale Korrelation*) und damit zugleich manuelle Arbeitsprozesse zumindest teilweise zu automatisieren. Hierzu gehören (vgl. *Kraus* 2004):

- Ermittlung der Hauptpunktkoordinaten eines digitalisierten analogen Bildes durch Lokalisierung und Messung der Rahmenmarken für die ,Wiederherstellung' der *inneren Orientierung*,

- Aufsuchen und Messen von Orientierungspunkten für die Berechnung der *relativen Orientierung*, wenn die Daten der äußeren Orientierung nicht bekannt sind,

- Lokalisierung und Messung von Passpunkten für die Berechnung der *absoluten Orientierung* oder für die Kontrolle bei bekannter äußerer Orientierung,

- Aufsuchen und Messen von Verknüpfungs- und Passpunkten für eine *Aerotriangulation* sowie

- Unterstützung der Situationsauswertung und der Erfassung der Geländeoberfläche bei der DGM-Messung.

Der Prozess der digitalen Korrelation vereinfacht sich, wenn die stereoskopischen Teilbilder zunächst in *Normalbilder* umgeformt werden. Hierunter versteht man Bilder, deren Aufnahmerichtungen parallel und senkrecht zur Aufnahmebasis verlaufen und für deren Neigungen $\omega, \varphi, \kappa = 0$ gilt (*Normalfall der Stereophotogrammetrie*). Die Umformung setzt die Kenntnis der Daten der äußeren Orientierung voraus. Da die jeweiligen homologen (korrespondierenden) Bildpunkte dann mit der Aufnahmebasis immer in einer Ebene liegen (*Kernebene* oder *Epipolar Plane*), treten nur noch sog. x-Parallaxen auf und der Korrelationsprozess reduziert sich auf eine Bildverschiebung in Basisrichtung.

Diese Vorgehensweise gilt insbesondere auch für die Auswertung von Aufnahmen einer Drei-Zeilen-Kamera, da hier die Daten der äußeren Orientierung aus einer GPS/IMU-Aufzeichnung abgeleitet werden können. Eine ggf. erforderliche Verbesserung der Orientierung kann mit Hilfe von Verknüpfungspunkten innerhalb der korrespondierenden Bildstreifen durchgeführt werden (integrierte Sensororientierung, vgl. 4.1.4). Für die Korrelationsprozesse stehen dann jeweils drei Bildausschnitte zur Verfügung. Für eine manuelle bzw. teilautomatisierte stereoskopische Auswertung können schließlich zwei der drei zur Verfügung stehenden Streifen genutzt werden.

4.1.7   Zur Genauigkeit der Luftbildauswertung

Die Einzelbildauswertung setzt voraus, dass die im Gelände bestehenden Höhenunterschiede Δh ein vorgegebenes Maß nicht überschreiten oder dass sie in Form eines

DGM bekannt sind. Für die durch Abweichungen zwischen einer Bezugsebene und dem wahren Geländeverlauf verursachten radialen Lagefehler Δr gilt:

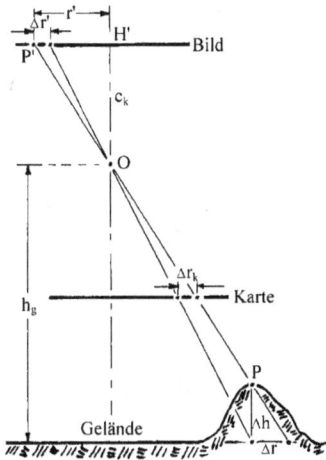

$$\Delta r = \frac{r'}{c_k} \cdot \Delta h = \Delta r_k \cdot m_k$$

Abb. 4.1.25. Durch Höhenunterschiede hervorgerufene radiale Lagefehler bei der Einzelbildauswertung

Soll in einem Orthophoto im Maßstab $M_k = 1/m_k = 1:5000$ der durch Höhenunterschiede Δh verursachte radiale Lagefehler Δr_k die graphische Genauigkeit von $\pm 0{,}2$ mm (± 1 m i. d. Natur) nicht überschreiten, so dürfen die Höhenunterschiede bei Verwendung einer analogen Weitwinkelkamera ($c_k \approx 150$ mm) ± 1 m und bei einer Normalwinkelkamera ($c_k \approx 300$ mm) ± 2 m nicht überschreiten, wenn man einen maximalen Radialabstand im Bild von $r' = 150$ mm annimmt. Lässt man einen größeren Lagefehler zu, z. B. ± 3 m wie beim Basis-DLM von ATKIS (vgl. 5.5.3), so erhöhen sich die Werte entsprechend.

Erfolgt die Orthophotoherstellung durch Differentialentzerrung über ein DGM, so ist neben der Höhengenauigkeit der Gitterpunkte auch die Gitterweite von Bedeutung. Fehler der Gitterpunkthöhen wirken sich in gleicher Weise aus wie oben, d. h. mit zunehmendem Radialabstand vom Bildhauptpunkt treten zunehmende radiale Lageversetzungen auf. Die DGM-Oberfläche innerhalb einer Gittermasche bildet ein hyperbolisches Paraboloid, welches nur näherungsweise der wahren Geländeform entspricht. Abweichungen von dieser Fläche erzeugen Fehler bei der Interpolation der zu dem jeweiligen Pixel im Orthophoto gehörenden Höhe Z aus der jeweiligen DGM-Gittermasche (vgl. 5.2.1). Diese können nur durch ein entsprechend engmaschiges DGM gering gehalten werden.

Das Ergebnis einer Stereoauswertung sind die Koordinaten von Objektpunkten in einem Landessystem X, Y, H bzw. X, Y bei Einzelbildern. Entsprechend den Bestimmungsgleichungen des räumlichen Vorwärtsschnittes (vgl. 4.1.6) sind diese und die Genauigkeit, mit der sie bestimmt werden können, eine Funktion der Parameter der inneren und der äußeren Orientierung sowie der Bildkoordinaten der beiden stereoskopischen Teilbilder. Da die Aufnahmesituation nur wenig vom Normalfall der Stereophotogrammetrie abweicht, können diese vereinfacht werden:

$$X = h_g \cdot \frac{x'}{c_k} = m_b \cdot x', \quad Y = h_g \cdot \frac{y'}{c_k} = m_b \cdot y', \quad Z = H = \frac{b \cdot c_k}{px'}$$

mit x', y' Bildkoordinaten in Bild 1

x'' Bildkoordinate in Bild 2

$px' = x' - x''$ Horizontalparallaxe

b Aufnahmebasis

h_g Flughöhe über Grund

m_b Bildmaßstabszahl

c_k Kamerakonstante

Damit ergibt sich für die Standardabweichungen σ nach dem Fehlerfortpflanzungsgesetz:

$$\sigma_X = m_b \cdot \sigma_{x'}, \quad \sigma_Y = m_b \cdot \sigma_{y'}, \quad \sigma_H = \frac{h_g^2}{c_k \cdot b} \cdot \sigma_{px'} = m_b \cdot \frac{h_g}{b} \cdot \sigma_{px'}$$

Bei vorgegebener Genauigkeit der Bildkoordinaten ist die der Objektkoordinaten X, Y, H zunächst proportional zur Bildmaßstabszahl. Die Höhengenauigkeit σ_H ist zusätzlich umgekehrt proportional zum Basisverhältnis b/h_g, d. h. je größer die Basis im Verhältnis zur Flughöhe ü. G., desto größer ist die Genauigkeit der Höhenbestimmung (vgl. Abb. 4.1.27), während die Genauigkeit der Lagekoordinaten unverändert bleibt.

Aus empirischen Untersuchungen ergibt sich, eine hinreichende Bildqualität vorausgesetzt, für signalisierte bzw. sonstige exakt definierte Punkte eine Messgenauigkeit von $\sigma_{x',y'} = \pm 6 \, \mu m$ im Bild (vgl. *Kraus* 2004) und damit für die Lagekoordinaten X, Y:

$$\sigma_{X,Y} = \pm 0{,}0006 \cdot m_b \quad [cm]$$

Die Höheneinstellung eines Punktes, d. h. die Beseitigung der Horizontalparallaxe px' erfolgt durch stereoskopische (visuelle oder digitale) Korrelation. Nimmt man für die Genauigkeit $\sigma_{px'}$ ebenfalls $\pm 6 \, \mu m$ an, ergibt sich für die Höhengenauigkeit in Abhängigkeit vom Basisverhältnis:

$$\sigma_H = \pm 0{,}0006 \cdot m_b \cdot \frac{h_g}{b} = \pm 0{,}0006 \cdot \frac{h_g}{c_k} \cdot \frac{h_g}{b} \quad [cm]$$

Unter Annahme einer Längsüberdeckung von 60% und einem Bildformat von $23 \times 23 \, cm^2$ ergäbe sich für eine analoge Weitwinkelkamera ($c_k \approx 150 \, mm$) ein Basisverhältnis b/h_g von 1 : 1,6 und für eine Normalwinkelkamera ($c_k \approx 300\,\text{mm}$) von 1 : 3,2. Damit erhält man als Höhengenauigkeit für beide in Abhängigkeit von der Flughöhe ü. G.:

$$\sigma_H = \pm 0{,}06\%o \cdot h_g \quad \text{für exakt definierbare Punkte.}$$

Bei gleicher *Flughöhe* sind die Standardabweichungen σ_H bei Aufnahme mit einer WW- und NW-Kamera gleich, jedoch ist der Bildmaßstab der WW-Kamera doppelt so groß und damit auch die Lagegenauigkeit $\sigma_{X,Y}$. Bei gleichem *Bildmaßstab* verdoppelt sich die Flughöhe für die NW-Kamera und damit die Standardabweichung σ_H. Die Lagegenauigkeit bleibt gleich. Damit ergibt sich z. B. bei einem Bildmaßstab 1 : 10.000 sowohl für eine WW- als auch NW-Kamera eine Lagegenauigkeit von $\sigma_{X,Y} = \pm 6\,\text{cm}$. Infolge der aus dem Maßstab resultierenden Flughöhen von $h_g = 1500\,\text{m}$ bzw. 3000 m beträgt die Höhengenauigkeit der WW-Kamera $\sigma_H = \pm 10\,\text{cm}$ und die der NW-Kamera $\sigma_H = \pm 19\,\text{cm}$.

Viele Objektpunkte wie z. B. Hausecken, Wegekanten, Feldecken u. ä. sind aufgrund eingeschränkter Definierbarkeit nur mit verringerter Genauigkeit einstellbar, so dass hier mit entsprechend größeren Standardabweichungen gerechnet werden muss. So entspricht der Definitionsunsicherheit einer Feldecke von $\pm 0{,}5\,\text{m}$ i. d. N. für $M_b = 1:10.000$ eine Lagegenauigkeit von $\sigma_{x',y'} = \pm 50\,\mu\text{m}$ im Bild.

Die Genauigkeit der Höhenmessung für beliebige Geländepunkte bzw. für unmittelbar im Modell abgetastete Höhenlinien hängt vor allem von der Flächentextur ab. Hierunter versteht man ein durch die Objekt-Oberflächenbeschaffenheit im Bild hervorgerufenes unregelmäßiges Grau- oder Farbtonmuster, welches eine visuelle oder digitale Korrelation identischer Bildstellen ermöglicht. Bei fehlender Textur, wie bei Wasserflächen, überstrahlten Sandflächen, Schneeflächen oder in Schlagschattenbereichen ist eine Höhenmessung nicht möglich. Schwierigkeiten bereiten auch gleichmäßige Muster oder große Kontrastunterschiede in den stereoskopischen Teilbildern. Pauschal kann bei günstiger feinstrukturierter Flächentextur gelten (z. B. Wiesen, bearbeitete Ackerflächen o. ä.):

$$\sigma_H = \pm 0{,}15\%o \cdot h_g \quad \text{für natürliche Punkte.}$$

Damit ergäbe sich bei einer Flughöhe von 1500 m eine Höhengenauigkeit von etwa $\pm 20\,\text{cm}$.

Zu beachten ist, dass sich die photogrammetrisch bestimmten Höhen auf eine horizontale X, Y-Ebene und die Höhen der Landesaufnahme auf das Geoid ($\approx$ NHN), also eine gekrümmte Fläche beziehen, für ein Stereomodell hinreichend genau ersetzbar durch eine Kugel mit $R = 6383\,\text{km}$ (vgl. Tabelle 3.1). Die hieraus resultierenden maximalen systematischen Höhenfehler dz lassen sich in Abhängigkeit vom Bildmaßstab (und damit den Modellseiten s_1 und s_2) wie folgt abschätzen:

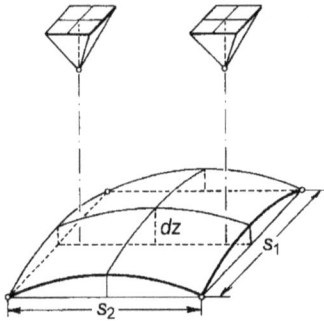

$$dz \approx \frac{s_1^2 + s_2^2}{8R}$$

Abb. 4.1.26. Maximaler Höhenfehler im Stereomodell infolge der Erdkrümmung bei vier Höhenpasspunkten in den Modellecken (nach *Albertz/Wiggenhagen* 2009)

Bei Aufnahme mit einer filmbasierten Weitwinkelkamera (Bildformat 23×23 cm^2, $c_k = 150$ mm) ergibt sich damit unter Annahme eines Modellformats von $s_1 \times s_2 \approx$ 20×12 cm^2 für einen Bildmaßstab 1 : 10.000 ein Höhenfehler von 0,1 m ($\approx 0,07\%o \cdot h_g$) und für 1 : 20.000 von 0,4 m ($\approx 0,13\%o \cdot h_g$). Für $M_b \leq 1 : 10.000$ sind daher bereits Korrekturen für die gemessenen Höhen vorzusehen. Einzelheiten hierzu findet man bei *Kraus* (2004).

Kontinuierlich mit der Messmarke abgetastete Höhenlinien unterliegen zusätzlich einer differentiellen Lageunsicherheit des Abtastvorganges von etwa $\pm 0,1$ mm im Bild, deren Auswirkung auf die Höhengenauigkeit mit abnehmender Geländeneigung α abnimmt. Damit gilt entsprechend der ‚Koppeschen' Formel (vgl. 6.2.4), wenn man für $\sigma_H = \pm 0,15\%o \cdot h_g$ einsetzt:

$$\sigma_h = \pm \left(0,15 \cdot \frac{h_g}{1000} + 0,1 \cdot \frac{m_b}{1000} \cdot \tan \alpha \right) \quad [\text{m}]$$

Für $h_g = 1500$ m und $M_b = 1 : 10.000$ beträgt bei einer Geländeneigung von $\alpha = 10°$ die Höhengenauigkeit der Höhenlinien $\pm 0,4$ m und bei $\alpha = 30°$ bereits $\pm 0,8$ m. Umgekehrt verhält es sich mit dem resultierenden Lagefehler der Höhenlinien entsprechend $\sigma_l = \sigma_h / \tan \alpha$. Dieser beträgt bei den genannten Neigungen $\pm 2,3$ m bzw. $\pm 1,4$ m, d. h. je flacher das Gelände desto geringer ist die Lagegenauigkeit.

Werden die Koordinaten im Rahmen einer Aerotriangulation durch eine Bündelblockausgleichung mit zusätzlichen Parametern bzw. Selbstkalibrierung ermittelt, so ist eine Verdoppelung der o. g. Genauigkeiten möglich (vgl. *Kraus* 2004). Allerdings bedeutet dies einen erheblichen rechentechnischen Mehraufwand.

Sofern die Daten der äußeren Orientierung aus einer DGPS/IMU-Erfassung unmittelbar übernommen werden, ist deren Genauigkeit zu berücksichtigen. Während der Einfluss der Positionsgenauigkeit maßstabsunabhängig gleich bleibt, wächst der Einfluss der Winkelgenauigkeit nahezu proportional mit kleiner werdendem Maßstab (*Cramer* 2005).

4.1.8 Bildflugplanung und -durchführung

Bis in die 1980er Jahre waren es vor allem graphische Produkte in Form topographischer (Strich)karten und Bildkarten, welche unmittelbar durch Stereokartierung bzw. durch optisch-mechanische Entzerrung aus den Luftbildern abgeleitet wurden. Heute entstehen zunächst digitale topographische Modelle (DTM), welche dann ggf. auch für verschiedene Zwecke, also auch zur Ableitung von Karten zur Verfügung stehen. Während Genauigkeit und Detailreichtum letzterer maßstabsabhängig waren, gilt dies prinzipiell für ein DTM nicht. Dennoch wird man sich schon aus wirtschaftlichen Erwägungen Beschränkungen auferlegen. Grundlage einer Planung ist die Kenntnis von:

- Art und Genauigkeit des Endprodukts (Planungsgrundlagen für ein Bauprojekt, Aufbau und Aktualisierung einer Landesaufnahme o. ä. (vgl. Kap. 1)),
- Form und Beschaffenheit des Aufnahmegebietes (linien- oder flächenförmiges Aufnahmeobjekt, Stadtgebiet, Agrarlandschaft, Waldgebiet, Wüste o. ä.; Flachland, Hügellandschaft oder Hochgebirge) sowie
- Art und Dichte des bestehenden Referenzsystems (Lage- und Höhenfestpunkte, Satellitenreferenzsystem (z. B. SAPOS)).

Hieraus leiten sich der Bildmaßstab, die Wahl der Aufnahmekamera und Zusatzgeräte, die Bildfluganlage und -parameter, die Bildflugdurchführung, die Passpunktbestimmung und schließlich die Auswertung sowie Präsentation der Ergebnisse ab.

(1) Festlegung des Bildmaßstabs

Der Bildmaßstab $M_b = 1/m_b$ ist so zu wählen, dass vorgegebene Anforderungen an Detailerkennbarkeit und Genauigkeit eingehalten werden. Einen ersten Anhalt liefert die von *Heißler* (1954) für topographische Kartierungen mit dem Maßstab $M_k = 1/m_k$ ermittelte und für heutige Aufnahmekameras modifizierte empirische Formel, sofern keine weiteren zu beachtenden Bedingungen vorliegen (vgl. *Kraus* 2004):

$$m_b \leq 300 \cdot \sqrt{m_k}$$

Weitere Bedingungen können sein:

- Die Standardabweichung für die Koordinaten definierter Punkte $\sigma_{X,Y}$ soll ein bestimmtes Maß nicht überschreiten (mit $\sigma_{x',y'}$ Standardabw. der Bildkoordinaten):

$$m_b \leq \frac{\sigma_{X,Y}}{\sigma_{x',y'}}$$

- Die Standardabweichung beliebiger natürlicher Höhenpunkte ($\sigma_H = \pm 0{,}2\text{‰} \cdot h_g$) soll ein vorgegebenes Maß nicht überschreiten:

$$m_b \leq \frac{\sigma_H \cdot 1000}{0{,}2 \cdot c_k}$$

- Vorgegebene Objektmindestgrößen s_{min} sollen erkennbar und auswertbar sein, d. h. sie müssen eine entsprechende Mindestgröße s'_{min} im Bild aufweisen. Die Erkennbarkeit eines Objektes im Bild hängt nicht nur vom geometrischen Auflösungsvermögen sondern auch von der Objektform (linien- oder flächenförmig) und vom Kontrast zur Umgebung ab. Damit erscheint es sinnvoll, als Mindestgröße $s'_{min} \approx 0{,}1$ mm, etwa entsprechend dem Auflösungsvermögen des menschlichen Auges von 6 Lp/mm, zu fordern. Bei 6–8-fach vergrößerter Bildbetrachtung wird damit i. d. R. ein Objekt in Form und Ausdehnung erkennbar sein. Damit ergäbe sich:

$$m_b \leq \frac{s_{min}\,[\text{mm}]}{0{,}1\,[\text{mm}]}$$

- Das Querformat der Bilder bzw. die Zeilenlänge s'_q soll eine vorgegebene Trassenbreite s_t einschließlich eines Sicherheitsspielraumes von $2 \times 20\%$ erfassen:

$$m_b \leq \frac{1{,}4 \cdot s_t}{s'_q}$$

- Bei sehr großmaßstäbigen Befliegungen und damit geringer Flughöhe ü. G. ist zu prüfen, ob bei vorgegebener Längsüberdeckung p [%] sowie einer minimal möglichen Fluggeschwindigkeit über Grund $v_{g\,min}$ eine minimal mögliche Bildfolgezeit Δt_{min} (Belichtungsfolge bzw. Bildauslesefrequenz bei einer Zeilenkamera) eingehalten werden kann (mit s'_p Bildformat in Flugrichtung):

$$m_b \geq \frac{v_{g\,min} \cdot \Delta t_{min}}{s'_p \cdot (1 - p/100)}$$

(2) Wahl der Aufnahmekamera

Zumindest bei den Film-Messkameras besteht die Möglichkeit zwischen der Aufnahme mit einem Normalwinkel- (NW) und einem Weitwinkelobjektiv (WW) (eventuell auch noch Überweitwinkel) zu wählen. Die Auswirkung unterschiedlicher Öffnungswinkel sei an der Gegenüberstellung einer analogen Normalwinkel- und Weitwinkelkamera gezeigt (Bildformat $23 \times 23\,\text{cm}^2$, $c_k \approx 300$ mm bzw. 150 mm). Bei gleichem Bildmaßstab $M_b = c_k/h_g$ gilt:

- Die von einem Bild erfasste Geländefläche und die Koordinatengenauigkeit sind gleich (vgl. 4.1.7).
- Die Flughöhe der NW-Aufnahme ist doppelt so groß und damit verringert sich die Höhengenauigkeit wegen des kleineren Basisverhältnisses (vgl. Tabelle 4.2). Deutlich wird dies in Abbildung 4.1.27 (rechts) am schleifenden Schnitt zwischen den homologen Projektionsstrahlen infolge des kleineren Schnittwinkels. Zugleich verringern sich die Objektkontraste wegen zunehmenden Aerosols, d. h. der kontrastmindernden Teilchen in der Luft.

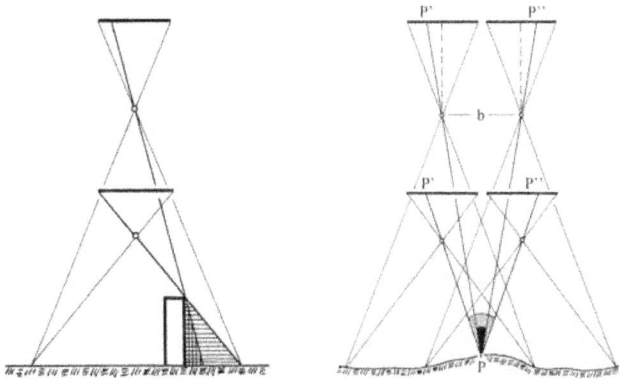

Abb. 4.1.27. Gegenüberstellung von Normal- und Weitwinkelkamera bei der Einzel- und Stereoaufnahme mit gleichem Bildformat und gleichem Bildmaßstab

- Die zum Bildrand hin zunehmenden Verdeckungen durch aufragende Objekte sind bei der NW-Aufnahme deutlich geringer.

Bei gleicher Flughöhe ü. G. gilt:

- Die bei der NW-Aufnahme mit einem Bild erfasste Geländefläche beträgt nur 1/4 der der WW-Aufnahme. Damit vervierfacht sich die Anzahl der erforderlichen Bilder.

- Der Bildmaßstab der NW-Aufnahme ist doppelt so groß wie der der WW-Aufnahme. Damit verdoppelt sich die Koordinatengenauigkeit, während die Höhengenauigkeit gleich ist, da sich die Aufnahmebasis zur Erzielung der erforderlichen Längsüberdeckung p halbiert (vgl. 4.1.7)

Kamera	Hersteller	c_k [mm]	Bildformat $s_q' \times s_p'$ [mm²]	Bildwinkel s_q'/s_p'	Stereo-winkel	Basis-verhältnis	Δt_{min} [s]
Film-RMK NW	ZI-Imaging u. Leica	≈ 300	230×230	$42°/42°$	$\leq 17,4°$	1/3,2	1,5–2
Film-RMK WW	ZI-Imaging u. Leica	≈ 150	230×230	$75°/75°$	$\leq 34,1°$	1/1,6	1,5–2
DMC	ZI-Imaging	120,0	$16,6 \times 9,2$	$74°/44°$	$\leq 17,4°$	1/3,3	2
UltraCamX	Vexcel	100,5	$10,4 \times 6,8$	$55°/37°$	$\leq 15,4°$	1/3,7	1,33
ADS 40	Leica	62,7	$s_q' = 78$	$64°$	$42,6°$	1/1,3	0,0013

Tab. 4.2. Filmbasierte (analoge) und optoelektronische (digitale) Luftbildkameras im Vergleich

In der obigen Tabelle sind die Merkmale einiger z. Z. im Einsatz befindlicher Luft-bildmesskameras aufgeführt. Beim Bildformat und damit auch beim Öffnungswin-kel wird zwischen Quer- (s'_q) und Längsformat (s'_p) in Bezug auf die Flugrichtung unterschieden. Stereowinkel und Basisverhältnis zeigen, dass die optoelektronischen Flächenkameras etwa einer analogen NW-Kamera entsprechen, während die Zeilen-kamera ADS hierbei bereits einer Überweitwinkelkamera nahe kommt. Bei der ADS folgt der Stereowinkel aus der Anordnung der Vorwärts- und Rückwärtszeilen und hieraus indirekt das Basisverhältnis (vgl. 4.1.2). Zusammenfassend ergibt sich:

- Steht die Höhengenauigkeit bei der Bildauswertung im Vordergrund, etwa zur Erzeugung digitaler Geländemodelle, so ist eine Kamera mit großem Bildwinkel, also eine Weitwinkelkamera zu bevorzugen.

- Sollen die Verdeckungen durch aufragende Objekte möglichst gering bleiben, wie etwa bei Stereoauswertungen im Stadtgebiet oder zur Herstellung von Orthopho-tos, so ist eine Kamera mit kleinerem Bildwinkel, also eine Normalwinkelkamera zu bevorzugen. Bei einer Dreizeilenkamera empfiehlt sich hierfür die Verwen-dung der Bildzeilen mit geringerem Stereowinkel.

(3) Bildfluganlage und Bildflugparameter

Unabhängig von der Möglichkeit einer Bildflugnavigation mittels GPS/INS bedarf es für die Bildflugplanung und -durchführung einer Navigationsgrundlage. Am besten geeignet ist eine weitgehend aktuelle topographische Karte mit $M_k \leq 1:25.000$, je nach aufzunehmendem Bildmaßstab und damit Flughöhe ü. G. Da derartige topogra-phische Karten nicht in jedem Fall zur Verfügung stehen, können auch kleinmaßstä-bige Luftbilder oder Satellitenbilder herangezogen werden. Neben den Grenzen des Auftragsgebietes, ggf. Sperrgebieten und Flughindernissen, enthält die Karte vor al-lem die Flugwege (Flugstreifenmitte) mit Angaben zu absoluter Flughöhe ü. NHN und Kurswinkel.

Für Flächenbefliegungen ist die Anlage mehrerer paralleler Flugstreifen erforder-lich, deren Anzahl zunächst von der Gebietserstreckung sowie dem Bildformat bzw.

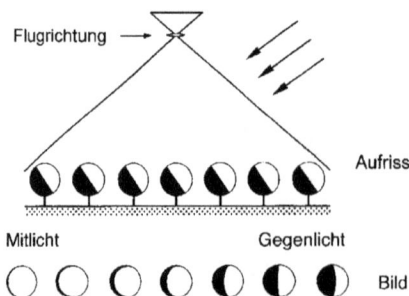

Abb. 4.1.28. Mitlicht und Gegenlichteffekt am Beispiel von Baumkronen bei einer Nord-Süd-Befliegung und Sonnenbestrahlung von Süden (nach *Albertz* 2009)

der Zeilenlänge quer zur Flugrichtung s'_q und dem ermittelten Bildmaßstab abhängig ist. Im Einzelnen ergibt sich:

- Die Anordnung der Flugstreifen sollte nach Möglichkeit immer in Ost-West-Richtung parallel zu den Ordinaten des geodätischen Koordinatensystems erfolgen (Gitterbefliegung), da sich hierbei im Gegensatz zu einer Nord-Süd-Befliegung die infolge der von Süden her schräg einfallenden Sonnenstrahlen entstehenden unterschiedlichen Schatten (Mitlicht und Gegenlicht) nicht nachteilig auf die Stereobetrachtung bzw. Bildkorrelation auswirken.

- Für die Herstellung von Bildkarten könnte ggf. auch deren späterer Blattschnitt berücksichtigt werden, d. h. das Bildquerformat einer Flächenkamera bzw. die Zeilenlänge einer Zeilenkamera sollte das Kartenformat einschließlich eines Sicherheitsspielraumes von beidseitig 20% überdecken. Bildmaßstab bzw. Flughöhe ü. G. sind entsprechend zu wählen, wenn nicht andere Anforderungen dem entgegenstehen. Eine derartige Maßnahme vereinfacht die nachfolgende abschnittweise Bildbearbeitung.

- Die Längsüberdeckung p beträgt für die Stereoauswertung 60%, für die Herstellung von Orthophotos mindestens 20% und die Querüberdeckung q mindestens 20%. Für eine der Bildauswertung vorausgehende Aerotriangulation können auch eine größere Längsüberdeckung (z. B. 80%) sowie eine Querüberdeckung von 60% vorgesehen werden.

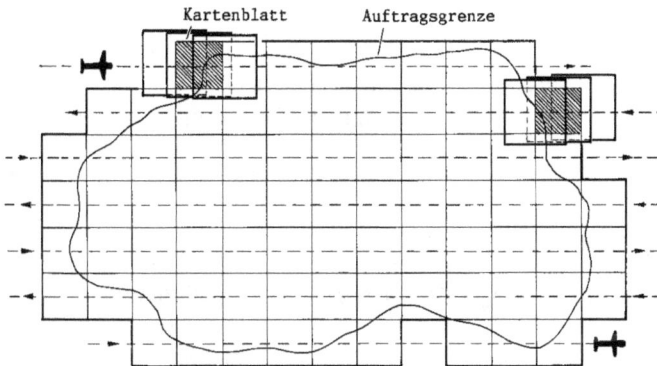

Abb. 4.1.29. Flugstreifenanordnung bei einer Flächenbefliegung unter Berücksichtigung eines vorgegebenen Kartenblattschnitts

Für die Aufnahme linienhafter Objekte folgen die Flugwege grundsätzlich dem Trassenverlauf (Trassenbefliegung), wobei die Anzahl der aufeinander folgenden Flugstreifen von dessen Krümmungsänderungen abhängig ist. Des Weiteren ergibt sich:

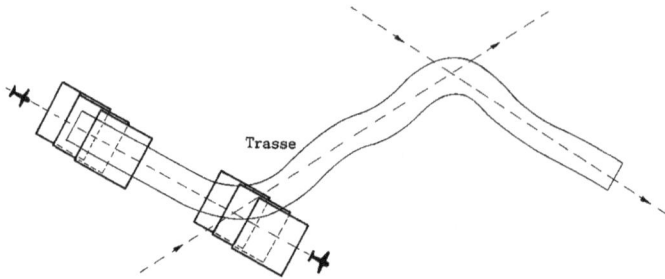

Abb. 4.1.30. Flugstreifenanordnung bei einer Trassenbefliegung

- Für die eigentliche Trassenbreite ist beidseitig ein Sicherheitsspielraum von etwa 20% einzuplanen, d. h. bei einer Breite von z. B. 500 m sind insgesamt 700 m zu erfassen.

- Trassenbreite und Flughöhe ü. G. sind, sofern die übrigen Anforderungen eingehalten werden können, ggf. auch nach Absprache mit dem Auftraggeber so abzustimmen, dass parallele Flugstreifen vermieden werden, da hierdurch der Aufwand für die Bildauswertung erheblich ansteigt.

- Zu wählende Längs- und ggf. auch Querüberdeckung entsprechen denen der Flächenbefliegung.

Nach Festlegung der Aufnahmekamera, und damit von Bildformat ($s'_q \times s'_p$) und Kamerakonstante c_k, sowie des Bildmaßstabs $M_b = 1/m_b$ ergeben sich als weitere Bildflugparameter:

Flughöhe über NHN: $\qquad\qquad h_{\text{NHN}} = h_g + h_G$

$\qquad$ wobei $\quad h_g = c_k \cdot m_b \quad$ Flughöhe ü. G.
$\qquad\qquad\qquad h_G \qquad\qquad$ mittlere Geländehöhe ü. NHN

Anzahl der Streifen: $\qquad\qquad n_q = \dfrac{L_q - s'_q \cdot m_b}{a} + 1$

$\qquad$ wobei $\quad L_q \qquad\qquad$ Breite des Aufnahmegebiets
$\qquad\qquad\qquad a = s'_q \cdot m_b \cdot (1 - q/100) \quad$ Streifenabstand
$\qquad\qquad\qquad s'_q \qquad\qquad$ Bildformat quer zur Flugrichtung
$\qquad\qquad\qquad q \qquad\qquad$ Querüberdeckung in %

Anzahl der Bilder je Streifen: $\quad n_p = \dfrac{L_p}{b} + 1$

$\qquad$ wobei $\quad L_p \qquad\qquad$ Flugstreifenlänge
$\qquad\qquad\qquad b = s'_p \cdot m_b \cdot (1 - p/100) \quad$ Aufnahmebasis
$\qquad\qquad\qquad s'_p \qquad\qquad$ Bildformat in Flugrichtung
$\qquad\qquad\qquad p \qquad\qquad$ Längsüberdeckung in %

Anzahl der Bilder insgesamt: $n = \dfrac{F_a}{F_n}$

wobei $\quad F_a \qquad$ Fläche des Aufnahmegebiets

$\qquad F_n = a \cdot b \quad$ Neufläche je Modell

Bildfolgezeit: $\qquad\qquad \Delta t = \dfrac{s'_p \cdot m_b}{v_g}\left(1 - \dfrac{p}{100}\right)$

wobei $\qquad v_g \quad$ Fluggeschwindigkeit ü. G.

Zu beachten ist, dass sich bei großen Geländehöhenunterschieden die Planung auf die höchsten Bereiche bezieht, d. h. es sind Kenntnisse über die Höhenverhältnisse erforderlich. Die Berechnung der Anzahl der Bilder für Flächenkameras ermöglicht eine Abschätzung der benötigten Filmkassetten bzw. des Speicherbedarfs. Bei einer Zeilenkamera ist eine Abstimmung von Fluggeschwindigkeit v_g, Zeilenauslesefrequenz v sowie Zeilenbreite Δx (Pixelgröße) auf der Geländeoberfläche erforderlich. Es gilt dann:

$$v_g = \Delta x \cdot v = \Delta x' \cdot m_b \cdot v$$

Bei einem Bildmaßstab von $1:20.000$, einer Zeilenauslesefrequenz von $750\,\text{Hz}$ und einer Pixelgröße von $\Delta x' = 6{,}5\,\mu\text{m}$ ergäbe sich eine maximale Fluggeschwindigkeit von etwa $350\,\text{km/h}$.

(4) Bildflugdurchführung

Die Durchführung einer Luftbildaufnahme (Bildflug) erfordert neben der Aufnahmekamera und einem geeigneten Luftfahrzeug weitere Einrichtungen bzw. Geräte und zwar für

- den Kamerabetrieb,
- die Bildflugnavigation und
- die direkte Bestimmung von Daten der äußeren Orientierung.

Die Kamera selbst wird in einer speziellen *Kameraplattform* gelagert, welche sich über einer Bodenöffnung im Flugzeug befindet. Sie dämpft Flugzeugvibrationen, ermöglicht eine (näherungsweise) Horizontierung der Kamera sowie die Einstellung eines durch die Einwirkung von Seitenwind auf das Flugzeug entstehenden Abtriftwinkels. Eine zusätzliche *Kreiselstabilisierung* sorgt ggf. während des Fluges dafür, dass die optische Achse der Kamera trotz der unvermeidlichen Flugzeugbewegungen näherungsweise lotrecht bleibt.

Die *Bildflugnavigation* erfolgte bis in die 1990er Jahre im Sichtflug, in kartographisch unerschlossenen Gebieten oder solchen ohne einprägsame Oberflächenstrukturen (Wüste, größere Wasserflächen) auch mittels relativ ungenauer und aufwendiger Instrumentennavigation (*Herms* 2003). Wichtiges Hilfsmittel der Sichtnavigation waren ein *Überdeckungsregler* und ein *Navigationsteleskop* (auch kombiniert miteinander), mit dem der Navigator das vorbeiziehende Gelände beobachtete, mittels einer Karte (je nach Flughöhe $M \leq 1 : 25.000$) mit den eingetragenen Flugtrassen verglich und dem Piloten entsprechende Anweisungen gab. Der Überdeckungsregler ermöglichte zugleich die automatische Übertragung eines beobachteten Abtriftwinkels und steuerte schließlich bei Einstellung einer vorgegebenen Längsüberdeckung die automatische Belichtungsauslösung der Kamera.

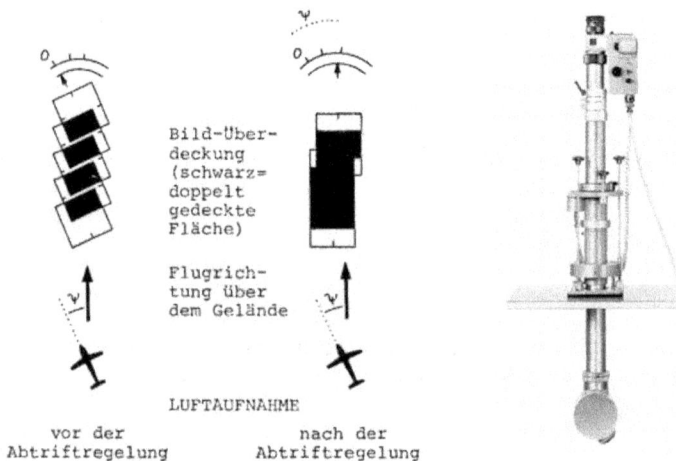

Abb. 4.1.31. Auswirkung der Abtrift infolge Seitenwindes und Navigationsteleskop für die Sichtnavigation beim Bildflug (*Carl Zeiss*, Oberkochen)

Die Ermittlung von Daten der äußeren Orientierung ist teilweise identisch mit der Aufgabe einer präzisen Bildflugnavigation (*Grimm* 2003, *Herms* 2003), eine Aufgabe, die auch als *Georeferenzierung* bezeichnet wird. Auch hier waren die instrumentellen Möglichkeiten sehr begrenzt, so dass weitgehend nur die indirekte Methode über Passpunkte bzw. Aerotriangulation infrage kam (vgl. 4.1.4). Erst die Entwicklung der Positionsbestimmung über GPS bzw. DGPS sowie die Lage- und Neigungsbestimmung über ein *Inertiales Navigationssystem* INS (bzw. *Inertiale Messeinheit* IMU) ermöglichte schließlich eine hinreichend genaue direkte Geo-Referenzierung. Während über DGPS eine hohe absolute Positionsgenauigkeit erreicht wird, bei allerdings geringer Messfrequenz, liefert die IMU eine relative Position mit abnehmender Genauigkeit bei sehr viel höherer Messfrequenz (vgl. *Kraus* 2004). Die Kombination beider führt zusammen mit der Bestimmung der Drehwinkel durch die IMU zu einer Positionsgenauigkeit von wenigen Dezimetern. Diese ist für die Bildflugnavigation als völlig ausreichend anzusehen, zumal die Führung des Bildflugzeuges auf einer

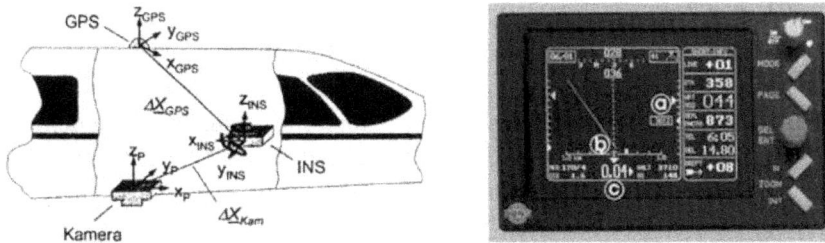

Abb. 4.1.32. Konfiguration von Aufnahmekamera, INS (IMU) und GPS beim Bildflug (nach *Cramer* 1999) sowie Anzeigeinstrument *Command and Display Unit CDU* (*IGI*, Kreuztal) für die Bildflugnavigation

Soll-Linie infolge der Flugzeugdynamik allenfalls auf ± 5 bis $10\,m$ genau möglich ist (*Ackermann u. a.* 1992). In vielen Fällen genügt die Genauigkeit auch für die zur Luftbildauswertung erforderlichen Daten der äußeren Orientierung (z. B. Orthophotoherstellung), zumindest aber unterstützend für eine nachfolgende Aerotriangulation. Für die Bildflugnavigation steht dem Piloten schließlich ein Anzeigeinstrument mit wesentlichen digitalen Daten sowie einer Analoganzeige der Ist- und Soll-Kurslinie zur Verfügung.

Flugzeuge für die Aufnahme mit Luftbild-Messkameras (Bildflugzeuge, Vermessungsflugzeuge) müssen neben wirtschaftlichen Aspekten bestimmte Anforderungen erfüllen:

- Die Möglichkeit zur Einrichtung von (verschließbaren) Bodenöffnungen für die Kamera und ggf. weitere Geräte,

- Instrumentenflugeinrichtungen für längere Flugstrecken auch in wenig erschlossenen Einsatzgebieten sowie Nutzungsmöglichkeit von Kurzstartbahnen,

- geringe Mindestfluggeschwindigkeit (z. B. 170 km/h) für großmaßstäbige Aufnahmen in geringer Flughöhe über Grund ($\geq 300\,m$), aber auch ausreichende Reisefluggeschwindigkeit sowie

- große Reichweite für entlegene Einsatzgebiete sowie eine ausreichende Gipfelhöhe ($\geq 6000\,m$ ü. NHN) und Druckkabine.

Das Bildflugpersonal besteht im Idealfall aus drei Personen (Pilot, Navigator, Kameraoperateur). Durch die Aufgabenverteilung sind bessere Bildflugergebnisse zu erwarten als bei zwei Personen oder gar nur einer Person. Letzteres ist zwar technisch möglich, kann sich aber infolge Überforderung nachteilig auf das Bildflugergebnis auswirken.

Bildflüge für die Messbildaufnahme, insbesondere auch in Mitteleuropa, unterliegen erheblichen Einschränkungen. Sie sollten vor der Belaubung im Frühjahr bzw. nach der Entlaubung im Herbst stattfinden, um Verdeckungen infolge des Bewuchses gering zu halten. Klare dunstfreie Sichtverhältnisse sind zwingend, da sonst Kontrast- und damit Informationsverluste zu erwarten sind. Auch Befliegungen unterhalb einer geschlossenen Wolkendecke und sonst ausreichenden Lichtverhältnissen sind möglich, wenn nur panchromatische Aufnahmen erforderlich sind. Dabei werden störende und eventuell nicht ausmessbare Schattenbereiche vermieden. Bei Farbaufnahmen ist ein wolkenloser Himmel unerlässlich. Wegen eines ausreichenden Sonnenstandes und geringen Dunstes ist der späte Vormittag günstigster Aufnahmezeitpunkt. Diese Einschränkungen haben zur Folge, dass zumindest in Mitteleuropa nur relativ wenige Bildflugtage für Messbildaufnahmen zur Verfügung stehen.

Da Bildflüge nicht zuletzt aus diesen Gründen, aber auch aus Kostengründen nicht beliebig wiederholbar sind, ist eine sorgfältige Bildflugplanung erforderlich. Deren Durchführung setzt neben genauen Angaben über den Zweck der Bildaufnahme sowie das Aufnahmegebiet vor allem hinreichende Kenntnisse und Erfahrungen der Bearbeiter voraus. Für Bildflugplanung und -durchführung stehen auch Programme der Kamerahersteller zur Verfügung.

4.1.9 Passpunktbestimmung

Die Bildauswertung setzt die Kenntnis der Daten der äußeren Orientierung voraus. Sind diese nicht oder nicht ausreichend genau bekannt, so benötigt man Passpunkte, d. h. Punkte deren Landeskoordinaten, ggf. auch -höhen, bekannt sind und welche im Bild identifizierbar und messbar sind. Anzahl und Anordnung sind abhängig von der Art der Auswertung.

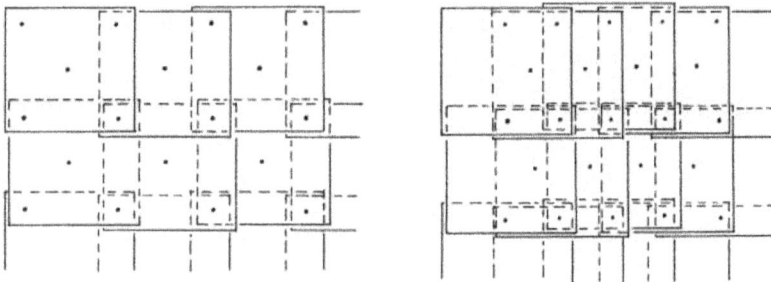

Abb. 4.1.33. Anordnung von Passpunkten für die Entzerrung von Einzelbildern und für die Stereoauswertung

Für die Einzelbildentzerrung von nahezu ebenem Gelände (vgl. 4.1.5) zur Herstellung einer Bildkarte sind mindestens 3 Lagepasspunkte (X, Y) je Bild erforderlich. Ein vierter Punkt zur Kontrolle ist praktisch unerlässlich. Liegen mehrere Bilder (Anzahl i) und Bildstreifen (Anzahl k) vor, so gilt für die Gesamtzahl n_P von Passpunkten bei entsprechender Anordnung in den Überdeckungsbereichen (vgl. auch *Rüger u. a.* 1978):

$$n_P = (k+1) \cdot (i+1)$$

Für die Auswertung eines Stereomodells (vgl. 4.1.6) sind mindestens zwei Lage- (X, Y) und drei Höhenpasspunkte (Z) erforderlich. Diese können auch miteinander kombiniert sein (Vollpasspunkte mit X, Y, Z). Ein weiterer Punkt ist jeweils zur Kontrolle vorzusehen. Bei Anordnung in einem Block von i Bildern und k Streifen ergibt sich bei fünf Passpunkten je Modell insgesamt:

$$n_P = 2 \cdot i \cdot k + i - k$$

Da i. d. R. nicht genügend sichtbare und auch entsprechend günstig gelegene Festpunkte vorliegen, ist die Bestimmung der Passpunkte mittels geodätischer Messungen erforderlich (s. u.), ein sehr zeitaufwendiges und personalintensives Verfahren. Daher werden heute bei Vorliegen längerer Bildstreifen bzw. eines Blockes die Daten der äußeren Orientierung durch Aerotriangulation bestimmt. Die hierfür erforderlichen Passpunkte werden dann idealerweise wie in Abb. 4.1.34 angeordnet, d. h. bei einer Längsüberdeckung von $p = 60\%$ und einer Querüberdeckung von $q = 20$–30% Vollpasspunkte mit X, Y, Z am Blockrand im Abstand $4 \cdot b$ bis $6 \cdot b$ sowie Höhenpasspunkte in den Streifen im Abstand $4 \cdot b$ (b Aufnahmebasis).

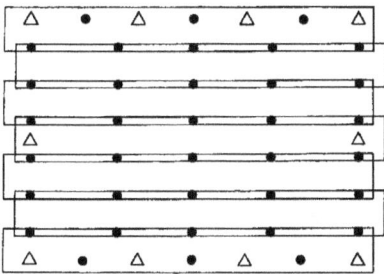

Abb. 4.1.34. Passpunktanordnung bei der Aerotriangulation (nach *Albertz/Wiggenhagen* 2009)

△ Vollpasspunkt

• Höhenpasspunkt

Als Passpunkte kommen zunächst *natürliche Objektpunkte* in Betracht, welche im Gelände und in den Bildern hinreichend genau identifizierbar und anmessbar sind. Als *Lagepasspunkte* sind besonders eindeutig definierbare Details auf oder nahe der Geländeoberfläche, wie Ecken gepflasterter Wege, Straßenmarkierungen, Schachtdeckel o. ä. geeignet. Weniger geeignet sind hochgelegene Punkte, wie Dachfirste, Schornsteine, Gebäudeecken o. ä., da diese mit der Messmarke des Auswertgeräts nur schwer oder wegen unterschiedlicher perspektiver Versetzungen in den Bildern z. T. gar nicht einstellbar sind.

Als *Höhenpasspunkte* sind horizontale, in ihrer Lage hinreichend definierbare Geländestellen mit einer günstigen Flächentextur geeignet, wie kleine Rasenflächen, Wegemitten, Fahrbahnbegrenzungen o. ä. Ungeeignet sind überstrahlte Flächen, Schattenflächen sowie hochgelegene Punkte.

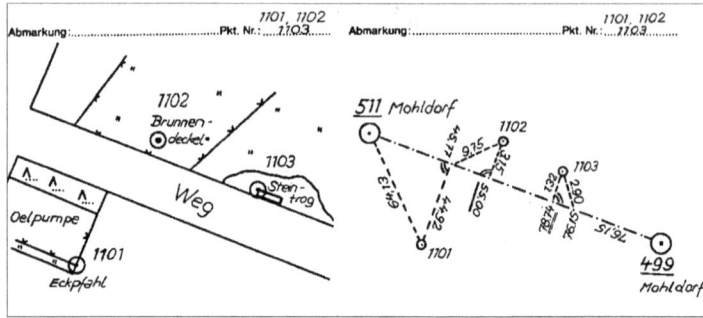

Abb. 4.1.35. Topographische Skizze und Einmessungsskizze für Lagepasspunkte (aus Grundkartenerlass *LVA Niedersachsen*)

Die Auswahl natürlicher Passpunkte kann nur nach der Befliegung erfolgen, d. h. sie wird nach einer Vorauswahl in den Papierabzügen der Bilder immer unmittelbaren im Gelände vorgenommen. Nur dadurch kann ihre Definierbarkeit und geeignete Lage in den Überlappungsbereichen der Bilder gewährleistet werden. Bei ihrer geodätischen Vermessung wird neben einer Einmessungsskizze auch eine topographische Skizze angefertigt, um bei der Auswertung eine eindeutige Identifizierung zu ermöglichen.

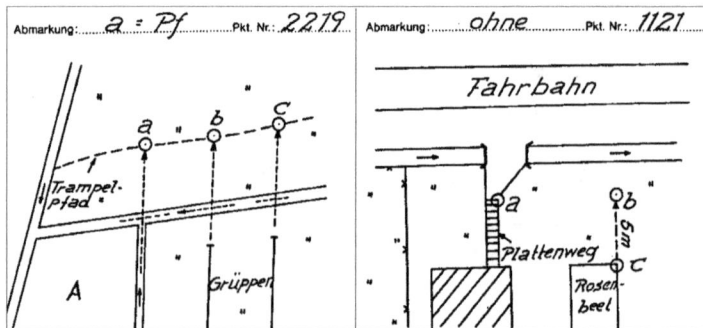

Abb. 4.1.36. Topographische Skizzen von Höhenpasspunkten (aus Grundkartenerlass *LVA Niedersachsen*)

Eine *Signalisierung* von Passpunkten ist erforderlich, wenn im Aufnahmegebiet nicht genügend oder nicht ausreichend genau definierbare natürliche Punkte zu erwarten sind, die Passpunkte zugleich einer nachfolgenden Absteckung dienen sollen, wie etwa bei einer Verkehrswegtrassierung, sowie für Festpunkte der Landesaufnahme (vgl. *Kasper* 1971). Als Signalformen kommen kreisförmige oder quadratische Kunststoffmarken (im freien Gelände) oder Farbmarkierungen (auf Beton oder Asphalt) in Weiß oder Gelb infrage. Für den Durchmesser bzw. die Seitenlänge gilt in

Abhängigkeit vom Bildmaßstab:

$$d \approx \frac{m_b}{300} \quad [\text{cm}] \qquad (\text{mindestens jedoch 20 cm}).$$

Bei einem Bildmaßstab von 1 : 6000 beträgt $d = 20$ cm und bei 1 : 20.000 etwa 70 cm. Um das Auffinden im Bild zu erleichtern, werden zusätzlich im Abstand $2–3 \times d$ vom eigentlichen Signal zwei oder vier Hinweisstreifen von etwas geringerer Breite und etwa 4–5-facher Länge angebracht. Üblich sind auch Kreisringe mit entsprechendem Abstand.

Wichtig ist ein ausreichender Kontrast zur Umgebung, d. h. helle Beton- und Sandflächen sind ungeeignet. Zu starker Kontrast kann wiederum zu Überstrahlungen des (weißen) Signals im Bild und damit zu Schwierigkeiten bei der exakten Einstellung mit der Messmarke bei der Auswertung führen. Zu beachten sind weiterhin mögliche Verdeckungen durch Bauwerke oder Schattenbereiche. Da zwischen Signalisierung und Befliegung häufig ein längerer Zeitraum liegt, sollten die Signale nach Möglichkeit an weniger frequentierten Stellen bzw. zerstörungssicher aufgebracht werden. Schließlich ist auch bei sorgfältigster Planung nicht gewährleistet, dass die Punkte später auch in den Überlappungsbereichen der Bilder liegen.

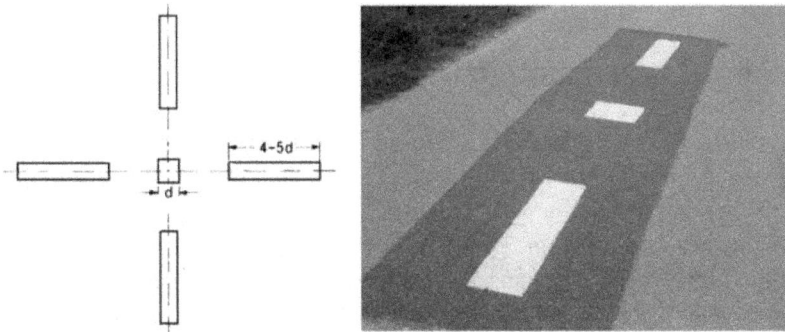

Abb. 4.1.37. Beispiel einer Signalform für Passpunkte und Signal auf Asphalt mit kontrastverstärkender Umrandung

Für die Lage- und Höhenbestimmung der Passpunkte kommen prinzipiell alle geodätischen Messverfahren in Betracht, wobei wegen der häufig recht großen Abstände zwischen den Passpunkten wenn möglich der Satellitenpositionierung der Vorzug zu geben ist.

Die Genauigkeit der Passpunkte sollte etwa dreifach höher sein als die des Endprodukts, da dann entsprechend der Fehlerfortpflanzung ihr Einfluss auf dessen Genauigkeit gering ist. Auch wenn heute zunächst die Erzeugung eines digitalen topographischen Modells im Vordergrund steht, dessen Genauigkeit i. A. der Erfassungsgenauigkeit entspricht, ist es sinnvoll, sich an der Genauigkeit der i. d. R. hieraus resultierenden graphischen Produkte zu orientieren. Deren Lagegenauigkeit beträgt ±0,2 mm (graphische Genauigkeit, vgl. 2.1.2). Damit ergäbe sich für die Lagegenauigkeit der Passpunkte:

$$\sigma_{X,Y} = \pm\frac{1}{3}\left(0,2 \cdot \frac{m_k}{1000}\right) \quad [m] \qquad m_k \quad \text{Kartenmaßstabszahl}$$

Für die Höhengenauigkeit der Passpunkte gilt dann entsprechend der Auswertgenauigkeit für natürliche Punkte (vgl. 4.1.7):

$$\sigma_H = \pm\frac{1}{3}(0,15\text{\textperthousand} \cdot h_g)$$

Für einen Kartenmaßstab 1 : 5000 und eine gefordert Genauigkeit für natürliche Höhenpunkte von ±0,2 m ergäbe sich für die Passpunkte eine Lagegenauigkeit von ±33 cm und eine Höhengenauigkeit von ±7 cm. Für eine vorausgehende Aerotriangulation mit signalisierten Passpunkten sind ggf. höhere Genauigkeiten zu fordern.

Insgesamt ist die Passpunktbestimmung eine sehr anspruchsvolle Aufgabe und stellt zugleich einen erheblichen Kostenfaktor dar. Ihre sachgerechte Planung und Durchführung erfordert daher sehr viel Erfahrung.

4.2 Aero-Laserscanning (ALS)

Erste Versuche in den 1970er Jahren, Laser-Entfernungsmesser zur Ermittlung von Geländehöhen vom Flugzeug aus einzusetzen, waren wegen der unzureichenden Möglichkeiten zur Bestimmung der Sensororientierung wenig erfolgreich. Erst die Entwicklung der Positions- und Neigungsbestimmung mittels DGPS und INS führte zu Beginn der 1990er Jahre zunächst zur erfolgreichen Höhenaufnahme durch Laserprofilmessung (*Ackermann u. a.*1992, *Lindenberger* 1993) und schließlich zur flächenhaften Erfassung des Geländes durch das *Laserscanning*, in Anlehnung an das Radar auch als *LIDAR* (Light Detection and Ranging) bezeichnet.

Inzwischen hat das Verfahren enorme Fortschritte gemacht, sowohl hinsichtlich seiner Leistungsfähigkeit als auch seines Anwendungsspektrums, wie nicht zuletzt eine nahezu unüberschaubare Zahl von Veröffentlichungen belegt, und es hat die großflächige Höhenaufnahme durch die Stereophotogrammetrie nahezu vollständig abgelöst.

4.2.1 Laser-Distanzmessung

Die Entfernungsmessung mit elektromagnetischen Wellen ist seit den 1970er Jahren Standard in der vermessungstechnischen Praxis. Von besonderer Bedeutung ist hierbei die elektrooptische Messung, d. h. die Verwendung des längerwelligen sichtbaren

Lichtes ($\lambda \approx$ 600–700 nm) sowie die des nahen Infrarots ($\lambda \approx$ 700 nm–1 mm). Elektrooptische Distanzmesser bestehen i. W. aus einem Sender (z. B. GaAs-Diode), welcher eine durch ein Messsignal modulierte Trägerwelle aussendet, einem Empfänger (Photodiode) und einer Einrichtung zur Verarbeitung des empfangenen Signals.

Zur Ermittlung der Entfernung kommen zwei Verfahren in Betracht. Bei dem i. A. vorwiegend bei Tachymetern (vgl. 3.1.2) angewandten *Phasenvergleichsverfahren* wird die Trägerwelle durch ein längerwelliges Signal in seiner Amplitude sinusförmig moduliert. Die Entfernung wird dann indirekt mit Hilfe der Phasenverschiebung zwischen ausgesandtem und reflektiertem Signal ermittelt. Weitere Einzelheiten entnehme man der Literatur zur Vermessungskunde, z. B. *Kahmen* (2006), *Witte/Schmidt* (2006).

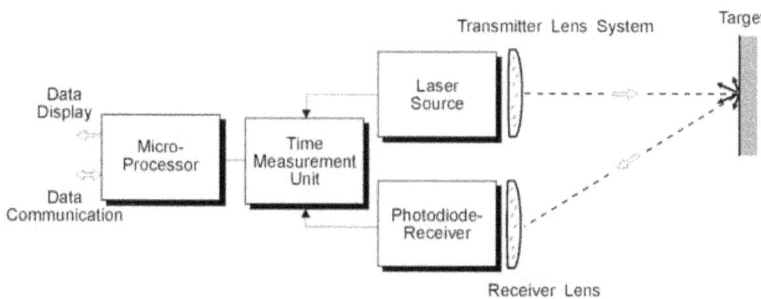

Abb. 4.2.1. Prinzip der Laser-Distanzmessung durch das Impulslaufzeitverfahren (© *Riegl*, Horn/Austria)

Beim *Impulsverfahren* wird die Laufzeit t eines auf die Trägerwelle aufmodulierten elektromagnetischen Impulses zwischen Sender, Reflexionsfläche (Prisma, natürliches oder künstliches Objekt) und Empfänger mittels eines Laufzeitmessers bestimmt. Damit ergibt sich, wenn c_0 die Ausbreitungsgeschwindigkeit der ausgesandten Strahlung ist, für die einfache Entfernung r (range):

$$r = \frac{c_0 \cdot t}{2}$$

Vom Impulsverfahren macht man auch beim Laserscanning Gebrauch. Die Möglichkeit zur Erzeugung und Verstärkung einer kohärenten Strahlung, d. h. einer Strahlung gleicher Frequenz und Phase, durch sog. ‚stimulierte Emission‘ wurde für den Bereich des sichtbaren Lichtes und Nahen Infrarot erstmals 1960 mit dem *Laser* (*L*ight *a*mplification by *s*timulated *e*mission of *r*adiation) realisiert. Anders als das natürliche ist das durch einen Laser erzeugte Licht nahezu monochromatisch, stark gebündelt und von hoher Intensität. Diese Eigenschaften machen die Verwendung eines Lasers als Strahlungsquelle insbesondere für das Airborne-Laserscanning interessant, da hier die Signalübertragung zwischen Sender und Empfänger erheblichen Störeinflüssen ausgesetzt ist, für deren Überwindung eine hohe Strahlungsenergie erforderlich ist.

Das vom Laser ausgesandte Messsignal durchläuft vor und nach der Reflexion an der Erdoberfläche zweimal die Atmosphäre und wird hierbei teilweise absorbiert und diffus gestreut. Zugleich wird hierdurch die sog. Gruppengeschwindigkeit, mit der sich der Laserimpuls fortbewegt und die von der Lichtgeschwindigkeit um bis zu 0,03% abweicht, beeinflusst (*Wagner u. a.* 2003). Das empfangene Signal wird weiterhin durch die von der Atmosphäre und der Erdoberfläche gestreute und remittierte Sonnenstrahlung bzw. Himmelsstrahlung überlagert.

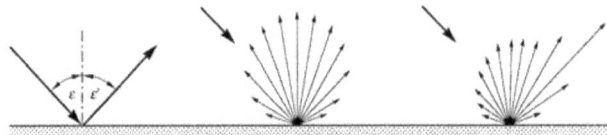

Abb. 4.2.2. Spiegelnde, diffuse und gemischte Reflexion einer schräg einfallenden Strahlung (nach *Albertz* 2009)

Schließlich hängt die Intensität des reflektierten Signals in erheblichem Maße von der Beschaffenheit der Geländeoberfläche bzw. der darauf befindlichen Objekte ab. Deren physikalischen Eigenschaften (Oberflächenmaterial, Feuchtigkeit u. a.) führen zu unterschiedlicher Absorption und Reflexion. Die Reflexion wird ihrerseits vom Einfallswinkel zwischen Objektoberfläche und auftreffender Strahlung sowie der Oberflächenrauhigkeit bestimmt. An Oberflächen, deren Rauhigkeit im Verhältnis zur Wellenlänge der auftreffenden Strahlung gering ist (z. B. Metallflächen), kommt es zu einer spiegelnden und an allen anderen zu einer diffusen bzw. gemischten Reflexion.

Den aufgeführten Einflüssen kann zum Teil durch besondere Maßnahmen entgegengewirkt werden. So führt die monochromatische Eigenschaft der Laserstrahlung zu einem engen Frequenzbereich (z. B. 900 nm), wodurch das Herausfiltern störender natürlicher Strahlung erleichtert wird. Des Weiteren kann der Öffnungswinkel der Strahlenbündel durch optische Komponenten bis auf 0,01° verringert werden, was in einer Aufnahmentfernung von 1000 m einem Bündeldurchmesser von 0,2 m entspricht und damit zu einer verbesserten Bodenauflösung führt. Weitere Einzelheiten zu den physikalischen Gegebenheiten findet man bei *Lindenberger* (1993) sowie *Wagner u. a.* (2003).

4.2.2 Aufnahmetechnik

Ziel einer ALS-Aufnahme ist die Erfassung einer Objektoberfläche durch eine Vielzahl zunächst nicht definierter Punkte sowie die Rekonstruktion dieser Fläche im übergeordneten Koordinatensystem (X, Y, Z). Das Messprinzip entspricht dem der Polaraufnahme (vgl. 3.1.1), d. h. sind Position und Neigung des Messsystems im o. g.

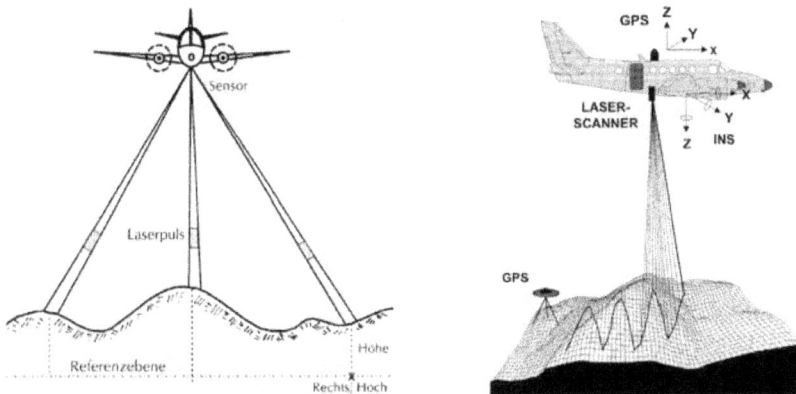

Abb. 4.2.3. Prinzip der Geländeerfassung mittels Airborne-Laserscanning (nach *Katzenbeisser u. Kurz* 2004 bzw. *Kilian u. Englich* 1994)

Koordinatensystem im Moment der Messung bekannt, lassen sich aus der Entfernung und dem Winkel des Messstrahls in Bezug auf eine definierte Bezugsrichtung Koordinaten und Höhe eines jeden Neupunktes berechnen.

Das hierfür erforderliche Aufnahmesystem (Sensor) besteht aus dem eigentlichen Scanner sowie aus einem GPS-Empfänger und einer inertialen Messeinheit (IMU) zur Bestimmung seiner Position und Neigungen während des Fluges. Letzteres ist praktisch identisch mit der Bestimmung der äußeren Orientierung einer Luftbildkamera beim Bildflug (vgl. 4.1.8). Der Scanner seinerseits besteht aus dem Laser-Entfernungsmesser und einer Scaneinrichtung, die den Messstrahl kontinuierlich quer zur Flugrichtung senkrecht nach unten ablenkt. Hinzukommen Hard- und Software zur Steuerung des Systems und Speicherung der Messdaten.

Die heute verwendeten Scanner basieren i. d. R. auf dem Prinzip der Impulsmessung, unterscheiden sich jedoch hinsichtlich der Scaneinrichtung. Diese hat zunächst die Aufgabe, die Strahlungsrichtung durch seitliche Ablenkung permanent zwischen den einzelnen ausgesandten Laserpulsen zu verändern. Hierdurch und durch die Vorwärtsbewegung des Flugzeugs wird ein Geländestreifen durch Punkte flächendeckend erfasst, wobei deren Abstand und Verteilung von der Fluggeschwindigkeit und Flughöhe, der Scanfrequenz und der Ablenkeinrichtung abhängen. Für letztere gibt es unterschiedliche konstruktive Lösungen: Rotierende Spiegel (Rotations-, Schwing-, Pyramiden-, Facetten- oder Polygonspiegel) sowie eine feststehende Faseroptik (*Katzenbeisser u. Kurz* 2004, *Pfeifer u. Briese* 2007). Beispielhaft seien hier drei, bei Airborne-Laserscannern übliche Scanvorrichtungen kurz beschrieben.

Beim *Schwingspiegel-Scanner* befindet sich vor dem waagerecht installierten Entfernungsmesser ein zwischen zwei extremen Positionen rotierender Spiegel, der den Messstrahl um 90° nach unten ablenkt und durch seine oszillierende Bewegung zu einer sinus- bzw. sägezahnartigen Punktverteilung führt. Infolge des Abbremsens und

Beschleunigens des Spiegels in den Umkehrpunkten ergibt sich eine unterschiedliche Punktdichte. Durch Veränderung der maximalen Spiegelauslenkung sowie Drehgeschwindigkeit kann die Punktaufnahme an unterschiedliche Flughöhen und Streifenbreiten angepasst werden.

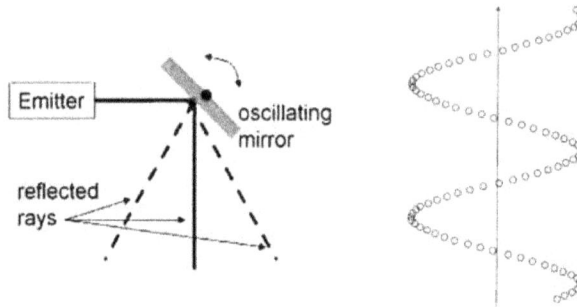

Abb. 4.2.4. Prinzip des Schwingspiegel-Scanners (nach *Pfeifer u. Briese* 2007) sowie sinusförmige Verteilung der Messpunkte (nach *Katzenbeisser u. Kurz* 2004)

Der *Polygon-Scanner* verfügt anstelle des Schwingspiegels über einen mit konstanter Geschwindigkeit rotierenden *Polygonspiegel*, der den Laserstrahl zwischen den Streifenseiten linear ablenkt und damit für eine kontinuierliche Aneinanderreihung von parallelen Punktreihen sorgt. Die Rotationsgeschwindigkeit kann in Abhängigkeit von Fluggeschwindigkeit, -höhe und gewünschter Punktedichte verändert werden. Von Vorteil sind die Stabilität der Scaneinrichtung sowie die gleichmäßige Punktverteilung. Zur Veränderung der zu erfassenden Streifenbreite bedarf es zusätzlicher optischer Elemente.

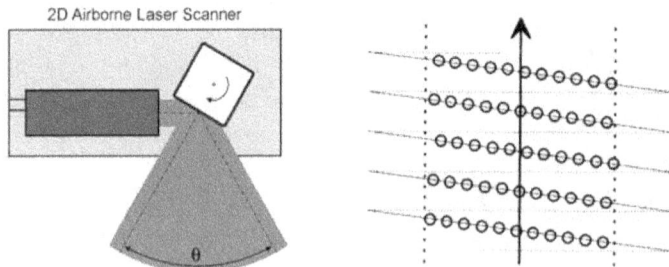

Abb. 4.2.5. Beispiel eines ‚Polygon-Scanners' (© *Riegl*, Horn/Austria) sowie Verteilung der Messpunkte (nach *Katzenbeisser u. Kurz* 2004)

Beim *Faser-Scanner* werden die Laserimpulse durch fest angeordnete Glasfaser-bündel, deren einzelne Fasern einen konstanten Winkel zueinander einschließen, jeweils getrennt für Sender und Empfänger geleitet. Um eine möglichst günstige Flächendeckung zu erreichen, kann der Scanner während der Aufnahme in einen ‚Schwingmodus' versetzt werden. Der Vorteil dieses Scanners liegt in der mechanischen und damit geometrischen Stabilität. Die Erfassungsbreite ist hierdurch allerdings immer abhängig von der Flughöhe, kann allerdings durch optische Vorsätze verändert werden.

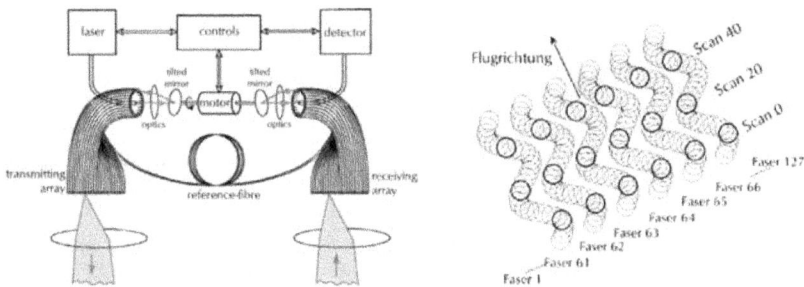

Abb. 4.2.6. Prinzip eines Faser-Scanners sowie Verteilung der Messpunkte durch einen ‚Schwingmodus' bei der Aufnahme (© *TopoSys*, Biberach)

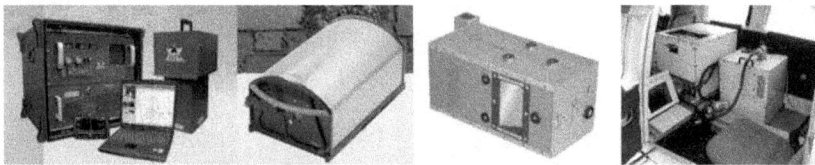

Scanner	Opt. ALTM Gemini	Leica ALS50 II	Riegl LMS-Q680	TopoSys FALCONIII
Wellenlänge	1560 nm	NIR	NIR	1540 nm
Messfrequenz	$\leq$ 167 kHz	$\leq$ 200 kHz	$\leq$ 240 kHz	50–125 kHz
Strahlendivergenz	$\leq$ 0,8 mrad	0,22 mrad	0,5 mrad	0,7 mrad
Scan-Frequenz	$\leq$ 100 Hz	$\leq$ 100 Hz	20–200 Hz	165–415 Hz
Scan-Winkel	$\leq \pm 25°$	$\leq \pm 37.5°$	$\leq \pm 30°$	$\pm 14°$
Echo-Empfang	4 Echos/Puls	4 Echos/Puls	Full wavef.	Full wavef.
Flughöhe ü. G. h_g	$\leq$ 4000 m	$\leq$ 6000 m	$\leq$ 3000 m	$\leq$ 2500 m
Streifenbreite	$\leq 0,93 \cdot h_g$	$\leq 1,53 \times h_g$	$\leq 1,15 \cdot h_g$	$0,46 \cdot h_g$
Genauigkt. Z	$\pm 0,2$ m	$\leq \pm 0,24$ m	$\pm 0,2$ m	$\pm 0,1$ m
Genauigkeit X, Y	$\pm 0\,002 \cdot h_g$	$\leq \pm 0,64$ m	$\pm 0,2$ m	$\pm 0,2$ m
Scan-Einricht.	Osz. Spiegel	Osz. Spiegel	Polygonsp.	Faseroptik

Abb. 4.2.7. Beispiele für Airborne-Laserscanner sowie deren Parameter von *Optech* (Toronto/Can.), *Leica Geosystems* (Heerbrugg/Schw.), *Riegl* (Horn/Aus.) sowie *TopoSys* (Biberach)

Teilweise werden optoelektronische Mittelformat- oder Zeilen-Messkameras in die Aufnahmeeinrichtung integriert, welche den gleichen Geländestreifen wie der Laserscanner erfassen. Hierdurch besteht die Möglichkeit unmittelbar nach der Erzeugung eines digitalen Oberflächenmodells DOM sog. ‚*True-Orthophotos*' herzustellen (vgl. 5.3.2).

Abb. 4.2.8. Mehrfachechos eines ausgesandten Laserimpulses an unterschiedlichen Objekten (nach *Katzenbeisser u. Kurz* 2004)

Die Erfassung der Geländeoberfläche, insbesondere in für die Luftbildmessung unzugänglichen Vegetationsflächen, stand zunächst im Mittelpunkt der Laserdistanzmessung vom Flugzeug aus. Bei Auftreffen eines Laserstrahlenbündels auf ein Objekt über der Geländeoberfläche können Anteile von in unterschiedlicher Höhe befindlichen Objektteilen (z. B. Krone und Äste eines Baumes, Hausdach, Erdboden) reflektiert werden und führen zu kurz aufeinander folgenden Echoimpulsen unterschiedlicher Intensität. Zunächst gelang es, in diesen Fällen den ersten und letzten Impuls aufzuzeichnen (*First* bzw. *Last Pulse*), um so eine Trennung zwischen Punkten auf und oberhalb der Geländeoberfläche zu ermöglichen.

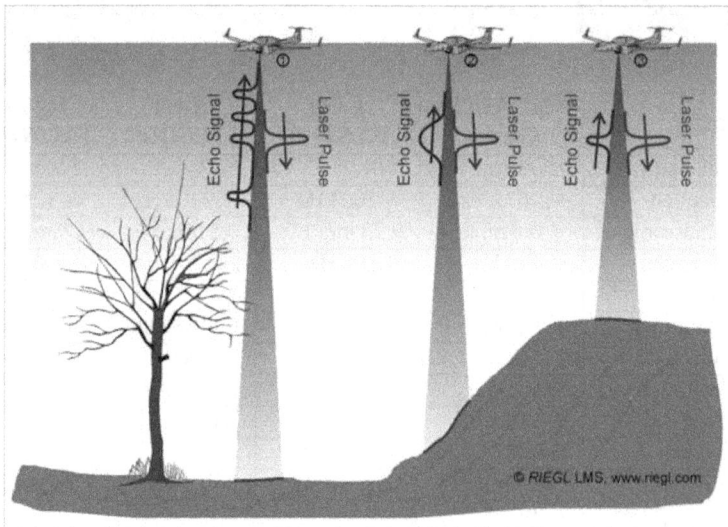

Abb. 4.2.9. Echoimpulse nach Reflexion an unterschiedlichen Objekten bzw. Bodenflächen (© *Riegl*, Horn/Austria)

Unabhängig von der Scaneinrichtung verfügen heutige Geräte über die Möglichkeit, Mehrfachreflexionen und auch die Intensität der reflektierten Signale aufzuzeichnen (*Full-Waveform*-Registrierung). Die Abbildung 4.2.9 zeigt das Signalverhalten eines ausgesandten Laserpulses nach Auftreffen auf drei unterschiedliche Objekte. Im Fall 1 treffen Teile des Laserpulses auf die Äste eines Baumes und werden von dort entsprechend dem Tiefenunterschied zu unterschiedlichen Zeiten reflektiert. Ein Teil erreicht auch die Geländeoberfläche und bildet das letzte Echosignal. Im Fall 2 trifft der Laserpuls auf eine geneigte Geländeoberfläche und führt dadurch zu einem zeitlich und damit räumlich ausgedehnten Echosignal. Schließlich wird im Fall 3 der Laserpuls an einer horizontalen Oberfläche reflektiert und in nahezu unveränderter Form zurückgesandt. Insbesondere infolge diffuser Reflexion und Absorption (vgl. 4.2.1) sind alle Echosignale in ihrer Amplitude abgeschwächt.

Das Prinzip von Datenempfang und -registrierung ist in Abbildung 4.2.10 dargestellt. Der ausgesandte Laserimpuls wird durch drei über dem Boden befindliche Objektteile (hier Äste eines Baumes) in drei Echopulse ‚zerlegt‘, gefolgt von dem Echo der Bodenreflexion (obere Zeile). Diese werden als Analogsignale nacheinander empfangen, in konstante Zeitintervalle umgewandelt (mittlere Zeile) und schließlich digitalisiert und registriert (untere Zeile).

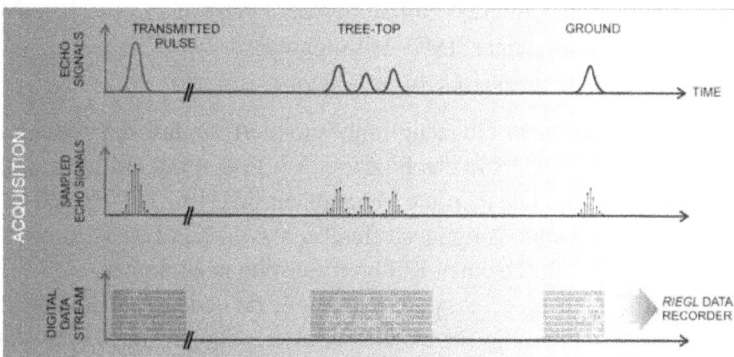

Abb. 4.2.10. Prinzip der Datenregistrierung beim ‚Full-Waveform‘-Verfahren (© *Riegl*, Horn/Austria)

4.2.3 Datenverarbeitung

Vorrangige Aufgabe ist die Ermittlung von Landeskoordinaten und -höhen aus den Messwerten. Hierzu sind folgende Schritte erforderlich:

- Berechnung der Entfernungen r zwischen Scanner und Zielpunkten, wobei sich bei Mehrfachreflexionen eine entsprechende Anzahl von Entfernungen für den jeweils ausgesandten Impuls ergeben kann. Zusammen mit dem jeweiligen Scanwinkel α liegen damit die Polarkoordinaten (r, α) der Reflexionspunkte P bezogen auf den jeweiligen Aufnahmeort vor.

- Transformation der Bodenpunkte P mit Hilfe eines Positions- und Orientierungs-
  systems (POS), bestehend aus einem GPS-Empfänger und einer Inertialen Messeinheit (IMU) durch *direkte Georeferenzierung* zunächst in das übergeordnete
  Koordinatensystem (X, Y, Z). Dies entspricht prinzipiell der Ermittlung der Daten der äußeren Orientierung bei der Luftbildauswertung.

Die mathematischen Zusammenhänge ergeben sich aus der folgenden Gleichung
(*Pfeifer u. Briese* 2007):

$$
\begin{pmatrix} X \\ Y \\ Z \end{pmatrix} = \begin{pmatrix} X_0 \\ Y_0 \\ Z_0 \end{pmatrix} + \mathbf{R}_{\omega,\varphi,\kappa} \left(\mathbf{t} + \mathbf{R}_m \begin{pmatrix} 1 & 0 & 0 \\ 0 & \cos\alpha & \sin\alpha \\ 0 & -\sin\alpha & \cos\alpha \end{pmatrix} \begin{pmatrix} 0 \\ 0 \\ -r \end{pmatrix} \right)
$$

X, Y, Z	Koordinaten des Bodenpunktes im übergeordneten System
X_0, Y_0, Z_0	Position des Phasenzentrums der GPS-Antenne im X, Y, Z-System (aus DGPS-Messungen)
$\mathbf{R}_{\omega,\varphi,\kappa}$	Drehmatrix mit den Funktionen der Drehwinkel (aus IMU)
$\mathbf{t}$	Vektor zwischen GPS-Phasenzentrum und Nullpunkt des Laser-Distanzmessers (GPS-Offset)
$\mathbf{R}_m$	Drehmatrix mit den Funktionen der Drehwinkel zwischen IMU und Laserscanner (IMU-Misalignment)
r, α	Polarkoordinaten des Bodenpunktes

Die GPS-Antenne ist auf dem Flugzeugrumpf montiert, so dass der Antennen-Offset
nach Einbau des Laserscanners in das Flugzeug am Boden mit Hilfe eines Tachymeters ermittelt werden kann. Die inertiale Messeinheit IMU ist i. d. R. in den Laserscanner integriert und bestehende Neigungsdifferenzen zwischen Laserscanner und IMU
(Misalignment) sind nur durch einen Kalibrierungsflug bestimmbar.

Prinzipiell müssen für jede Messung und damit für jeden Bodenpunkt die sechs
Daten der äußeren Orientierung für die Datenauswertung zur Verfügung stehen. Bei
einer Messfrequenz von z. B. 100 kHz, d. h. 100.000 Messungen pro Sekunde, sind
100.000×6 Parameter zu bestimmen. Die Messfrequenz der GPS-Empfängers beträgt
1–2 Hz und die der IMU maximal 200 Hz (*Würländer u. Wenger-Oehn* 2007), so dass
bei einer üblichen Fluggeschwindigkeit von 60 m/s ($\approx$ 216 km/h) maximal alle 30 m
eine GPS-Position und maximal alle 0,3 m interpolierbare Zwischenpositionen und
Drehwinkel zur Verfügung stehen.

Die Koordinaten X, Y, Z sind schließlich in ein Landessystem (z. B. UTM) zu
transformieren, falls sie nicht schon über die DGPS-Bodenstationen im Landessystem
vorliegen. Hierbei erhält man neben den (verebneten) Landeskoordinaten zunächst
ellipsoidische Höhen. Für orthometrische Höhen im jeweiligen Landeshöhensystem
müssen noch die Geoidhöhen (Geoidundulationen), d. h. die Differenzen zwischen
Geoid und dem jeweilig zugrunde liegenden Ellipsoid, berücksichtigt werden (vgl.
Kraus 1996 u. 2000).

Für eine Kontrolle und ggf. Genauigkeitssteigerung ist eine *integrierte Sensor-orientierung* sinnvoll. Der Grundgedanke entspricht dem der Aerotriangulation bei der Verbesserung der Daten der äußeren Orientierung der Bildstreifen einer Zeilen-kamera (vgl. auch 4.1.4). Infolge zufälliger und vor allem auch systematischer Feh-ler werden im Überdeckungsbereich ($\geq$ 10%) zwischen benachbarten Laserscanner-Streifen höhen- und lagemäßige Differenzen auftreten, welche mittels identischer *Verknüpfungselemente* minimiert werden können. Durch terrestrisch bestimmte *Pass-elemente* können schließlich die Daten der äußeren Orientierung verbessert werden. Bei den Verknüpfungs- und Passelementen handelt es sich anders als bei den Verknüp-fungs- und Passpunkten der Luftbildmessung um kleinere Flächen (Patches), welche nur durch mehrere (unregelmäßig verteilte) Laserpunkte im jeweiligen Streifen defi-niert sind. Für die Höheneinpassung kommen möglichst horizontale Ebenen und für die Lageeinpassung definierbare Objekte (z. B. geneigte Dachflächen) infrage (*Len-hart u. a.* 2006). Über eine strenge Lösung für die o. g. Verfahrensschritte, auch als relative und absolute Georeferenzierung bezeichnet, durch eine simultane Ausglei-chung berichten *Kager* (2003) sowie *Kager u. Ressl* (2006).

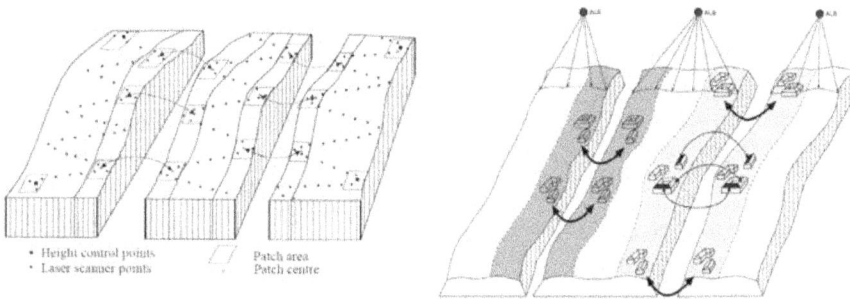

Abb. 4.2.11. Prinzip der Höhen- und Lage-Verknüpfung benachbarter ALS-Streifen (nach *Kager* 2003 bzw. *Kager u. Ressl* 2006)

4.2.4 Erzeugung digitaler Modelle

In den letzten Jahren hat das Aero-Laserscanning infolge der technischen Entwick-lung zunehmend an Bedeutung gewonnen. So findet es Anwendung zur

- Gewinnung von digitalen Oberflächenmodellen (DOM), insbesondere in bebau-ten Gebieten für die Herstellung sog. True-Orthophotos,
- Gewinnung digitaler Geländemodelle (DGM),
- Gewinnung von digitalen Stadtmodellen,
- Planung und Erfassung von Hochspannungsleitungen,
- Ermittlung von Baumhöhen und Waldbeständen in der Forstwirtschaft sowie
- Ableitung von Intensitätsmodellen.

Eine aus einem Laserdatensatz gebildete Punktwolke enthält zunächst alle Punkte, welche als Reflexionssignal aufgezeichnet wurden, d. h. Geländepunkte, Situationspunkte (Dächer, Straßen, Stromleitungen u. a.) und Vegetationspunkte. Die Erfassung von Situationsobjekten hängt von deren Ausdehnung und der Punktdichte ab. Insbesondere im Vegetationsbereich erhält man durch Aufzeichnung von Mehrfachreflexionen (z. B. Baumkrone, Äste, Boden) und unterschiedliche Vegetationsarten und -dichte keine einheitliche Fläche. Für alle Anwendungen ist daher durch Filter-Algorithmen eine Klassifizierung der die unterschiedlichen Objekte repräsentierenden Laserpunkte erforderlich.

Für topographische Zwecke ist vor allem die Erzeugung *digitaler Geländemodelle* von Interesse. Zunächst können hierfür alle Last-Pulse-Signale herangezogen werden. Diese repräsentieren infolge ggf. vorhandener Bebauung und Vegetation nicht zwangsläufig die Geländeoberfläche, sondern bilden ein Oberflächenmodell (DOM). Aufgabe ist es daher, alle oberhalb des Geländes befindlichen Punkte herauszufiltern, d. h. Geländepunkte (Bodenpunkte) von ‚Nicht-Bodenpunkten‘ zu trennen. Hierfür sind in der Vergangenheit verschiedenen Verfahren entwickelt worden, von denen drei näher vorgestellt werden (*Pfeifer* 2003, *Kraus* 2000 u. 2004).

Die *morphologische Filterung* geht davon aus, dass der Höhenunterschied benachbarter Bodenpunkte sich nicht abrupt verändert. Zunächst werden sog. Strukturelemente gebildet, welche die zulässigen Höhenunterschiede in Abhängigkeit von der Horizontalentfernung zwischen den Bodenpunkten beschreiben. Das Strukturelement wird ausgehend von einer unterhalb der gesamten Punktmenge befindlichen Ebene nacheinander in jedem Punkt horizontal zentriert und in Z-Richtung solange verschoben, bis der erste innerhalb seines Umkreises (z. B. 10 m) befindliche Punkt erreicht wird. Handelt es sich nicht um den Ausgangspunkt, auf den das Strukturelement zentriert wurde, so wird der Punkt nicht als Geländepunkt akzeptiert. Auf diese Weise wird die gesamte Punktwolke bearbeitet. Für das Verfahren gibt es verschiedene Variationen.

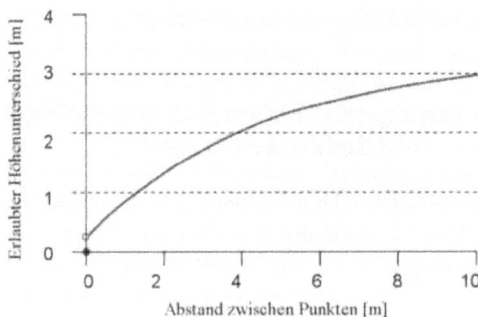

Abb. 4.2.12. Zulässiger Höhenunterschied zwischen zwei Bodenpunkten in Abhängigkeit von der Horizontalentfernung beim Strukturelement einer morphologischen Filterung (nach *Pfeifer* 2003)

Bei der *progressiven Tin-Verdichtung* werden zunächst als sicher anzusehende Bodenpunkte durch Triangulation zu einem Dreiecksnetz vermascht (vgl. auch 5.2.1). Alle innerhalb eines Dreiecks befindlichen Punkte *P* bilden dann mit ihren Verbindungslinien zu den Dreieckspunkten (A_i) und der Dreiecksfläche Vertikalwinkel α_i. Überschreiten diese einen vorgegebenen Wert, werden die jeweiligen Punkte nicht als Bodenpunkte akzeptiert. Auf diese Weise erfolgen die Überprüfung aller Punkte innerhalb eines Dreiecks sowie die Bearbeitung aller weiteren Dreiecke. Auch für diese Methode gibt es unterschiedliche Varianten.

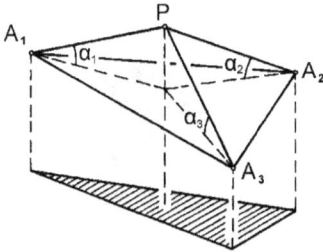

Abb. 4.2.13. Zum Prinzip der Filterung beim Verfahren der progressiven TIN-Verdichtung

Beim Verfahren der *robusten Interpolation* wird mittels des Ausgleichungsverfahrens der ‚Interpolation nach kleinsten Quadraten' (lineare Prädiktion) durch die Punktwolke eine ausgleichende Fläche gelegt (vgl. *Kraus* 2000). Als Ergebnis erhält man an den einzelnen Punkten unterschiedlich große (negative und positive) Abstände (Restklaffungen) in der Z-Richtung zu dieser Fläche. In Abbildung 4.2.14 entspricht dies der oberen Kurve. Unterhalb liegende Punkte müssten positive und oberhalb liegende Punkte negative Verbesserungen erhalten. Für einen zweiten Ausgleichungsprozess wird eine Gewichtsfunktion dergestalt eingeführt, dass Laserpunkte mit positiven Verbesserungen (unterhalb der Kurve), also die vermutlichen Bodenpunkte, ein höheres und solche mit negativen Verbesserungen (oberhalb der Kurve), also vermutlich über dem Boden befindliche Punkte, ein geringeres Gewicht erhalten. Damit wird eine Annäherung der Fläche an die Bodenpunkte erreicht, mit der Folge, dass weitere Punkte als Nicht-Bodenpunkte eliminiert werden können. Das Verfahren erfordert mehrere Iterationsschritte und als Ergebnis erhält man ein Punktfeld, welches die Geländeoberfläche vermittelnd repräsentiert (untere Kurve in Abbildung 4.2.14). Seine Anwendung in Bereichen mit einem verhältnismäßig geringen Anteil an offenem Gelände (z. B. Stadtgebiete) bedarf einer Erweiterung durch eine *hierarchische Filterung* (*Briese u. a.* 2007). In allen Fällen der automatisierten Klassifizierung ist eine interaktive Plausibilitätskontrolle unerlässlich.

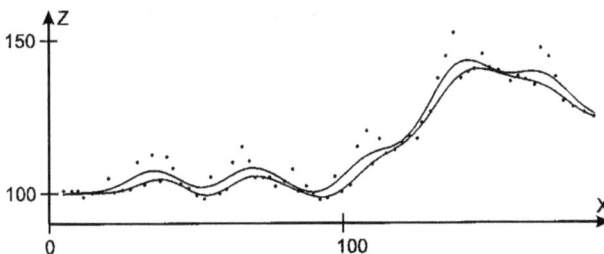

Abb. 4.2.14. Prinzip der Filterung beim Verfahren der robusten Interpolation am Beispiel einer ausgleichenden Kurve durch die Laserscannerpunkte (nach *Kraus* 2000)

Abb. 4.2.15. Luftbild der Stadt Biberach a. d. Riß und durch Laserscanning erzeugtes digitales Oberflächenmodell (DOM) sowie auf die Geländeoberfläche reduziertes digitales Geländemodell (DGM) als Schummerungsdarstellung (© *TopoSys-Trimble Germany*, Biberach)

Wenn man die unregelmäßig verteilten Punkte eines DOM oder DGM durch ein spezielles Verfahren (Resampling) in ein Gittermodell mit etwa gleichem Punktabstand umrechnet, besteht die Möglichkeit, den Gittermaschen einen Grauton zuzuordnen. Dessen Intensität ist abhängig von der Neigung und der Lage der Gittermasche zu einer von links oben gedachten Lichtquelle (Nord-West-Beleuchtung). Es entsteht ein Grautonbild mit einer Schattierung entsprechend der aus der kartographischen Geländedarstellung bekannten Schummerung (vgl. *Kohlstock* 2010).

Das Herausfiltern eines DGM eröffnet zugleich die Möglichkeit ein Differenzmodell zum DOM zu bilden, ein sog. normalisiertes DOM (nDOM). Hieraus wiederum lassen sich Gebäude extrahieren und damit *digitale Stadtmodelle* erzeugen (vgl. 5.4.3).

Durch unterschiedliche Reflexionsintensität und die Möglichkeit diese auch zu registrieren (vgl. 4.2.2) können Intensitätsbilder als Grautonbilder aus den Lasersignalen abgeleitet werden. Auch wenn diese hinsichtlich Detailreichtums nicht mit photographischen Aufnahmen konkurrieren können, lassen sich hierin doch topographische Objekte erkennen und ggf. zur Nachführung topographischer Karten verwenden. Dies ist insbesondere in dicht bewaldeten Gebieten der Fall, in denen eine Luftbildauswertung keine hinreichende Erkennbarkeit von Objekten ermöglicht. Über eine kombinierte Methode der Erfassung von Straßen und Wegen in Waldgebieten mittels DGM und Intensitätsmodell aus Laserscannerdaten berichten *Attwenger u. Kraus* (2005).

Abb. 4.2.16. Intensitätsbild der Stadt Biberach a. d. Riß aus Laserscannerdaten (© *TopoSys-Trimble Germany*, Biberach)

4.2.5 Zur Genauigkeit von ALS-Daten

Die Qualität digitaler Geländemodelle wird durch die *geometrische Genauigkeit* und die morphologisch richtige Wiedergabe der Geländeformen (*morphologische Genau-*

igkeit) bestimmt (vgl. 6.2.4). Bei Ableitung eines DGM aus ALS-Daten sind neben Faktoren, wie Oberflächenbeschaffenheit des Geländes (Geländerauhigkeit) und Bodenbedeckung, vor allem die *Dichte* sowie die *Lage- und Höhengenauigkeit* der erfassten Geländepunkte (Messpunkte) entscheidend.

Während die Dichte der Messpunkte durch Wahl der Geräte- und Befliegungsparameter (in Grenzen) variiert werden kann (vgl. 4.2.6), ist deren Lage- und Höhengenauigkeit abhängig von:

- der Messgenauigkeit des Laserscanners (Strecke r und Auslenkwinkel α),

- der Genauigkeit der Daten der äußeren Orientierung ($X_0, Y_0, Z_0, \omega, \varphi, \kappa$) und

- der Genauigkeit der Filterverfahren zur Trennung von Bodenpunkten.

Die *Messgenauigkeit der Laserscanner*, d. h. also die Genauigkeit der polaren Messdaten (r, α), werden von den Geräteherstellern durch Kalibrierungsverfahren ermittelt. Die Streckenmessgenauigkeit handelsüblicher Scanner wird mit ± 2 bis 5 cm angegeben (vgl. Tabelle 4.3). Die erreichbare Höhengenauigkeit ist allerdings infolge der Abhängigkeit der Streckengenauigkeit von der Länge des Signalweges durch die Atmosphäre, also der Flughöhe ü. G., und dem maximalen Auslenkwinkel deutlich geringer (z. B. ± 5 bis ± 20 cm für $h_g = 500$ bis 3000 m). Die Schrittweite beim Auslenkwinkel ist abhängig von der Pulsfrequenz und liegt z. B. beim LMS-Q680 von Riegl zwischen 0,01° bei 80 kHz und 0,004° bei 240 kHz bei einer Winkelauflösung von 0,001°. Letzteres entspricht bei Aufnahme aus 1000 m Flughöhe über Grund einer Bodenauflösung von ± 2 cm.

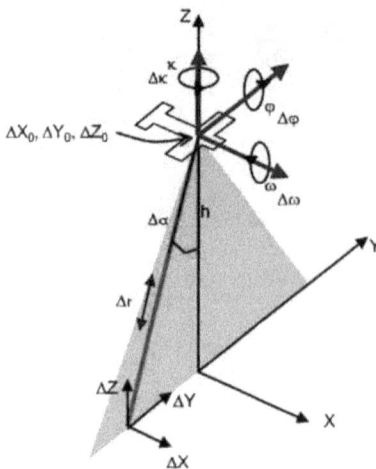

Abb. 4.2.17. Fehlerkomponenten (Δ) bei der ALS-Aufnahme (nach *Brenner* 2006)

Die *Genauigkeit der Daten der äußeren Orientierung* aus DGPS/IMU wird für die
Lage mit $\leq \pm 20$ cm und für die Winkel mit $\leq \pm 0,01°$ angegeben (vgl. 4.1.4). Letzteres wiederum entspräche für $h_g = 1000$ m einer Lagegenauigkeit von $\leq \pm 20$ cm
am Boden. Von wesentlichem Einfluss auf die Genauigkeit dieser Daten ist die Genauigkeit der Kalibrierungsparameter, d. h. die Bestimmung der Exzentrizitäten bzw.
Neigungsdifferenzen zwischen GPS-Antenne, IMU, Laserscanner, sowie die zeitliche
Synchronisation zwischen den Messsignalen von Laserscanner und GPS/IMU. Deren
Genauigkeit überträgt sich unmittelbar systematisch auf die Genauigkeit der Bodenpunkte. Während sich Positionsfehler unabhängig von der Flughöhe gleich auswirken,
gilt dies nicht für die Winkel. So führt ein systematischer Winkelfehler von $\pm 0,02°$
bei $h_g = 1000$ m und einem Auslenkwinkel des Messsignals von 25° bereits zu einem
systematischen Fehler in der Lage von ± 39 cm und in der Höhe von ± 18 cm. Diese
Fehler wachsen linear mit der Flughöhe an. Eine ausführliche Erörterung des Einflusses der einzelnen Fehlerkomponenten auf die Genauigkeit einer ALS-Aufnahme
findet man u. a. bei *Katzenbeisser* (2003), *Brenner* (2006) sowie *Lüthy* (2008).

Messgröße	X	Y	Z	ω	φ	κ	Strecke
Mess-frequenz	1–2 Hz	1–2 Hz	1–2 Hz	64–200 Hz	64–200 Hz	64–200 Hz	30–240 kHz
Genauig-keit	± 5 bis 20 cm	± 5 bis 20 cm	± 5 bis 20 cm	$\approx 0,005°$	$\approx 0,005°$	$\approx 0,01°$	± 2 bis 5 cm

Tab. 4.3. Messfrequenzen und Genauigkeiten bei der Positions- und Lagebestimmung durch GPS/IMU sowie Streckenmessgenauigkeit handelsüblicher Laserscanning-Systeme (nach *Würländer u. Wenger-Oehn* 2007)

Bei Anwendung einer integrierten Sensororientierung können erhebliche Genau-
igkeitssteigerungen für die äußere Orientierung erzielt werden. So berichten *Würländer u. Wenger-Oehn* (2007) über Standardabweichungen von $\leq \pm 11$ cm für Lage
und Höhe bei mehreren Projekten mit unterschiedlichen Landschaftstypen (Flachland, Flusstäler, Hügelland, Hochgebirge) und Flächengrößen (1 bis 500 km²) sowie
ALS-Systemen unterschiedlicher Hersteller. Bei Aufnahmen im Gletschergebiet
mit sehr unterschiedlichen Strukturen (Eis- und Schneeflächen, Felsbereiche) ergaben
sich beim Vergleich eines zuvor berechneten DGM mit etwa 1000 terrestrisch einge-
messenen Passelementen durchschnittliche Höhengenauigkeiten von $\sigma_H = \pm 18$ cm
(*Lenhart u. a.* 2006).

Für die Genauigkeit eines DGM ist schließlich noch von Bedeutung, ob und in
welchem Umfang Geländepunkte von oberhalb liegenden Punkten getrennt werden
können. Dies betrifft insbesondere Bereiche mit einer dichten bodennahen Vegetation (Vegetationshöhe $< 1,5$ m), in denen eine Trennung der kurz aufeinander folgenden Signale nicht möglich ist (*Kraus* 2005). Laserscanner mit einer Full-Waveform-
Registrierung ermöglichen durch Eliminierung derartiger Signale eine verbesserte
DGM-Berechnung (*Briese u. a.* 2007).

Für die Abschätzung der zu erwartenden Höhen- (σ_H) und Lagegenauigkeit (σ_L) der DGM-Gitterpunkte können empirische Formeln für die Standardabweichung von Höhenlinien bzw. aus diesen interpolierten Höhenpunkten verwendet werden (vgl. 6.2.4):

$$\sigma_H = \pm(a + b \cdot \tan\alpha) \quad \text{und} \quad \sigma_L = \frac{\sigma_H}{\tan\alpha} = \pm(b + a \cdot \cot\alpha)$$

mit a neigungsunabhängiger Höhenfehler
        b neigungsunabhängiger Lagefehler
        α Geländeneigung

Die Parameter a und b können aus empirischen Vergleichen mit terrestrisch bestimmten Kontrollpunkten bestimmt werden. *Kraus* (2005) hat hierfür aus zahlreichen Projekten folgende Werte ermittelt:

$$\sigma_H = \pm\left(\frac{6}{\sqrt{n}} + 30 \cdot \tan\alpha\right) \quad [\text{cm}] \quad \text{mit} \quad n \quad \text{Punkte}/1\,\text{m}^2$$

$$\sigma_L = \pm\left(30 + \frac{6}{\sqrt{n}} \cdot \cot\alpha\right) \quad [\text{cm}]$$

Damit ergäben sich für eine Punktdichte von $4\,\text{P}/\text{m}^2$ und einer Geländeneigung von $10°$ zu erwartende Genauigkeiten von $\sigma_H = \pm8\,\text{cm}$ und $\sigma_L = \pm47\,\text{cm}$ sowie für $30°$ $\sigma_H = \pm20\,\text{cm}$ und $\sigma_L = \pm35\,\text{cm}$. Die zu erwartende Lagegenauigkeit ist etwa für die Ableitung von Höhenlinien aus einem DGM von Interesse.

Die geometrische Richtigkeit einer Laserscanning-Aufnahme bzw. eines daraus abgeleiteten DGM ist dann gegeben, wenn zulässige Fehlergrenzen nicht überschritten werden. Damit ist jedoch die *morphologische Genauigkeit*, d. h. die morphologisch richtige Wiedergabe von Kleinformen, Bruchkanten (Böschungen, Steilränder, Dämme u. a.) sowie ausgeprägten Rücken- und Muldenlinien nicht gewährleistet (vgl.

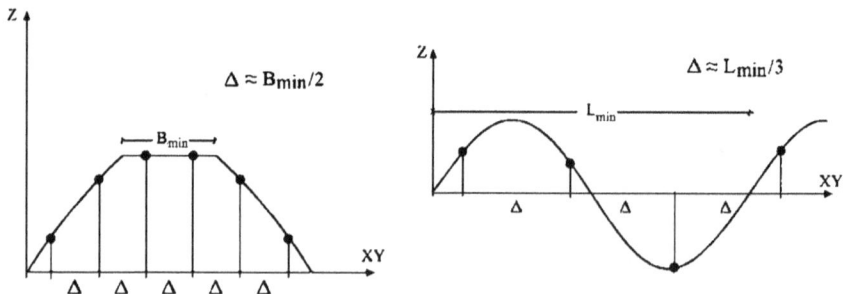

Abb. 4.2.18. Minimaler Punktabstand Δ zur Wiedergabe von damm- und wellenförmigen Kleinformen (nach *Kraus u. Dorninger* 2004)

6.2.4). Hierfür sind neben einer ausreichenden Punktdichte zusätzliche Modellierungen bei der DGM-Erzeugung zweckmäßig. Um Kleinformen mit hinreichender Genauigkeit zu erfassen ist ein Mindestpunktabstand Δ in Abhängigkeit von ihrer Ausdehnung (z. B. Dammbreite B_{min}) erforderlich.

Geländekanten (Bruchkanten, scharfe Rücken und Mulden insbesondere im Hochgebirge), werden nur zufällig und damit i. A. unvollständig durch Laserpunkte erfasst. Bei Ableitung eines DGM kommt es dadurch leicht zu einer Glättung, die dem Charakter einer Kante nicht gerecht wird. Eine Möglichkeit ihrer Modellierung besteht darin, aus den Punkten innerhalb eines kleinen Abschnitts an beiden Seiten je eine ebene, aber geneigte Fläche zu berechnen, deren Schnitt die Geländekante ergibt. Das Verfahren wird schrittweise bis zum Ende der Geländekante, gegeben durch deren Grundrisskoordinaten, fortgesetzt. Weitere Einzelheiten hierzu findet man bei *Briese u. a.* (2007).

4.2.6 Planung einer ALS-Vermessung

Anders als bei der Luftbildvermessung, bei der Aufnahme und Auswertung der Bilder o. w. getrennt von unterschiedlichen Institutionen wahrgenommen werden können (z. B. Bildflugfirma und Landesvermessungsamt), obliegt die ALS-Vermessung von der Befliegungsplanung bis zur Berechnung der endgültigen Daten infolge der automatisierten Prozesskette i. d. R. dem von einem Auftraggeber ausgewählten Auftragnehmer. Für eine sachgerechte Auftragsvergabe sind indessen von Seiten des Auftraggebers hinreichende Kenntnisse über den Bearbeitungsablauf erforderlich.

Die Planung einer Laserscanning-Aufnahme kann prinzipiell in gleicher Weise erfolgen wie die einer Luftbildvermessung, gestaltet sich jedoch infolge der Komplexität der zu beachtenden Einflussfaktoren insgesamt schwieriger. Voraussetzung sind zunächst Angaben über:

- Die Art und Genauigkeit des Endprodukts (z. B. DGM),

- Form und Beschaffenheit des Aufnahmegebietes (linien- oder flächenförmiges Aufnahmeobjekt, Stadtgebiet, Agrarlandschaft, Waldgebiet, Wüste o. ä.; Flachland, Hügellandschaft oder Hochgebirge) sowie

- Art und Dichte des bestehenden Referenzsystems (Lage- und Höhenfestpunkte, Satellitenreferenzsystem).

Hieraus ergeben sich:

- Die zu wählenden ALS-Parameter,

- die Befliegungsparameter, d. h. die Flughöhe über Grund h_g (Above Ground Level AGL) und die Fluggeschwindigkeit über Grund v_g,

- die Fluganlage, d. h. Breite, Anzahl und Lage der Flugstreifen,

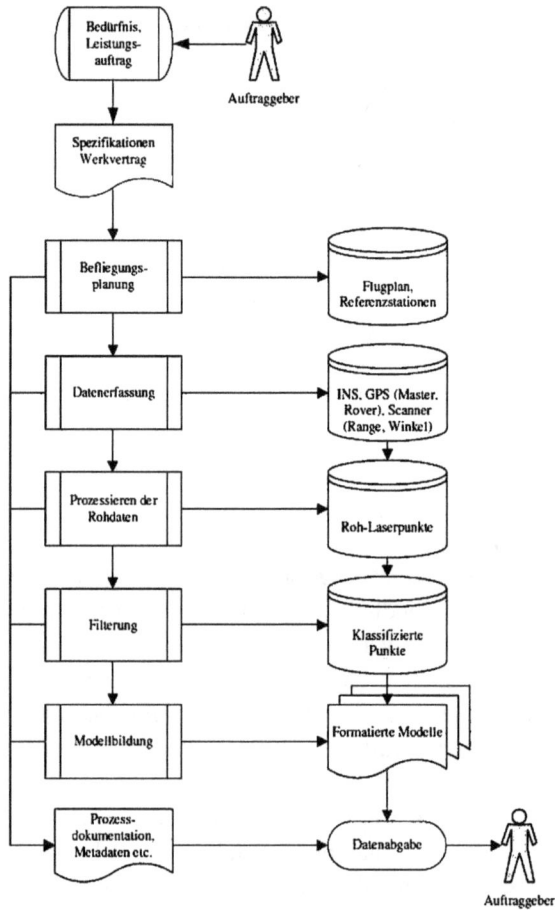

Abb. 4.2.19. Bearbeitungsablauf einer ALS-Vermessung (nach *Lüthy* 2008)

- die Flugdurchführung, d. h. Wahl der Aufnahmeplattform (Flugzeug, Helikopter), die Navigation und der Aufnahmezeitpunkt,
- die Bestimmung von Passelementen und
- die Auswertung sowie Präsentation der Ergebnisse.

Hinsichtlich der Wahl von Laserscanner und Positionierungssystem kann angenommen werden, dass heute eingesetzte Geräte ein etwa vergleichbares Leistungsspektrum haben. Für die gerätespezifischen Parameter der Laserscanner gilt:

- Mit zunehmender Flughöhe nimmt die Laufzeit des Signals zu und zugleich die *Messfrequenz* (Pulsrate) ab, da der Zeitabstand zwischen zwei Pulsen zur Gewährleistung der Eindeutigkeit der Distanzmessung länger werden muss. Beides führt

zu einer geringeren *Punktdichte* quer zur Flugrichtung. Zugleich steigen *Lage-
und Höhenfehler* nahezu linear an, ersterer insbesondere infolge der Auswirkung
des Winkelfehlers sehr viel deutlicher.

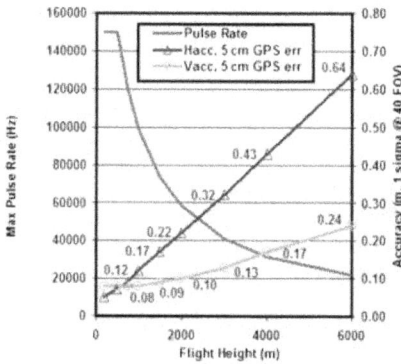

Abb. 4.2.20. Zusammenhang zwischen
Flughöhe ü. G., max. Pulsrate, Lage- (H_{acc})
und Höhengenauigkeit (V_{acc}) unter
Annahme eines Scanwinkels von $\pm 20°$
(FOV) beim ALS 50 von Leica (© *Leica
Geosystem*, Heerbrugg/Schweiz)

- Die *Scanfrequenz* (Abtast- bzw. Scan-Rate) nimmt mit zunehmendem *Scanwinkel*
  (FOV Field of View) ab. Durch Wahl eines geringeren Scanwinkels und damit des
  erfassten Flugstreifens kann der abnehmenden Punktdichte quer zur Flugrichtung
  entgegengewirkt werden.

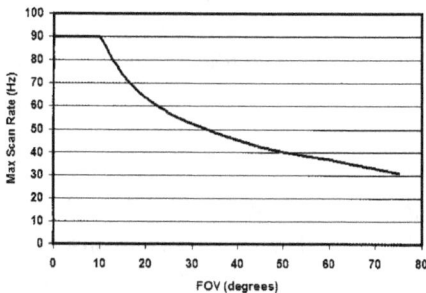

Abb. 4.2.21. Zusammenhang zwischen
Scanfrequenz und Scanwinkel (FOV) beim
ALS 50 von Leica (© *Leica Geosystems*,
Heerbrugg/Schweiz)

Die Wahl der Aufnahmeparameter hängt ab von den produktspezifischen Anforderungen (Punktdichte, Genauigkeit, zu erfassende Objektgröße), der Struktur des Aufnahmegebiets (Landschaftsformen) und der Wirtschaftlichkeit. Im Einzelnen ergibt sich
(vgl. *Lüthy* 2008):

- Die *Punktdichte* wird *in Flugrichtung* durch die Scanfrequenz und die Fluggeschwindigkeit ü. G. und *quer zur Flugrichtung* durch die ALS-Parameter
  (Scanwinkel, Scanfrequenz, Messfrequenz) sowie die Flughöhe ü. G. bestimmt
  (vgl. Abbildung 4.2.20). Bei Schwingspiegel-Systemen ist zu beachten, dass maximaler Scanwinkel und Scanfrequenz sich gegenseitig beeinflussen (vgl. Abbildung 4.2.21). Unabhängig von den genannten Parametern kann die Punktdichte

Anforderungen/ Aufn.-Parameter	Punktdichte längs/quer		Genauig- keit	Objekt- erfassung	Landsch.- Formen	Wirtschaft- lichkt.
Strahl-Diverg.			(×)	×		
Scanwinkel		×	×	(×)		×
Scanfrequenz	×	×		(×)		
Messfrequenz		×	×	×		
Flughöhe		×	×	×	×	×
Querüberdeck.	(×)	(×)	(×)	(×)	×	×
Geschwindigkt.	×	(×)			×	×

Tab. 4.4. Parameter einer ALS-Befliegung und ihr Zusammenhang mit den produktspezifischen Anforderungen und Einflüssen (× direkter Einfluss, (×) indirekter Einfluss)

durch Wahl einer größeren als der Mindest-Querüberdeckung (z. B. 50%) gesteigert werden, wobei allerdings die Homogenität des Punktfeldes i. d. R. nicht mehr gegeben ist. Zu beachten ist ferner, dass die Punktdichte in Bereichen mit großen Höhenunterschieden (Gebirge) infolge ggf. veränderte Flughöhe und Streifenbreite variiert.

- *Lage- und Höhengenauigkeit* nehmen mit größer werdender Flughöhe und mit Abflachen des Auftreffwinkels zum Streifenrand hin ab (vgl. 4.2.5).

- Die *Erfassung von Objekten* (z. B. Dach eines Gebäudes) hängt vor allem von der Strahldivergenz und dem daraus resultierenden Durchmesser des Laserpunktes (Footprint), der Messfrequenz, der Flughöhe, der Punktdichte und der Strahlungsenergie ab. Mit zunehmender Flughöhe vergrößert sich zwar der Laserpunkt, jedoch reduziert sich die Strahlungsenergie, nicht zuletzt auch durch die zunehmenden Streuungsverluste in der Atmosphäre.

- Die *Landschaftsformen* (Flachland, Bergland, Gebirge) bestimmen Flughöhe und Fluggeschwindigkeit sowie die Querüberdeckung, damit auch bei wechselnden Höhenverhältnissen im Aufnahmegebiet eine hinreichende Punktdichte und Streifenüberlappung gesichert ist.

- Die *Wirtschaftlichkeit* des Verfahrens erfordert möglichst wenige Flugstreifen, d. h. also einen möglichst großen Scanwinkel, eine große Flughöhe und eine geringe Querüberdeckung, sowie eine nicht zu geringe Fluggeschwindigkeit. Schließlich ist zu beachten, dass die Länge der einzelnen Flugstreifen die Flugzeit von 15 Minuten nicht überschreitet, da sonst größere Abweichungen des Inertialsystems zu erwarten sind.

Da dies z. T. widersprüchliche Anforderungen sind, ist die Festlegung der Aufnahmeparameter ein iterativer Prozess. Dieser wird durch Nutzung von Flugplanungsprogrammen der Gerätehersteller erleichtert, setzt aber sehr viel Erfahrung der Bearbeiter voraus.

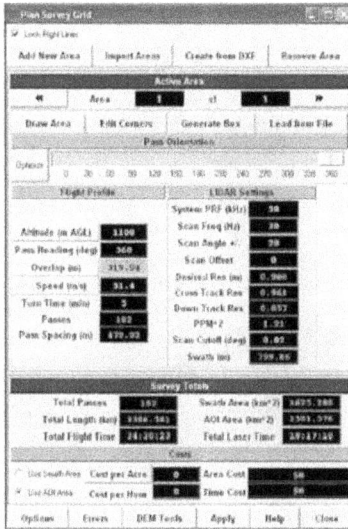

Abb. 4.2.22. Arbeitsfenster des Flugplanungsprogramms ALTM-Nav (*Optech*, Toronto/Canada)

Der Befliegungszeitpunkt richtet sich nach den zu erfassenden Objekten. Für topographische Zwecke steht die Erzeugung digitaler Geländemodelle im Vordergrund, so dass eine Befliegung ohne allzu viel störende Vegetation zumindest in Mitteleuropa vor der jahreszeitlich bedingten Belaubung bzw. nach der Entlaubung sinnvoll ist. Die Aufnahme setzt klare Sichtverhältnisse voraus, kann aber unabhängig von Tageszeit und Sonnenstand, also auch nachts durchgeführt werden, wenn nicht gleichzeitig Luftbilder für die Herstellung von Orthophotos aufzunehmen sind (vgl. 6.1.2). Insbesondere bei gleichzeitigem Einsatz einer Messkamera ist bezüglich der Wahl der Befliegungsparameter ein Kompromiss erforderlich, um den unterschiedlichen Anforderungen zu genügen (*Wiedemann u. a.* 2007).

Für die Aufnahme kommen sowohl Flugzeuge, wie sie auch für die Luftbildaufnahme üblich sind, als auch Helikopter in Betracht, letztere insbesondere wegen ihrer geringeren Mindestfluggeschwindigkeit und Niedrigflugeigenschaften. Dem stehen allerdings eine geringere Reichweite und Gipfelhöhe sowie stärkere Vibrationen gegenüber, so dass der Einsatz von Flugzeugen insgesamt als wirtschaftlicher angesehen werden muss (*Wiedemann* 2008). Die Flugnavigation entspricht prinzipiell der der Luftbildaufnahme (vgl. 4.1.8).

Für die Kontrolle der Auswertung und ggf. auch für die zur Genauigkeitssteigerung vorzusehende integrierte Sensororientierung sind *Passelemente* (analog den Passpunkten der Luftbildmessung) nach der Befliegung zu bestimmen. Hierfür kommen vor allem tachymetrische Verfahren in Betracht. Als Passelemente für die Höhe sind hinreichend große horizontale Geländeflächen ohne Vegetation und für die Lage sichtbare Linien bzw. Dächer von Gebäuden geeignet. Bei längeren Fluglinien empfiehlt sich die Anordnung von Querstreifen am Anfang, am Ende und in der Mitte des Blockes.

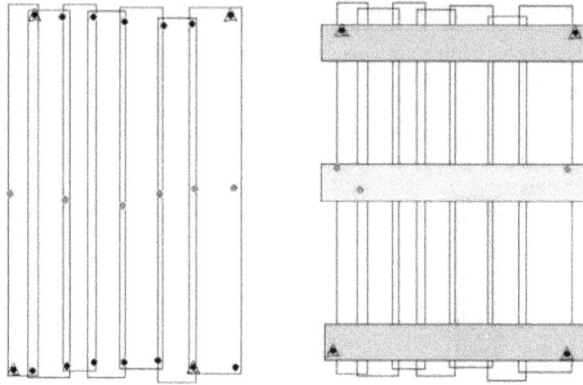

Abb. 4.2.23. Anordnung von Passelementen für die Höhe (●) und Lage (△)
bei der integrierten Sensororientierung (nach *Kager* 2003)

4.3 Radarverfahren

Die Fernerkundung mittels Mikrowellen, d. h. elektromagnetischer Strahlung mit einer Wellenlänge von $\lambda \approx 1$ mm bis 1 m, zur vielfältigen Informationsgewinnung über die Erde ist seit vielen Jahren in den Geowissenschaften etabliert. Von besonderem Interesse ist hierbei das *Radar* (Radio detection and ranging), also die Verwendung einer künstlich erzeugten Mikrowellenstrahlung. Seine Bedeutung liegt u. a. darin, dass Mikrowellen einer bestimmten Wellenlänge tageszeit- und witterungsunabhängig auch dichte Vegetation durchdringen und damit eine Erfassung der Geländeoberfläche ermöglichen. So wurden bereits im Jahre 1967 Regenwaldgebiete in Südamerika, die fast ständig unter einer geschlossenen Wolkendecke liegen, vom Flugzeug aus 6600 m Höhe aufgenommen und hieraus Radar-Bildkarten hergestellt, welche schließlich zur Planung des ‚Panamerican Highway' herangezogen wurden (vgl. *Schneider, S.* 1974).

Eine weitere für topographische Zwecke besonders interessante Anwendung ist die Ermittlung von Geländehöhen. Waren es zunächst ähnlich wie beim Laserscanning profilförmige Messungen (*Hartl u. a.* 1992), so ist heute durch eine Weiterentwicklung abbildender Radarsysteme zur Radar-Interferometrie (Interferometric Synthetic Aperture Radar InSAR) eine flächenhafte Erfassung möglich.

4.3.1 Aufnahme durch Seitensichtradar (SLAR)

Ein Radarsystem zur Erfassung und Abbildung der Erdoberfläche besteht i. W. aus einer Sende- und Empfangseinrichtung für Mikrowellen auf einer Aufnahmeplattform (Satellit, Flugzeug). Der Sender erzeugt in kurzen regelmäßigen Abständen Mikrowellenimpulse, welche über eine Antenne schräg nach unten, senkrecht zur Flugrichtung abgestrahlt werden (*Seitensichtradar* oder *Sidelooking Airborne Radar* SLAR). Je nach Lage und Neigung des bestrahlten Geländes sowie seiner Oberflächenbeschaf-

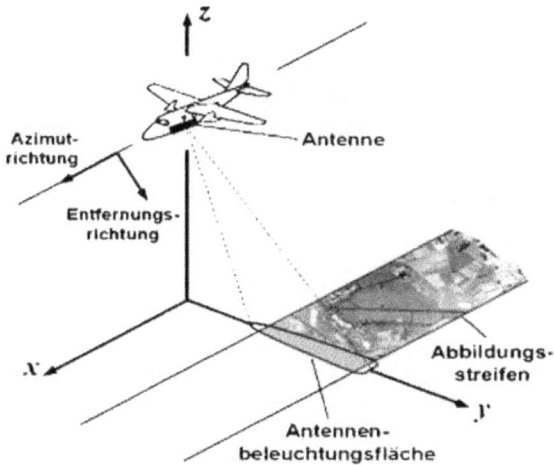

Abb. 4.3.1. Erfassung der Erdoberfläche durch Seitensichtradar (SLAR)
(nach *Moreira* 2000)

fenheit wird ein mehr oder weniger großer Anteil des ausgesandten Impulses reflek-
tiert, von der Antenne empfangen und registriert. Aufgezeichnet werden Laufzeit und
Stärke des reflektierten Signals (Intensität) sowie die Phasenlage, d. h. der Anteil der
Wellenlänge, um den die empfangene Welle gegenüber der ausgesandten versetzt ist.

Der jeweils erfasste Geländeausschnitt ist infolge der ,keulenfömigen' Ausbreitung
des Mikrowellenimpulses, welche sich durch die Beugung an der Antennenfläche
(Apertur) ergibt, sehr großflächig. Die geometrische Auflösung einzelner Bildelemen-
te ergibt sich senkrecht zur Flugrichtung, also in Entfernungsrichtung, unabhängig
von der Flughöhe aus den gerade noch unterscheidbaren und getrennt registrierten
Laufzeitdifferenzen des reflektierten Signals. In Flugrichtung (Azimutrichtung) entspricht die Auflösung der Breite der bestrahlten Fläche und verhält sich umgekehrt
proportional zur Antennenlänge, d. h. je länger die Antenne desto höher die Auflösung. So wäre für eine Auflösung von 20 m aus 800 km Höhe eine mehrere Kilometer
lange Antenne erforderlich (vgl. *Kraus* 1988). Um auch bei Verwendung einer kurzen Antenne eine hohe Auflösung zu erzielen, macht man sich zunutze, dass jeder
Geländepunkt infolge des großen Abstrahlwinkels von mehreren aufeinander folgenden Impulsen erfasst wird. Dies ermöglicht, in einem aufwendigen Rechenprozess die
Signalinformationen (Amplitude und Phasenlage) so zu behandeln, als stammten sie
aus einer Erfassung mit einer langen Antenne und damit entsprechend großen Apertur. Diese ,scheinbare' Apertur wird daher auch als synthetisch, also künstlich, und
die Methode als *Synthetic Aperture Radar* (SAR) bezeichnet.

Das Verfahren ist insbesondere auch zur Erzeugung von Bildkarten in solchen
Bereichen geeignet, in denen dauerhaft ungünstige Witterungsbedingungen und eine dichte Vegetation den Einsatz optischer Sensoren (Luftbildkamera, Laserscanner,

optische Scanner) zur Erfassung der Geländeoberfläche verhindern. Beispielhaft sei
hier der Erdbeobachtungssatellit TerraSAR-X genannt, der seit Juni 2007 die Erde
auf einer polnahen Umlaufbahn in einer Höhe von 514 km umrundet. Er liefert kontinuierlich SAR-Daten im sog. X-Band (Wellenlänge 3,1 cm) mit einer Wiederholrate von 11 Tagen, wobei unterschiedliche Betriebsarten möglich sind. Im ‚Spotlight-
Modus' wird eine Fläche von $10 \times 10 \, \text{km}^2$ mit einer Bodenauflösung von 1–2 m, im
‚Stripmap-Modus' ein 30 km breiter Streifen mit einer Bodenauflösung von 3–6 m und
im ‚ScanSAR-Modus' ein 100 km breiter Streifen mit einer Bodenauflösung von 16 m
erfasst (*DLR* 2007).

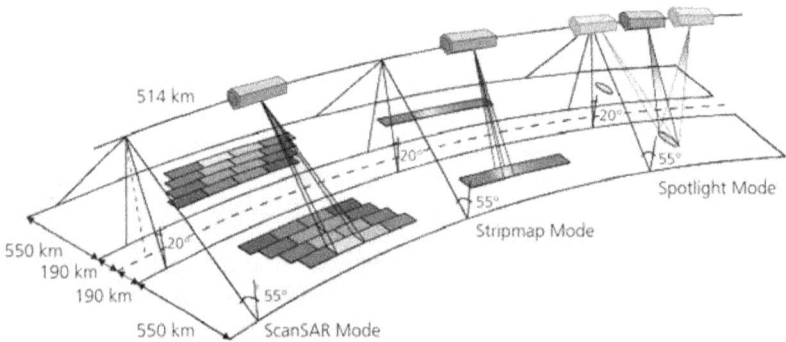

Abb. 4.3.2. Betriebsarten des Erderkundungssatelliten TerraSAR-X
(© *Deutsches Zentrum für Luft- und Raumfahrt DLR*)

4.3.2   Radarbilderzeugung

Bei Aussendung eines Mikrowellenimpulses erreicht die Wellenfront nacheinander
die Geländeoberfläche und wird je nach Oberflächenbeschaffenheit und Neigung in
unterschiedlicher Intensität in Richtung des Empfängers reflektiert. Durch die kontinuierliche Ausbreitung treffen die reflektierten Signale nacheinander ein und werden
nacheinander als Bildzeile registriert. Durch die Vorwärtsbewegung der Aufnahmeplattform wird so fortlaufend zeilenweise ein Geländestreifen erfasst.

Die geometrische Auflösung einzelner Flächenelemente $\Delta x \times \Delta y$ innerhalb einer
Zeile wird durch die gerade noch trennbaren Empfangssignale in der y-Richtung und
durch den Abstrahlwinkel $\Delta \alpha$ in der x-Richtung bestimmt. Die Lage eines getrennt
empfangenen Flächenelements in der Bildebene in Bezug auf die Position der Trä-
gerplattform ergibt sich aus der Schrägentfernung r, welche ihrerseits aus der Signal-
laufzeit ermittelt wird. Unter Annahme ebenen Geländes und einer horizontalen Lage
der Aufnahmeplattform mit der Flughöhe h_g ergäbe sich für die in der Bezugsebene
liegenden Punkte A bzw. C (Abbildung 4.3.4) die einfache Beziehung:

$$y_i = \sqrt{r_i^2 - h_g^2}$$

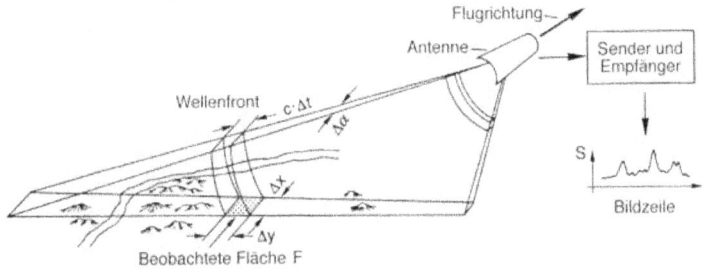

Abb. 4.3.3. Entstehung einer Bildzeile bei der SAR-Aufnahme (nach *Albertz* 2009)

Unebenes Gelände führt je nach Hangneigung und Winkel des auftreffenden Signals zum Hang zu einer verzerrten bzw. fehlenden Abbildung. Im linken Bild kommt es zu einer Überlagerung, da die Spitze B der Erhebung vor dem Fußpunkt A im Radarbild erscheint. Im rechten Bild tritt zwischen A und B eine Hangverkürzung auf sowie infolge der entgegengesetzt verlaufenden Hangneigung eine Verdeckung des abgewandten Hanges, d. h. der Bereich zwischen den Punkten B, C und D wird nicht abgebildet (Radarschatten). Eine Korrektur dieser Verzerrungen setzt ein digitales Geländemodell voraus, welches gleichzeitig über eine Radar-Interferometrie gewonnen werden kann.

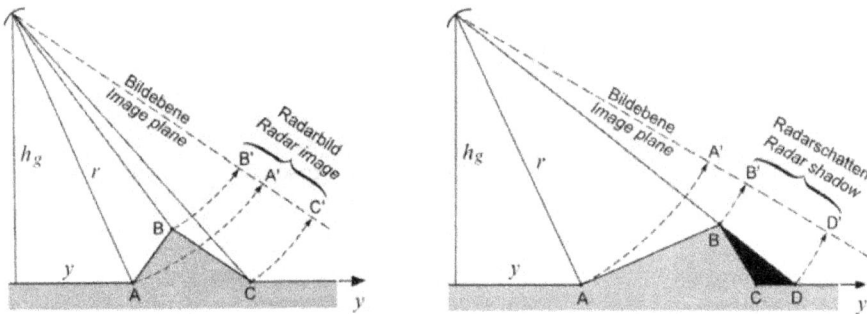

Abb. 4.3.4. Verzerrungen bei Abbildung einer SAR-Aufnahme unebenen Geländes infolge Überlagerung und Hangverkürzung sowie Radarschatten (nach *Albertz/Wiggenhagen* 2009)

Die digitale Radaraufzeichnung wird schließlich in ein Grautonbild umgesetzt, welches sich aus der Reflexionsintensität der Rückstrahlung für die einzelnen Flächenelemente ergibt. Diese hängt zunächst ab von der Wellenlänge sowie dem Abstrahlwinkel (Depressionswinkel, vgl. 4.3.4). Des Weiteren sind Lage und Neigung des Geländes zum auftreffenden Signal, die Beschaffenheit der Oberfläche (Vegetation, Sand, Fels, Wasser, Gletscher, Asphalt u. a.) sowie die Oberflächenrauhigkeit entscheidend. Die Einflüsse dieser Faktoren sind z. T. eng miteinander korreliert, was die radiometrischen Verbesserungen zur Erhöhung der Lesbarkeit und Interpretation sehr erschwert. Dennoch sind Radarbilder heute, auch infolge der sich stets verbessernden Auflösung, eine wichtige Informationsquelle (vgl. 5.3.2). Besonders hervorzuheben sind noch die durch die schräg einfallende Strahlung erzeugten schummerungsähnlichen Effekte in bergigem Gelände.

4.3.3 Höhenaufnahme durch Radar-Interferometrie (InSAR)

Eine Erfassung von Geländehöhen ähnlich der des Laserscanning ist durch das SAR-Verfahren nicht möglich, da die Entfernungsbestimmung aus der Laufzeitmessung zu ungenau ist. Zugleich lassen die geometrischen Verhältnisse insbesondere bei unebenem Gelände keine eindeutige Höhenermittlung von Objektpunkten zu (vgl. *Albertz* 2009).

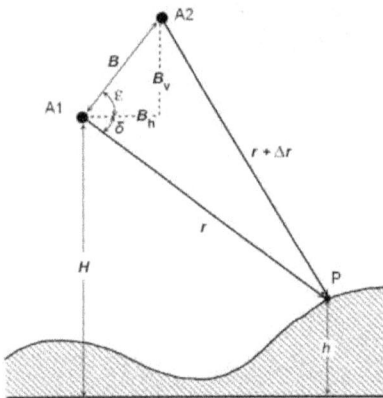

Abb. 4.3.5. Geometrie der Across-Track-Interferometrie (nach *Moreira* 2000)

Eine Lösung bietet die Anordnung von zwei SAR-Sensoren (Antennen A_1 und A_2), welche, getrennt durch die Basis B, die ausgestrahlten kohärenten, also in Frequenz und Phase übereinstimmenden Signale mit der Wellenlänge λ empfangen. Damit kann neben der Intensität (Helligkeit) auch die Phasenlage jedes Bildpunktes erfaßt werden. Die unterschiedlichen ‚Blickwinkel' ähneln der Aufnahmegeometrie der Stereophotogrammetrie. Für die Geländeerfassung sind die Sensoren allerdings so anzuordnen, dass die Basis quer zu Flugbahn verläuft (Across-Track). Die Position des Geländepunktes P in Bezug auf die Antennen-Positionen ließe sich grundsätzlich durch einen Bogenschnitt aus den Entfernungen r berechnen. Da die Basis im Verhältnis zu den Entfernungen sehr klein ist, wirkt sich deren Ungenauigkeit überproportional auf P und damit auf seine Geländehöhe h aus. Eine erhebliche Genauigkeitssteigerung erzielt man, wenn man nur die Entfernung $A_1 P = r$ und den Entfernungsunterschied

Δr verwendet. Letzterer ist proportional zur Differenz der gemessenen Phasenwerte $\Delta\varphi = \varphi_2 - \varphi_1$ und damit sehr viel genauer. Für die Geländehöhe gilt dann (*Meyer* 2004, *Albertz/Wiggenhagen* 2009):

$$h = H - r \cdot \sin\delta \qquad \delta \quad \text{Depressionswinkel}$$

mit

$$\cos(\delta + \varepsilon) = \frac{r^2 + B^2 - (r + \Delta r)^2}{2 \cdot r \cdot B} \approx -\frac{\Delta r}{B}, \quad \varepsilon = \arctan\frac{B_v}{B_h}, \quad \Delta r = \Delta\varphi\frac{\lambda}{4\pi}$$

Die Phasendifferenzen $\Delta\varphi$ der einzelnen Bildpunkte ermöglichen die Bildung eines *Interferogramms*, welches den Entfernungsdifferenzen Δr entspricht. Hieraus lassen

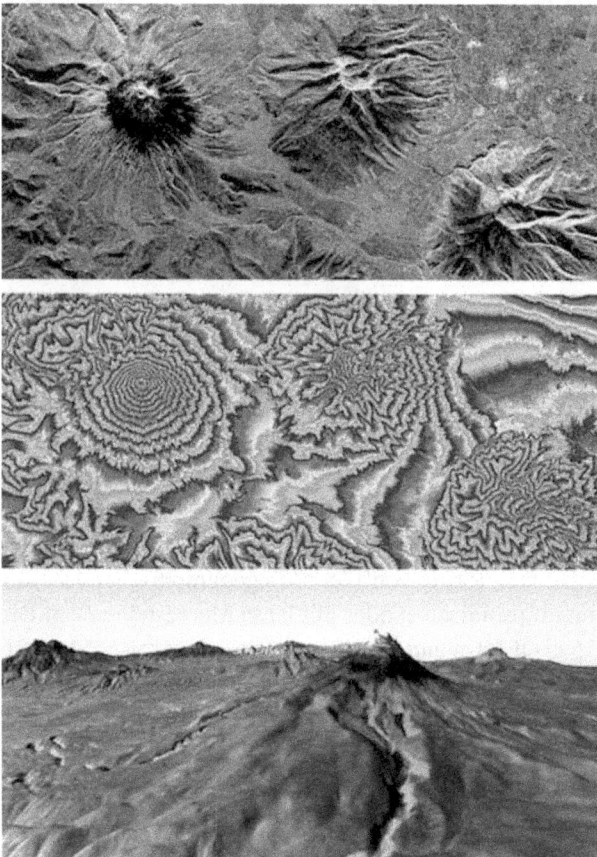

Abb. 4.3.6. Radarbild vom Vulkan Cotopaxi in Equador, (im Original farbiges) Interferogramm und Schummerungsdarstellung des hieraus berechneten DHM in Perspektivansicht. Die Aufnahme erfolgte im Rahmen der Shuttle Radar Topography Mission (SRTM) (nach *Bamler u. a.* 2008)

sich schließlich die Höhenwerte h und damit ein digitales Höhenmodell berechnen. Die Höhe H über einer Bezugsfläche (Geoid) erhält man aus den Bahndaten bzw. (genauer) über Referenzpunkte (Passpunkte).

4.3.4 InSAR-Aufnahmesysteme

Die Anwendung der Radar-Interferometrie erfolgte zunächst von Satelliten aus, z. B. *ERS-1 (European Remote Sensing Satellite)* von 1991. Da dieser nur über eine einzelne Antenne verfügte, war eine zweite Erfassung über eine seitlich versetzte Bahn und damit zu einem späteren Zeitpunkt erforderlich. Das Verfahren wurde daher auch als *Repeat-Pass-Interferometrie* bezeichnet und es führte infolge zwischenzeitlicher Veränderungen der Aufnahmebedingungen (Atmosphäre, Wind, Bodenfeuchtigkeit und Vegetation) häufig zu einer Veränderung des Radarechos, damit der Phasenlage und schließlich zu Ungenauigkeiten bei der Höhenauswertung. Eine Verbesserung ergab sich beim ERS-1 ab 1995 durch den Einsatz eines zweiten Satelliten (ERS-2), der in einem zeitlichen Abstand von 24 Stunden mit einem Bahnabstand zwischen etwa 80 und 300 m folgte (Tandemmission).

Eine andere Lösung wurde durch die *Shuttle Radar Topography Mission* (SRTM), einem Gemeinschaftsprojekt der NASA und des *Deutschen Zentrums für Luft- und Raumfahrt* (DLR), im Jahre 2000 realisiert. Die Radaraufnahme erfolgte vom Space Shuttle *Endeavour* aus 233 km Höhe mit Wellenlängen von 5,6 cm (L-Band) und 3,1 cm (X-Band). Die reflektierten Signale wurden von einer Hauptantenne im Shuttle und einer an einem 60 m langen Mast als Basis befindlichen Nebenantenne empfangen, so dass für die Aufnahme nur ein einziger Überflug der betreffenden Gebiete erforderlich war, woraus die Bezeichnung *Single-Pass-Interferometrie* resultiert. Die Anordnung der Flugbahnen ermöglichte innerhalb von 10 Tagen die Erfassung der Landfläche der Erde zwischen 60° Nord und 58° Süd, also etwa 80% der gesamten Landmasse, mit einem Punktabstand von 30 m.

Seit 2004 liegen für den gesamten Bereich aus den Radardaten berechnete *Digitale Höhenmodelle* mit einem Raster von $1'' \times 1''$ in geographischen Koordinaten des WGS 84, wahlweise mit ellipsoidischen oder mittleren Meereshöhen vor. Die Lagegenauigkeit wird mit ± 15 bis ± 20 m und die Höhengenauigkeit mit ± 6 bis ± 16 m angegeben (*DLR* 2004). Untersuchungen in Deutschland zeigen, dass bei Verwendung von Referenzdaten eine Höhengenauigkeit von $\pm 3,4$ m erreicht werden konnte (*Koch, A. u. a.* 2002).

Der seit 2007 in seiner Umlaufbahn befindliche Erdbeobachtungssatellit Terra-SAR-X liefert bereits heute im *Repeat-Pass*-Verfahren dank seiner erhöhten Bodenauflösung im ‚Spotlight-Modus‘ (vgl. 4.3.1) eine erheblich verbesserte Höhengenauigkeit, zumindest in ariden Klimazonen, innerhalb derer in kurzem Zeitabstand keine Bodenveränderungen stattfinden. Eine weitere Verbesserung ist mit dem im Juni 2010 gestarteten, fast identischen Satelliten TanDEM-X zu erwarten. Dieser soll dann nahezu parallel in Formation mit dem TerraSAR-X die überflogenen Gebiete zeitgleich

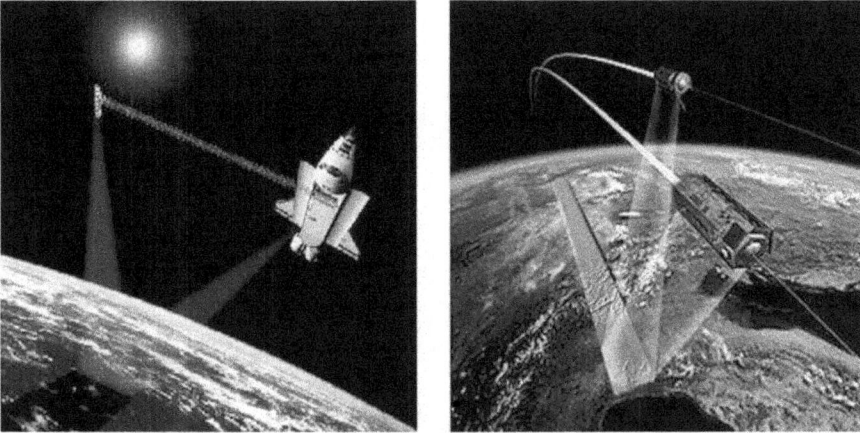

Abb. 4.3.7. Prinzip der Single-Pass-Interferometrie beim SRTM-Projekt und bei der TandemMission von TerraSAR-X bzw. Tandem-X (© *Deutsches Zentrum für Luft- und Raumfahrt DLR*)

erfassen (Single-Pass-Interferometrie). Die Basis zwischen den beiden Satelliten ist je nach Geländeformen (Flachland, Hochgebirge) und gewünschter Höhengenauigkeit zwischen etwa 200 und 1000 m veränderbar und mittels DGPS sehr genau bestimmbar. Anders als beim SRTM-Projekt werden auch die polaren Gebiete erfasst. Die zu erwartende Höhengenauigkeit liegt bei ± 2 m, bei einem Punktabstand von 12 m (*Bamler u. a.* 2008, *DLR* 2009).

Die so gewonnenen Digitalen Höhenmodelle stehen für eine Vielzahl von Aufgaben zur Verfügung, insbesondere auch für die Entzerrung von Bildkarten und zur Aktualisierung mittel- und kleinmaßstäbiger topographischer Karten. Ihr besonderer Vorteil ist die zusammenhängende und homogene Erfassung nahezu der gesamten Erde. Auch wenn die Genauigkeit für anspruchsvollere Aufgaben, etwa der Erzeugung hochauflösender Digitaler Geländemodelle noch nicht ausreicht, stellen die Radarverfahren doch in den genannten Bereichen eine Alternative zu den herkömmlichen dar.

Digitale Geländemodelle höherer Genauigkeit lassen sich nur mit flugzeuggestützten INSAR-Systemen aus geringerer Flughöhe erzielen. Werden hierbei die genaue Position und Neigung des Flugzeuges fortlaufend über ein integriertes DGPS/INS-System ermittelt, erhält man Lage und Höhe der Neupunkte im übergeordneten System prinzipiell ohne weitere Referenzpunkte. So sind bereits Höhengenauigkeiten von ± 5 cm bei einem Punktabstand von 0,5 m erreicht worden (*Schwäbisch u. Moreira* 2000). Diese Genauigkeit überschreitet i. d. R. bereits die Grenze der Definierbarkeit der Geländeoberfläche von etwa ± 10 cm (Bodenrauhigkeit) und ist für topographische Zwecke als vollständig ausreichend anzusehen. Der Einsatz von InSAR vom Flugzeug aus ist insbesondere in Kombination mit der Herstellung groß- und mittelmaßstäbiger Radar-Bildkarten üblich und kann in Regionen mit dauerhaft ungünstiger Witterung eine Alternative zum Laserscanning sein.

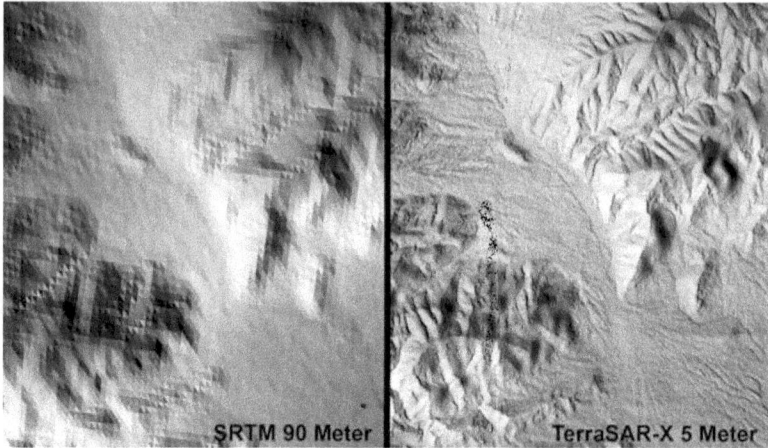

Abb. 4.3.8. Aus digitalen Höhenmodellen gleichen Maßstabs abgeleitete Schummerungsdarstellung unterschiedlicher Auflösung eines Gebietes nahe Las Vegas aus InSAR-Aufnahmen von SRTM sowie TerraSAR-X (© *Deutsches Zentrum für Luft- und Raumfahrt DLR* 2007)

Mit Hilfe des Verfahrens der *differentiellen SAR-Interferometrie* (dInSAR), bei dem drei oder mehr zu verschiedenen Zeitpunkten vom gleichen Ort erzeugte Aufnahmen miteinander kombiniert werden, lassen sich Bewegungen auf der Erdoberfläche, wie Gletscherfließbewegungen, Hangrutschungen, Veränderungen durch Erdbeben oder Vulkanismus u. a., schon bei geringem Ausmaß mit hoher Genauigkeit (Millimeter oder Zentimeter) dokumentieren. Schließlich kann man bei Anordnung der Antennen in Flugrichtung (*Along-Track-Interferometrie*) und Aufnahme zu einem nur um Sekundenbruchteile verschobenen Zeitpunkt sich relativ schnell bewegende Objekte wie z. B. Meeresströmungen, Verkehrsflüsse u. ä., unmittelbar erfassen (*Roth u. Hoffmann* 2004, *Bamler u. a.* 2008).

Problematisch ist z. Z. noch die Aufnahme von Bereichen der Erdoberfläche, die sich infolge dauerhaften Bewuchses einer Erfassung durch die verwendete kurzwellige Strahlung im X- und C-Band ($\lambda \leq 6$ cm) entziehen. Durch Entwicklung von Aufnahmesystemen mit Mikrowellen im L-Band ($\lambda = 25$ cm), welche die Vegetation durchdringen, erhofft man sich hier deutliche Fortschritte.

Eine Vermessung der ständig von Eis bedeckten Zonen der Erdoberfläche, der Kryosphäre, und hier insbesondere der Arktis sowie der Eisschilde der Antarktis und Grönlands, soll durch den im April 2010 erfolgreich gestarteten Satelliten CryoSat-2 der Europäischen Raumfahrtbehörde (ESA) erfolgen (*Haas u. a.* 2010). Der Satellit umrundet die Erde in einer mittleren Flughöhe von 717 km mit einer Wiederholrate von 369 Tagen und erfasst in seiner Umlaufbahn jeweils 250 m breite Streifen von bis 88° nördlicher und südlicher Breite. Die Mission verfolgt den Zweck, genaue Daten über die Veränderung der Eismassen durch das Abschmelzen infolge der globalen Klimaerwärmung zu erhalten und hieraus zuverlässige Prognosen über den zu erwartenden Meeresspiegelanstieg abzuleiten. Hierfür ist u. a. eine wiederholte genaue Ausmessung und Modellierung der Oberflächen erforderlich, wie sie bislang so umfassend nicht möglich war. Für diese Aufgabe verfügt der Satellit über ein Radarsystem mit der Bezeichnung SIRAL (SAR/Interferometric Radar Altimeter), welches im Mikrowellenbereich von 13,5 GHz ($\lambda \approx 2,2$ cm) in unterschiedlichen Modi arbeitet. Zusammen mit einem speziellen Doppler-Navigationssystem, welches mit Hilfe von zahlreichen Bodenstationen ausgesandter Signale eine hochgenaue Bahnbestimmung des Satelliten ermöglicht, soll eine Genauigkeit von wenigen Zentimetern für die Bestimmung der Oberflächenhöhen erreicht werden.

4.4 Satellitenbild-Verfahren

Die Aufnahme der Erdoberfläche von Satelliten aus mit optischen Scannern stellt zwar keine topographische Vermessung im eigentlichen Sinn dar, ist aber die einzige Möglichkeit, relativ kurzfristig umfangreiche topographische Informationen in Form von Bildern zu erhalten, insbesondere in Regionen, in denen keine oder nur veraltete topographische Karten existieren.

4.4.1 Satellitenbildaufnahme

Die systematische Erfassung der Erdoberfläche durch (nichtmilitärische) Erderkundungs-Satelliten begann 1972 mit dem Start von *Landsat1* (USA). Er umrundete die Erde in einer Höhe von 705 km in einer polnahen Umlaufbahn mit einer Wiederholrate von 18 Tagen. Ausgestattet mit einem optisch-mechanischen Multispektralscanner mit den Kanälen Rot, Grün und 2-mal Infrarot erfasste er einen Streifen von 185 km mit einer Bodenauflösung von $80 \times 80\,\text{m}^2$. Bis 1999 folgten sechs weitere Landsat-Satelliten, welche weitere Spektralkanäle und schließlich mittels optoelektronischer Zeilenscanner eine Bodenauflösung bis zu $15 \times 15\,\text{m}^2$ im panchromatischen Bereich aufweisen.

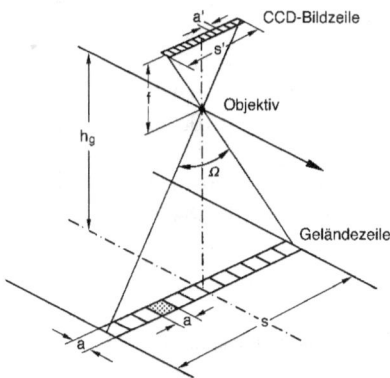

Abb. 4.4.1. Prinzip eines optoelektronischen Zeilenscanners (nach *Albertz* 2009)

Der seit 1989 in einer ebenfalls polnahen Umlaufbahn von 832 km Höhe befindliche französische SPOT-Satellit verfügt über zwei identische optoelektronische Scanner, die wahlweise panchromatische Bilddaten mit einer Auflösung von $10 \times 10\,\text{m}^2$ oder Daten in drei Spektralkanälen mit einer Auflösung von $20 \times 20\,\text{m}^2$ aufnehmen. Die beiden Systeme können unabhängig voneinander um bis zu 27° beidseitig quer zur Flugrichtung geneigt werden und somit das überflogene Gelände von versetzten Bahnen aus an verschiedenen Tagen erfassen. Die so gewonnenen unterschiedlichen Perspektiven können damit für eine stereoskopische Höhenauswertung genutzt werden. In der Zwischenzeit befinden sich vier weitere SPOT-Satelliten mit erweitertem Spektralbereich und höherer Auflösung in ihrer Umlaufbahn.

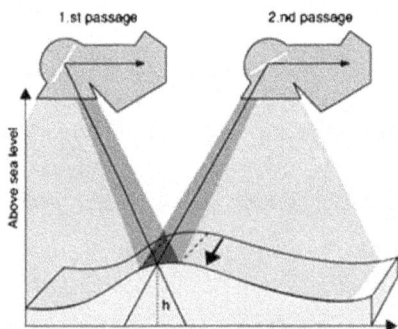

Abb. 4.4.2. Stereoskopische Aufnahmeanordnung beim SPOT-Satelliten (© *European Space Agency ESA*)

Die Leistungsfähigkeit der Aufnahmesensoren ist insbesondere hinsichtlich der Auflösung in den letzten Jahren deutlich gestiegen. Die in Tabelle 4.5 aufgeführten Satelliten verfügen über einen panchromatischen und vier Multispektralkanäle (Blau, Grün, Rot, Nahes Infrarot), WorldView-2 über drei weitere im Blau-, Gelb- und NIR-Bereich. Des Weiteren besteht auch die Möglichkeit zur stereoskopischen Erfassung und damit zur Höhenauswertung.

	IKONOS	QuickBird	GeoEye-1	WorldView-2
Betreib.-Firma	GeoEye	Digital Globe	GeoEye	Digital Globe
Start	1999	2001	2008	2009
Flughöhe	681 km	450 km	684 km	770 km
Streifenbreite*	11,3 km	16,5 km	15,2 km	16,4 km
Umlaufzeit	98,6 min	93,5 min	98 min	100 min
Wiederholrate	14 Tage	20 Tage	8,3 Tage	
GSD (panchrom.)	0,82 m	0,61 m	0,41 m	0,46 m
GSD (multispek.)	3,2 m	2,44 m	1,65 m	1,84 m
Stereo-Aufnahme	ja		ja	ja

* in Nadirstellung   GSD Ground Sample Distance (Bodenauflösung/Pixel)

Tab. 4.5. Parameter hochauflösender Satellitensensoren (nach *Satellite Imaging Corporation*, Houston/USA 2010)

4.4.2 Bildbearbeitung

Die Geometrie der Satellitenbilder entspricht der der Aufnahme mit einer Zeilenkamera (vgl. 4.1.2). Für die Umbildung in ein Orthophoto sind daher die gleichen Maßnahmen erforderlich, d. h. Beseitigung der projektiven (durch Sensorneigung) und der
perspektiven (durch Geländehöhenunterschiede) hervorgerufenen Verzerrungen. Da
die Satellitenbewegung anders als beim Flugzeug keinen kurzperiodischen Schwan-
kungen ausgesetzt ist, sind die projektiven Verzerrungen zwischen aufeinander folgenden Bildzeilen weitaus geringer. Des Weiteren sind anders als bei der Luftbildaufnahme die perspektiven Verzerrungen kaum spürbar, da sowohl die erfasste Streifenbreite als auch die Höhenunterschiede im Verhältnis zur Flughöhe gering sind. So
ergäbe sich bei einer Flughöhe von 770 km und einer Streifenbreite von 16,4 km für
einen Höhenunterschied von 100 m eine Versetzung von 10,6 m am Streifenrand und
damit im Bildmaßstab 1 : 10.000 lediglich 0,1 mm. Dies gilt allerdings nur für Senkrechtaufnahmen (Nadirstellung), nicht jedoch bei quer zur Flugrichtung geneigtem
Sensor.

Für die Bildbearbeitung werden die kontinuierlich aufgenommenen Bilddaten
i. d. R. in Szenen unterteilt, wobei eine Szene in ihrer Längs- und Querausdehnung
der Aufnahmebreite entspricht. Diese liegen zunächst als Bildmatrizen vor, deren Anzahl der der aufgenommenen Kanäle entspricht. Für die projektive Entzerrung sind die
Originalmatrizen in entzerrte Bildmatrizen umzuformen. Hierfür haben sich Transformationsgleichungen in Form von Polynomen zweiten Grades als besonders geeignet
erwiesen (vgl. *Albertz* 2009):

$$x' = a_0 + a_1 x + a_2 y + a_3 x^2 + a_4 y^2 + a_5 xy$$
$$y' = b_0 + b_1 x + b_2 y + b_3 x^2 + b_4 y^2 + b_5 xy$$

Die insgesamt 12 Unbekannten a_i und b_i können mit Hilfe von mindestens 6 Passpunkten, deren Bildkoordinaten x', y' und Landeskoordinaten x, y bekannt sind, bestimmt werden, bei mehr als 6 Passpunkten durch eine Ausgleichung. Die Gleichungen werden dann für die Transformation des Originalbildes (Ausgangsmatrix) mit
den Pixelkoordinaten x, y in ein entzerrtes Bild (Zielmatrix) mit den Pixelkoordinaten x', y' verwendet. Hierbei hat sich das Verfahren der *indirekten Transformation*
durch Inversion der Gleichungen als besonders praktisch erwiesen, d. h. es wird zu
der Pixelposition P' in der Zielmatrix die zugehörige Position P in der Ausgangsmatrix ermittelt und deren Grauwert der x', y'-Position in der Zielmatrix zugewiesen und gespeichert. Es erfolgt damit eine lagerichtige (entzerrte) Positionierung der
Pixelgrauwerte, die auch als *Resampling* bezeichnet wird (vgl. 4.1.5).

Da die in der Ausgangsmatrix ermittelte Position nicht zwangsläufig in die dorti-
ge Pixelmitte fällt, muss der zu transformierende Grauwert unter Berücksichtigung
der benachbarten Pixel interpoliert werden. Hierfür gibt es verschiedenen Methoden,
deren rechnerischer Aufwand die Bildqualität maßgeblich bestimmt. Näheres hierzu
findet man z. B. bei *Albertz/Wiggenhagen* (2009).

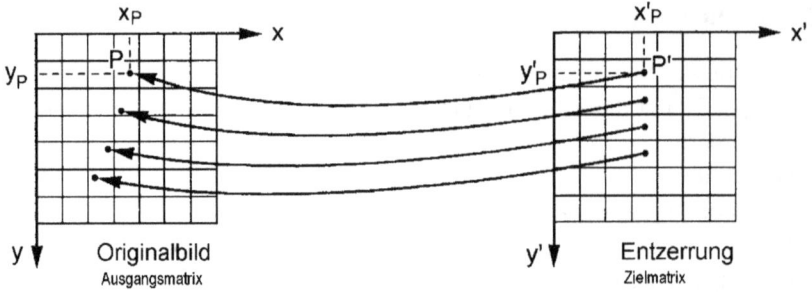

Abb. 4.4.3. Entzerrung durch indirekte geometrische Transformation (nach *Albertz* 2009)

Die Bildqualität wird bei der Aufnahme durch verschiedene Einflüsse gemindert, welche die Lesbarkeit und Interpretierbarkeit erschweren. Für radiometrische Korrekturen stehen mathematische Methoden zur Verfügung, wie z. B. Filteralgorithmen für eine Verbesserung der Kontraste und der Detailerkennbarkeit (vgl. 4.1.5). Die geometrischen Eigenschaften bleiben hierbei unverändert. Die geometrisch und radiometrisch korrigierten Bilder sind damit Grundlage zur Herstellung von Bildkarten (vgl. 5.3.2).

Kapitel 5
Topographische Modelle und Informationssysteme

Aufgabe topographischer Vermessungen ist die Erfassung der Erdoberfläche und der darauf befindlichen topographischen Objekte sowie ihre Speicherung und Präsentation in digitaler oder analoger Form. Da eine vollständige Wiedergabe unabhängig von der Aufnahmemethode nicht möglich ist, entsteht ein *topographisches Modell* der Landschaft, welches nach bestimmten Vorgaben vereinfacht ist. Diese Vereinfachung wird als *Generalisierung* bezeichnet und ist zunächst gekennzeichnet durch das Weglassen unwesentlicher Objekte bzw. Objektdetails, sowohl unmittelbar bei der Aufnahme als auch in einem nachfolgenden Verarbeitungsprozess.

Beim Messtischverfahren entstand als Ergebnis der Vermessung direkt ein Kartenentwurf, also ein analoges Modell. Heute werden unabhängig vom Aufnahmeverfahren zunächst digitale Modelle erzeugt, bestehend aus Objektkoordinaten und codierten Objektattributen oder Bildmatrizen als Ergebnis einer Bildaufnahme, welche i. d. R. in ein analoges Modell (topographische Karte oder Bildkarte) umgesetzt werden. Ein *topographisches Informationssystem* entsteht schließlich erst durch die systematische Sammlung und Speicherung derartiger Modelle.

Die topographischen Objekte werden in Grundrissobjekte (Situation) sowie Höhen und Geländeformen unterteilt (vgl. Kap. 2). Dies ist im Wesentlichen begründet in der unterschiedlichen Modellierung bei der Aufnahme und bei der Wiedergabe in graphischen Darstellungen. Entsprechend werden die zugrunde liegenden Daten auch in getrennten Dateien bzw. Layern gespeichert und fortgeführt.

5.1 Situationsmodelle

Ein Situationsmodell (digital oder analog) enthält zunächst alle topographischen Objekte, deren Grundriss bzw. Position weitgehend eindeutig definiert und damit erfassbar und darstellbar ist (*Diskreta*), unterteilt in die Bereiche Siedlungen, Verkehrswege, Gewässer, Vegetation und administrative Grenzen (vgl. 2.1). Ein *Digitales Situationsmodell* (DSM) enthält alle Informationen, die zur Rekonstruktion und Definierbarkeit dieser Objekte erforderlich sind, in digitaler Form:

- *Geometriedaten* in Form von Koordinaten bestimmen die Lage ggf. auch die Höhe eines Objektes, sowohl in einem Referenzsystem als auch innerhalb umgebender Objekte, sowie Objektform und -größe.

- *Sachdaten*, auch als Attribute bezeichnet, ermöglichen eine Aussage zur Objektart (Gebäude, Straße, Gewässer) und zu weiteren Merkmalen (öffentliches Gebäude,

Autobahn, Kanal). Hierzu gehören auch Zahlen (Hausnummer, Breite u. ä.) und Namen (Ortsnamen, Gebäudebezeichnung, Straßenklassifizierung, Gewässernamen). Sachdaten müssen in codierter Form durch Schlüsselzahlen den Objekten zugeordnet werden.

- *Metadaten* ermöglichen zusätzliche Informationen, wie z. B. Angaben zur Datenquelle, Art und Zeitpunkt der Objekterfassung, zur Genauigkeit u. a. m.
- Programme für die Objektbildung und Linieninterpolation sind erforderlich für die graphische Präsentation auf einem PC-Bildschirm oder als Druckexemplar. Während die Beantwortung der Fragen, welche Punkte bilden welches Objekt und durch welche Linienform (Gerade, Kreisbogen, Spline u. a.) sind die Punkte miteinander zu verbinden, bei der analogen Auswertung mit Hilfe des Geländefeldbuches bzw. bei der stereoskopischen Bildbetrachtung unproblematisch war, erfordert dieses bei der automatisierten Ableitung aus dem DSM analytische Lösungen und entsprechende Berechnungsalgorithmen (vgl. *Kraus* 2000).

Digitale Situationsmodelle unterliegen im Gegensatz zu topographischen Karten inhaltlich prinzipiell keinen Einschränkungen und ihre Genauigkeit entspricht der Erfassungsgenauigkeit bei der Aufnahme. Die Ableitung inhaltlich reduzierter Folgemodelle sowie graphischer Darstellungen erfordert eine *Modellgeneralisierung* bzw. eine *kartographische Generalisierung*, bei Folgekarten aus dem vorgehenden Maßstab auch als Generalisierung ,von Karte zu Karte' bezeichnet (vgl. *Kohlstock* 2010). Während die *Erfassungsgeneralisierung* bei der Aufnahme der Grundrissobjekte nach vergleichsweise einfachen Regeln durchführbar ist, ist die kartographische Generalisierung ein komplexer Vorgang, der sich z. Z. noch einer vollständigen Automatisierung entzieht. Einen indirekten Weg beschreitet man heute durch die Generalisierung der den topographischen Karten zugrunde liegenden Digitalen Landschaftsmodelle, wie z. B. bei ATKIS (vgl. 5.5.3).

Die mit der Generalisierung der Situation fortschreitende Vereinfachung des Inhalts führt zu einer Unterscheidung hinsichtlich der Wiedergabe der Grundrissobjekte. Als *grundrisstreue Darstellung* wird eine solche bezeichnet, die alle wesentlichen flächenhaften Objektdetails $\geq 3 \times 3\,\mathrm{m}^2$ wiedergibt. Dies entspricht in einer Karte 1 : 5000 einer Ausdehnung von $0.6 \times 0.6\,\mathrm{mm}^2$ und in 1 : 10.000 von $0.3 \times 0.3\,\mathrm{mm}^2$. Nimmt man letztgenannten Wert als graphische Mindestgröße für eine Flächenwiedergabe, ohne dass die Reproduzierbarkeit (beim Kartendruck oder auf einem PC-Bildschirm) und die Lesbarkeit der Karte beeinträchtigt werden, dann können großmaßstäbige Karten ($M \geq 1:10.000$) als grundrisstreu gelten.

Mit kleiner werdendem Maßstab ist eine zunehmende Generalisierung durch Weglassen zu kleiner Objekte, Vergrößern wichtiger Objekte bis hin zum Ersatz durch eine Signatur, sowie Verdrängen und Zusammenfassen erforderlich. Dies führt bei Karten mittleren Maßstabs ($1:10.000 > M \geq 1:500.000$) zu einer *grundrissähnlichen Darstellung*. Hierbei ist für die Kartennutzung von besonderem Interesse, dass bis zum Maßstab 1 : 25.000 noch alle wesentlichen Objekte, wie etwa die einzelnen Gebäude

einer Siedlung, wenn auch vereinfacht, darstellbar sind. Gleiches gilt für die Verkehrswege, welche aber bereits in diesem Maßstab i. d. R. als (gegenüber dem Naturmaß)
zu breite Signatur wiedergegeben werden. Ab dem Maßstab 1 : 50.000 kommt es zu
umfangreicheren Zusammenfassungen und Verbreiterungen, da nur noch hinreichend
große Objekte ($\geq$ 15 m) grundrisstreu und einzeln darstellbar sind und die Verkehrs-
wegsignaturen zunehmenden Raum beanspruchen.

(1 : 5 000)   (1 : 25 000)   (1 : 50 000)

Abb. 5.1.1. Grundrisstreue (1 : 5000) und grundrissähnliche Siedlungsdar-
stellung (1 : 25.000 und 1 : 50.000) im Vergleich (nach *Hake* 1982)

Schließlich ist für kleinmaßstäbige Karten (M < 1 : 500.000) nur noch eine *Um-*
riss- und Signaturendarstellung möglich. Inzwischen ist es sogar üblich, wegen der
fortschreitenden Zusammenfassungen und damit mangelhaften Übereinstimmung mit
der Realität, Siedlungen ab 1 : 100.000 nur noch durch ihre Umrisse wiederzugeben.

Die im großmaßstäbigen Bereich sehr differenziert dargestellten topographischen
Einzelobjekte (Einfriedungen, Denkmal u. ä.) und die Vegetation müssen immer durch
Signaturen ersetzt werden und fallen mit kleiner werdendem Maßstab zunehmend weg
bzw. reduzieren sich bei der Vegetation auf die Waldflächen.

5.2 Geländemodelle

Im Vergleich mit der Situation gestaltet sich die Wiedergabe der Geländeformen (auch
Landformen oder Relief) ungleich schwieriger, da die Erdoberfläche mit Ausnahme
deutlich sichtbarer Gefällswechsel, wie bei Böschungen, Steilrändern, Gräben, Fels-
graten u. ä., einem *Kontinuum* entspricht, also einer sich stetig in Lage und Höhe verändernden Fläche. Hierdurch wird nicht nur die Erfassung bei der topographischen
Vermessung sondern auch die Wiedergabe in der Karte erschwert. Diese soll zwei
Forderungen erfüllen, nämlich die nach geometrischer Information, wie die Höhenentnahme für beliebige Kartenpunkte oder Neigungsbestimmungen, sowie die nach

Anschaulichkeit, d. h. Aussagen über Neigungsverhältnisse (steil, flach) und zur Morphologie (vgl. 2.2).

Die frühesten Geländedarstellungen erfolgten mangels ausreichender Höhenmessmethoden durch Seiten- oder Schrägansichten und im 19. Jh. dann zunehmend durch eine Orthogonaldarstellung in Form von Böschungs- und Schattenschraffen. Diese Methode war zwar für die damaligen Vervielfältigungsverfahren durch Kupferstich und Lithographie besonders günstig, führte jedoch häufig zu einer erheblichen Beeinträchtigung der Lesbarkeit der Karte. Eine entscheidende Verbesserung ergab sich schließlich mit der Geländedarstellung durch *Höhenlinien*. Diese ermöglichen nicht nur die geometrische Informationsentnahme sondern auch die morphologische Deutung von Geländeformen. Sie sind neben Höhenpunkten und Signaturen für Geländekleinformen (Dünen, Fels, Böschungen u. ä.) in großmaßstäbigen Karten alleiniges Darstellungsmittel. Schließlich bilden sie die Grundlage für die Wiedergabe der Höhenbereiche durch farbige Höhenschichten in kleinmaßstäbigen Karten und sie sind Voraussetzung für die Geländedarstellung durch *Schräglichtschattierung* in mittel- und kleinmaßstäbigen Karten, sofern kein digitales Geländemodell verfügbar ist.

5.2.1 Digitale Geländemodelle

Die Modellierung der Geländeoberfläche erfolgt heute zunächst in digitaler Form, aus welcher dann weitere (analoge) Modellierungen abgeleitet werden. Ein *Digitales Geländemodell* (DGM) oder *Digitales Höhenmodell* (DHM) enthält

- ein Punktfeld mit räumlichen Koordinaten (z. B. Landeskoordinaten und NHN-Höhen), welches die Geländeoberfläche repräsentiert, sowie
- programmierte Algorithmen, welche es gestatten, weitere (beliebige) Höheninformationen hieraus abzuleiten.

Das DHM berücksichtigt im Gegensatz zum DGM keine besonderen Geländeformen (Böschungen, Steilränder, scharfe Rinnen u. ä.), sondern stellt i. d. R. ein raster- bzw. gitterförmig Höhenpunktfeld dar. Digitale Geländemodelle bilden heute die Basis für zahlreiche Anwendungen, wie etwa:

- Die Interpolation und Konstruktion von Höhenlinien und ihre Darstellung in topographischen Karten,
- die schattenplastische Darstellung des Geländes durch Schräglichtschattierung (Schummerung),
- die Berechnung und Darstellung von Perspektivansichten, Blockbildern und Panoramen des Geländes, mit und ohne Schummerung, wovon man auch bei interaktiven Karten Gebrauch macht,
- die Berücksichtigung bzw. Eliminierung perspektiver Verzerrungen durch Geländehöhenunterschiede bei der Herstellung von Bildkarten aus Luftbildern, Satellitenbildern sowie Radarbildern (Orthophotos),

- die Berechnung und Darstellung von Längs- und Querprofilen sowie Erdmassen-berechnungen im Verkehrswegebau sowie

- die Ermittlung von überfluteten Landflächen bei einer Hochwassersimulation.

Ausgangsdaten für ein DGM sind die durch eines der zuvor beschriebenen Aufnah-meverfahren oder durch Digitalisierung von Höhenlinien in (analogen) Kartenorigi-nalen, wie z. B. der Deutschen Grundkarte 1 : 5000 (DGK 5), erfaßten Höhenpunkte (Stützpunkte). Mit Ausnahme der Luftbildmessung führen alle Verfahren zunächst zu im Grundriss unregelmäßigen Punktfeldern. Beispielhaft ist hier die tachymetrische Geländeaufnahme, bei der die Punkte nach morphologischen Gesichtspunkten ausge-wählt werden. Für die manuelle Konstruktion von Höhenlinien war ein detailliertes Geländefeldbuch unabdingbar (vgl. 3.1.7). Will man diese rechnerisch ableiten, so ist die Geländeoberfläche so durch geeignete Flächenelemente zu approximieren, dass diese sich möglichst gut an die tatsächliche Fläche anschmiegen.

(1) DGM-Modellierung durch Triangulation

Eine zunächst nahe liegende Methode besteht darin, die Stützpunkte im Grundriss zu Dreiecken zu verbinden. Diese Vermaschung führt zu einem Netz von unregelmäßigen Dreiecksflächen und wird auch als *Triangulation* bzw. *Triangulated Irregular Network* (TIN) bezeichnet. Die Vorhergehensweise ist hierbei keineswegs trivial. So können die vier Punkte eines Vierecks, bei dem alle Winkel < 180° sind (konvexes Viereck), zu jeweils zwei unterschiedlichen Dreiecken verbunden werden.

Bekannteste Methode zur Lösung dieses Problems ist die *Delaunay-Triangulation*, benannt nach dem russischen Mathematiker *B. Delaunay*. Die Dreiecksbildung erfolgt hierbei nach folgenden Kriterien (vgl. *Kraus* 2000):

- Die Dreiecke sollen einem gleichseitigen Dreieck möglichst nahe kommen, d. h. also die jeweils kleinstmöglichen Umkreise besitzen.

- Bei zwei aneinander anschließenden Dreiecken dürfen die jeweiligen Umkreise keine anderen Stützpunkte enthalten.

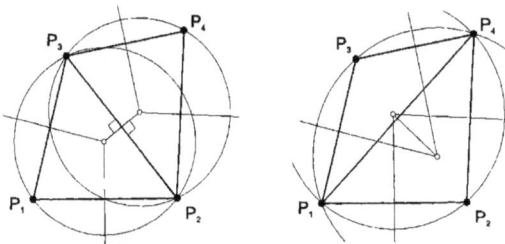

Abb. 5.2.1. Möglichkeiten der Dreiecksbildung mit und ohne Beachtung des Delaunay-Kriteriums kleinstmöglicher Umkreise (nach *Kraus* 2000)

Die Triangulation beginnt zunächst an einer beliebigen Stelle mit vier Punkten und wird dann schrittweise fortgesetzt. Je nach Lage der nächsten Punkte kann es zu einer Veränderung von bereits festgelegten Dreiecken in der unmittelbaren Nachbarschaft kommen. Werden nach Abschluss einer Triangulation Punkte hinzugefügt (z. B. aus einer Ergänzungsvermessung), so erfolgt in dessen unmittelbarer Umgebung ebenfalls eine Dreiecksneubildung.

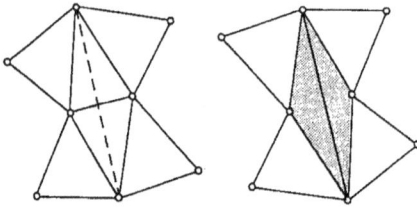

Abb. 5.2.2. Dreiecksneubildung durch Berücksichtigung einer Zwangsseite (nach *Buziek u. a.* 1992)

Prinzipiell bleiben die tatsächlichen Geländeformen zunächst unberücksichtigt, d. h. diese Vorgehensweise liefert nur dann befriedigende Ergebnisse, wenn das Punktfeld ausreichend dicht ist und ausgeprägte Geländestrukturen (scharfe Rücken und Mulden, Kanten, Grate, Böschungen) mit Dreieckseiten zusammenfallen. Deren Berücksichtigung ist durch die Eingabe von Sollseiten als Zwangsbedingung für die Bildung der Dreiecke möglich (*Buziek u. a.* 1992), was voraussetzt, dass entsprechende Informationen in codierter Form vorliegen oder interaktiv aus einem Geländefeldbuch nachträglich eingegeben werden.

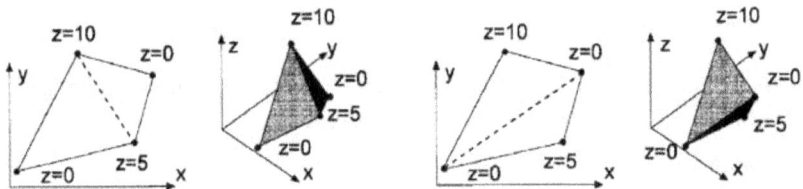

Abb. 5.2.3. Unterschiedliche Geländeformen nach Dreiecksbildung mit und ohne Zwangsbedingung (nach *de Lange* 2006)

Abbildung 5.2.3 zeigt, welche fehlerhafte Geländeform bei Nichtberücksichtigung einer Zwangsbedingung entstehen kann. Im linken Teil der Abbildung sind die Punkte mit den Höhen $z = 0, 5, 0, 10$ entsprechend den Kriterien der Delaunay-Triangulation zu Dreiecken verbunden. Die nebenstehende Perspektivdarstellung zeigt als Ergebnis eine spitze Pyramide. Im rechten Teil der Abbildung ergibt sich durch die Eingabe einer Zwangsseite zwischen den Punkten mit den Höhen $z = 0$ eine andere Dreiecksbildung. Das Ergebnis ist eine Mulde zwischen zwei Hängen.

Da in jedem Dreieckspunkt die Höhe bekannt ist, wird die Geländeoberfläche durch ein Polyeder aus Dreiecksflächen approximiert. Ein derartiges Geländemodell weist zunächst einige Vorteile auf (vgl. *Kraus* 2000):

- Der Berechnungsalgorithmus ist vergleichsweise einfach und überschaubar,

- Geländekanten können als Zwangsseiten unmittelbar berücksichtigt werden und

- Volumenberechnungen, wie sie z. B. für bautechnische Projekte benötigt werden, sind einfach durchführbar.

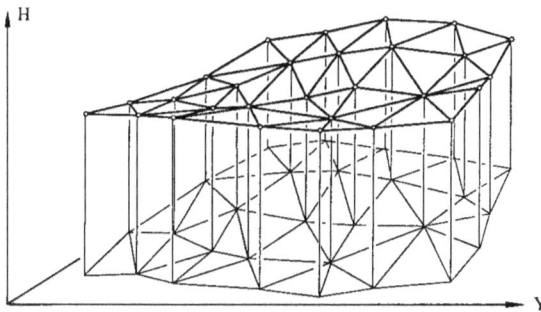

Abb. 5.2.4. Perspektivansicht eines digitalen Geländemodells aus einer Triangulation

Allerdings kann es insbesondere bei tachymetrischen Geländeaufnahmen nach topographischen Gesichtspunkten bei bewegtem Gelände zu stärkeren Glättungen kommen und damit zu größeren Höhenfehlern etwa bei der Ableitung von Höhenlinien. Abhilfe kann hier eine höhere Punktdichte bei der Aufnahme oder die Berechnung gekrümmter Dreiecksflächen schaffen (vgl. *Kraus* 2000). Letzteres bedeutet allerdings einen erheblichen Programmier- und Rechenaufwand.

Eine Besonderheit stellt die Modellierung eines DGM aus digitalisierten Höhenlinien dar. Das zunächst erzeugte Stützpunktfeld weist folgende Merkmale auf:

- Entlang den Höhenlinien erhält man eine höhere Punktdichte als in Gefällsrichtung. Von Vorteil ist, dass letztere in steilem Gelände durch die engere Höhenlinienscharung dichter ist als im flachen Gelände.

- Zwischen den Höhenlinien wird lineares Gefälle angenommen, was i. d. R. nicht zutrifft.

Die Höhengenauigkeit der digitalisierten Punkte (mit $z = $ const.) hängt sowohl vom Kartenmaßstab als auch von der Geländeneigung ab. So beträgt die Standardabweichung einer Höhenlinie in einer DGK 5 bei einer Geländeneigung von 30° $\sigma_h = \pm 2,1$ m und bei 5° $\sigma_h = \pm 0,7$ m (vgl. 6.2.4). Die Genauigkeit ist damit i. d. R. geringer als bei den anderen Verfahren.

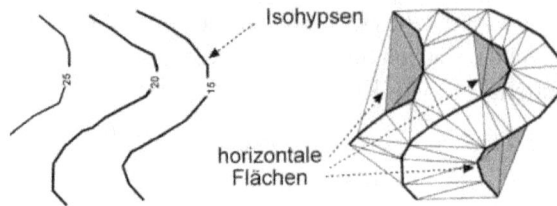

Abb. 5.2.5. Plateaueffekt in Rücken und Mulden bei der Dreiecksvermaschung aus Stützpunkten einer Höhenliniendigitalisierung (nach *de Lange* 2006)

Bei einer anschließenden Dreiecksvermaschung kann es an kritischen Stellen (Gipfel, Senken, Sätteln, ausgeprägten Mulden und Rücken) zu unerwünschten Dreiecksbildungen kommen, d. h. es werden Punkte derselben Höhenlinie, also gleicher Höhe, zu Dreiecken verbunden, so dass ebene Dreiecksflächen entstehen (Plateaueffekt) (vgl. *de Lange* 2006). Über die Lösung dieses Problems durch das ‚Verfahren der iterativen Dreiecksumbildung' berichtet *Buziek* (1990).

(2) DGM-Modellierung mittels Flächenpolynomen

Für zahlreiche Aufgaben, wie z. B. die Differentialentzerrung zur Herstellung von Orthophotos, ist es von Vorteil, wenn ein digitales Geländemodell eine im Grundriss quadratische Form aufweist. Man spricht hierbei auch von einem gitter- oder rasterförmigen DGM. Einzig die stereoskopische Luftbildauswertung liefert bei der Abtastung eines Stereomodells in konstanten Intervallen ein derartiges Punktfeld (vgl. 4.1.6). In allen anderen Fällen ist hierfür eine geeignete Interpolationsmethode erforderlich, d. h. zu vorgegebenen Gitterpunkten mit den Grundrisskoordinaten x, y und mit $\Delta x = \Delta y =$ const. ist aus dem vorhandenen Stützpunktfeld die Höhe der Gitterpunkte zu interpolieren.

Zur Lösung dieses Problems sind verschiedene Verfahren entwickelt worden (vgl. *Kraus* 2000). Eine bewährte Interpolationsmethode basiert auf der Trendflächenanalyse mittels Polynomen n-ter Ordnung, welche eine Fläche im Raum beschreiben (vgl. *Schönwiese* 2006):

$$z = a_0 + a_1 x + a_2 y + a_3 xy + a_4 x^2 + a_5 y^2 + a_6 x^2 y + a_7 xy^2 + a_8 x^3 + \cdots$$

Wenn z die gesuchte Höhe des Gitterpunktes mit den Grundrisskoordinaten x, y ist, dann sind zunächst die Koeffizienten a_i mit Hilfe der Koordinaten x, y, z der umgebenden Stützpunkte so zu bestimmen, dass sich die Fläche diesen bestmöglich annähert. Die Anzahl der Stützpunkte richtet sich hierbei nach der Anzahl der gesuchten Koeffizienten, also dem Grad des Polynoms. Je höher dieser ist, desto besser ist die Annäherung. Zugleich besteht jedoch die Gefahr des ‚Oszillierens' der Fläche zwischen den Stützpunkten, so dass man sich auf Polynome geringerer Ordnung beschränkt. Beispielhaft hierfür ist die Methode der *gleitenden Flächen* (*Koch, K.-R.* 1973, *Kruse* 1979) mit vier unterschiedlichen Polynomen:

$$z = a_0 + a_1x + a_2y + a_3xy + a_4x^2 + a_5y^2 \quad \text{(ellipsoidische Fläche)}$$
$$z = a_0 + a_1x + a_2y + a_3xy \quad \text{(hyperbolische Fläche)}$$
$$z = a_0 + a_1x + a_2y \quad \text{(Schrägebene)}$$
$$z = a_0 \quad \text{(Horizontalebene)}$$

Das Berechnungsprinzip ist dann folgendes:

- Anordnung eines quadratischen Gitters im Bearbeitungsgebiet, wobei der Gitterpunktabstand nicht größer als der geringste Stützpunktabstand sein sollte (z. B. 5 m),
- Auswahl eines Flächenpolynoms und Ermittlung der unbekannten Koeffizienten a_i mittels der umgebenden Stützpunkte, wobei deren Anzahl mindestens gleich der Anzahl der Koeffizienten sein muss sowie
- Berechnung der Höhe z des Gitterpunktes mit Hilfe der Koeffizienten und seiner bekannten Grundrisskoordinaten.

Zur Kontrolle und Genauigkeitssteigerung ist es sinnvoll, mehr als die notwendige Anzahl von Stützpunkten heranzuziehen, so dass die Berechnung der Koeffizienten durch eine Ausgleichung nach vermittelnden Beobachtungen erfolgen kann, d. h. die Quadratsumme der Abweichungen (Restklaffungen) an den Stützpunkten soll zum Minimum werden ($\sum(z_{\text{IST}} - z_{\text{SOLL}})^2 \rightarrow$ Min). Die Auswahl der heranzuziehenden Stützpunkte erfolgt durch einen speziellen Suchalgorithmus. Ihr jeweiliger Einfluss auf das Ergebnis wird durch einen vom Abstand zum Gitterpunkt abhängigen Gewichtsansatz berücksichtigt. Da die Entscheidung über die richtige Auswahl eines Polynoms hinreichende, i. d. R. nicht vorhandene Kenntnisse über die jeweilige Geländeform voraussetzt, beginnt die Berechnung mit dem ellipsoidischen Polynom.

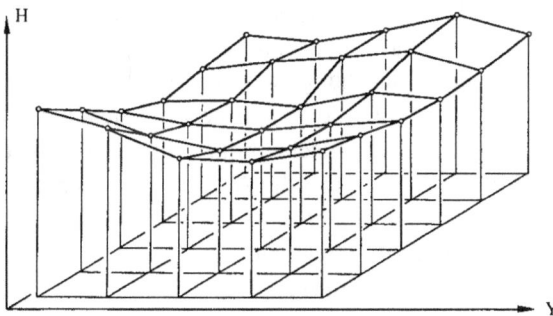

Abb. 5.2.6. Perspektivansicht eines gitterförmigen digitalen Geländemodells

Über die Akzeptanz der so ermittelten Höhe des Gitterpunktes entscheidet dann seine
Standardabweichung, berechnet aus den Restklaffungen an den Stützpunkten. Überschreitet diese ein vorgegebenes Maß (z. B. $\pm 0{,}3$ m), so wird eine Neuberechnung
mit dem nachfolgenden Polynom durchgeführt, ggf. bis zur Horizontalebene. Weitere Einzelheiten, insbesondere auch zur Berücksichtigung von Bruchkanten, Mulden-
und Rückenlinien, markanten Punkten, Aussparungsflächen und Umringslinien, entnehme man den Veröffentlichungen von *Grundey u. Kruse* (1978), sowie *Kruse* (1979
u. 1990).

Das Ergebnis ist ein digitales Geländemodell, dessen Oberfläche aus Vierecken in
Form hyperbolischer Paraboloide gebildet wird. Seine besonderen Merkmale sind:

- Ein gut überschaubarer Berechnungsalgorithmus.

- Geringerer Speicherbedarf, da die Grundrisskoordinaten der Gitterpunkte bei ge-
  gebenem Anfangspunkt aus der Gitterweite ableitbar sind.

- Beliebige Neupunkte sind bei vorgegebnen Grundrisskoordinaten nach dem gleichen Verfahren interpolierbar.

- Die Gitterstruktur ist für viele Verwendungszwecke günstiger als die Dreiecksvermaschung.

5.2.2 Höhenlinien

Die für groß- und mittelmaßstäbige topographische Karten ($M \geq 1 : 200.000$) wichtigste Form der Geländemodellierung bilden Höhenlinien (auch Isohypsen, Höhen-
kurven, Höhenschichtlinien, Schichtlinien oder Niveaulinien). Eine erste umfangreichere Höhenliniendarstellung gab es bereits zum Ende des 18. Jahrhunderts in der
‚Carte de la France‘. Weitere Verbreitung fand die Methode jedoch erst in der zweiten Hälfte des 19. Jahrhunderts mit der Weiterentwicklung der geodätischen Messinstrumente und der daraus resultierenden systematischen und genauen Messung von
Höhenpunkten als geometrische Grundlage. Ein Beispiel hierfür ist die Messtischaufnahme der topographischen Karte 1 : 25.000 (Messtischblätter) durch die ‚Preußische
Landesaufnahme‘ von 1877 bis 1912 (*Krauß* 1969).

Eine Höhenlinie verbindet alle Punkte gleichen lotrechten Abstandes von einer Bezugsfläche miteinander. Ihre Entstehung kann man sich als Schnitt von zur Höhen-
bezugsfläche parallelen Flächen mit dem Gelände vorstellen, wobei die so erzeugten
Schnittlinien orthogonal in die Bezugfläche projiziert bzw. abgelotet werden.

Höhenlinien erfüllen zunächst einmal die Anforderung nach geometrischer Information, d. h. sie ermöglichen die Höhenentnahme für beliebige Kartenpunkte durch
Schätzung oder Interpolation, die Berechnung von Neigungen u. a. Zugleich lassen
sich Aussagen über Neigungsverhältnisse (steil, flach) und zu Geländeformen, also
zur Morphologie, machen. Hierfür ist der gleich bleibende Höhenunterschied (Höhen-
linienintervall oder Schichthöhe) aufeinander folgender Höhenlinien, die *Äquidistanz*,
besonders wichtig. Je geringer diese ist, desto enger ist die Höhenlinienscharung und

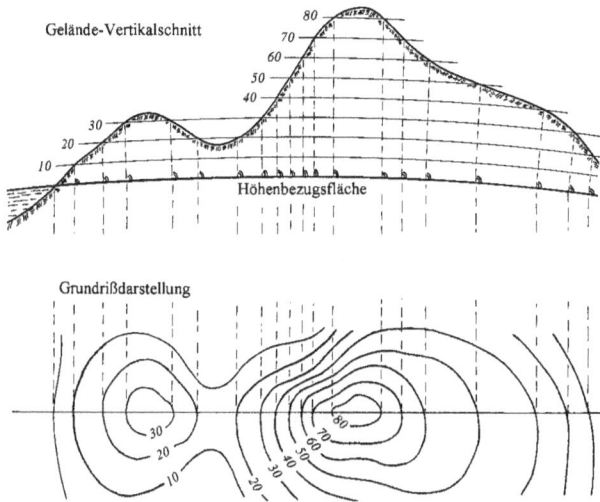

Abb. 5.2.7. Höhenlinien als Schnittlinien horizontaler Flächen mit dem Gelände

desto genauer ist die Modellierung. Die Folge kann ein so dichtes Höhenlinienbild sein, dass die Lesbarkeit der Karte erschwert wird. Ein zu großer Wert indessen beeinträchtigt sowohl die Deutbarkeit von Geländeformen als auch die Genauigkeit der Höhenentnahme. Für die Ermittlung einer sinnvollen Äquidistanz A hat sich nachstehende empirische Formel als geeignet erwiesen, welche den Kartenmaßstab $M = 1/m$, die maximale im darzustellenden Gebiet auftretende Geländeneigung α_{max} und den minimal möglichen Abstand nebeneinander verlaufender Höhenlinien in der Karte, ausgedrückt durch die Anzahl k von Linien je 1mm, berücksichtigt:

$$A = \frac{m \cdot \tan \alpha_{max}}{1000 \cdot k} \quad [m]$$

Um die Lesbarkeit zu gewährleisten, sollte k den Wert 3 L/mm nicht überschreiten. Für den Maßstab 1:25.000 ergäben sich bei einer maximalen Geländeneigung von $10°$ mit $k = 1, 2$ und 3 für $A = 4{,}4$ m, $2{,}2$ m und $1{,}5$ m, wobei man diese Werte auf einprägsame Höhen auf- oder abrundet, also $A = 5$ m, 2 m und 1 m. Bei $\alpha_{max} = 40°$ (Hochgebirge) ergeben sich Äquidistanzen von 20 m, 10 m und 5 m. Für den jeweils letzten Wert würde man sich entscheiden, wenn die maximale Neigung nur an wenigen Stellen im darzustellenden Gebiet auftritt. Für Karten mit $M \geq 1:2000$ (Pläne) genügt i. d. R. vereinfachend $A \leq m/1000$.

Für die Geländeinterpretation ist die konsequente Einhaltung einer so ermittelten Äquidistanz innerhalb einer Landschaftsform von elementarer Bedeutung. Nachteilig ist jedoch, dass bei sehr unterschiedlichen Neigungen in den flacheren Bereichen keine ausreichende Höhendarstellung mehr möglich ist, d. h. kleinere Geländeformen werden nicht mehr wiedergegeben. Daher werden die durch die Äquidistanz festge-legten *Haupthöhenlinien* ggf. durch *Hilfshöhenlinien* (*Zwischenkurven*) im Abstand $A/2$, $A/4$ etc. ergänzt, wobei diese i. d. R. als unterbrochene Linien gezeichnet wer-den und stets dort enden, wo keine zusätzliche Aussage mit ihnen verbunden ist.

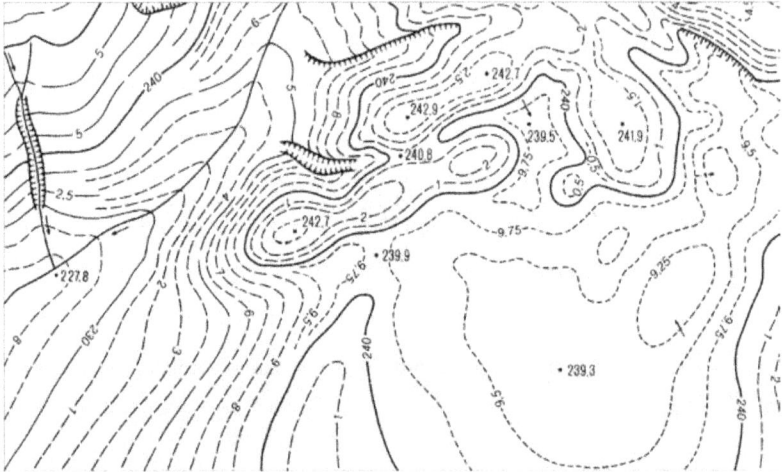

Abb. 5.2.8. Höhenliniendarstellung in der DGK 5 mit Haupthöhenlini-en (5 m) und Hilfshöhenlinien (0,25 m bis 2,5 m) (aus Musterblatt für die Deutsche Grundkarte 1 : 5000, *AdV* 1983)

Die Konstruktion von Höhenlinien erfolgte in der Tachymetrie von Beginn an bis in die 1980er Jahre durch manuelle Interpolation und -zeichnung mit Hilfe des Ge-ländefeldbuchs, ein zeitaufwendiges Verfahren, welches sehr viel morphologisches Verständnis verlangte und i. d. R. von dem aufnehmenden Topographen durchgeführt wurde. Seit den 1930er Jahren setzte sich für die Erfassung größerer Gebiete zuneh-mend die stereoskopische Luftbildauswertung durch, bei der die Höhenlinien unmit-telbar als Ergebnis einer stereoskopischen Modellabtastung entstanden. Auch hier war morphologisches Verständnis erforderlich, da der Abtastvorgang in Abhängigkeit von der Geländeneigung und der Bildqualität (Textur) zu differentiellen Unsicherheiten führte, welche zu glätten waren, ohne hierbei zugleich morphologisch wesentliche Kleinformen zu unterdrücken.

Mit der Entwicklung leistungsfähiger Programme zur Erzeugung von digitalen Ge-ländemodellen aus tachymetrischen Daten einerseits und der Entwicklung der analy-tischen Photogrammetrie mit der Möglichkeit zur automatisierten profilweisen Mo-dellabtastung andererseits, konnten schließlich Höhenlinien durch Interpolation und programmgesteuerte Zeichnung aus einem Höhenmodell abgeleitet werden. Der Ab-lauf lässt sich unabhängig von der Form des DGM (Dreiecks- oder Gittermodell) wie folgt beschreiben:

- Lineare Interpolation vorgegebener Höhenlinienwerte längs der Dreiecks- bzw. Gitterseiten,
- Verbindung der so ermittelten Interpolationsstellen gleicher Höhe zu einem Höhenlinienpolygon und
- Ausrundung der Linien durch eine geeignete Funktion.

Weitere Einzelheiten entnehme man z. B. den Veröffentlichungen von *Kruse* (1979 u. 1990).

Die Generalisierung von Höhenlinien für Folgekarten ist eine anspruchsvolle Aufgabe, die ähnlich wie die manuelle Konstruktion morphologisches Verständnis voraussetzt. Eine Halbierung des Maßstabs (Verdoppelung der Maßstabszahl) führt zunächst zu einer Verdoppelung der Äquidistanz, wobei wiederum einprägsame Höhenwerte zu wählen sind. Zugleich muss der Linienverlauf vereinfacht werden, d. h. es müssen kleinere Geländeformen weggelassen werden. Hierbei haben Vollformen (Rücken) stets Vorrang vor Hohlformen (Mulden, Rinnen). Ggf. müssen bestimmte, eigentlich zu kleine aber charakteristische Geländeformen in reduzierter Anzahl, aber vergrößert dargestellt werden.

5.2.3 Schräglichtschattierung

Höhenlinien ermöglichen zwar die Deutung von Geländeformen, vermitteln jedoch nur ausnahmsweise durch Scharungswirkung einen räumlichen Eindruck. Beleuchtet man ein Geländemodell in geeigneter Weise so, dass ähnlich wie in der Natur beobachtbar Hell-Dunkel-Schattierungen entstehen, so ergibt sich eine schattenplastische Wirkung. Hierbei hat sich die *Schräglichtschattierung* oder *-schummerung* unter Annahme einer Beleuchtung aus Nord-West bei den üblicherweise nach Norden orientierten Karten als am wirkungsvollsten erwiesen. Bei der Geländewiedergabe in den

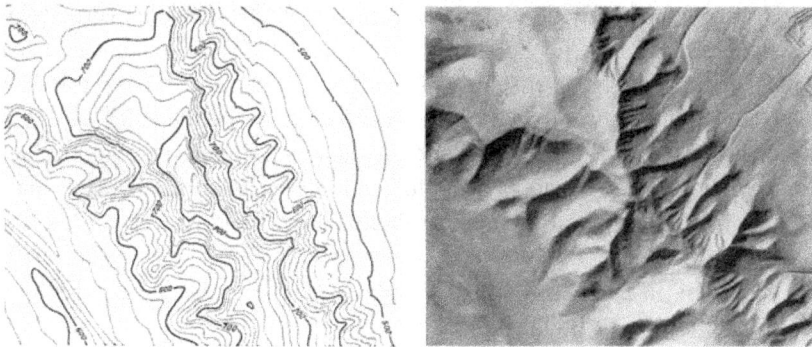

Abb. 5.2.9. Höhenliniendarstellung und hieraus manuell abgeleitete Schräglichtschattierung unter Annahme einer NW-Beleuchtung (nach *Imhof* 1968)

Karten wird dieser Effekt durch Variation der Intensität einer einfarbigen Flächen-
tönung erzeugt. Besonders geeignet hierfür ist der den natürlichen Schatten entsprechende Farbton Graublau.

Voraussetzung für die Anwendung dieser Methode ist ein Höhenlinienbild und sie
erfordert von den Kartographen nicht nur ein besonders ausgeprägtes Vorstellungs-
vermögen, sondern auch besondere Fähigkeiten bei der Ausführung. Die manuelle
Bearbeitung hat den Vorteil der individuellen Anpassung von Beleuchtungsrichtung
und Beleuchtungsstärke, um eine möglichst eindrucksvolle Schattenwirkung zu erzielen. Heute nutzt man digitale Geländemodelle und damit die Möglichkeit zur pro-
grammgesteuerten Erzeugung der Schummerung. Hierbei wird unter Annahme einer bestimmten Beleuchtungsrichtung den einzelnen Vierecken eines Gittermodells in
Abhängigkeit von ihrer Neigung und Lage zur Lichtquelle ein Grauwert zugewiesen.
Sind die einzelnen Vierecke in der Abbildung (Karte, Bildschirm eines PC) kleiner
als die Auflösung des menschlichen Auges, so entsteht der Eindruck einer sich kontinuierlich verändernden Grautönung entsprechend der Schattenplastik. Die digitale
Bilderzeugung ermöglicht bei interaktiven Karten nicht nur Variationen hinsichtlich
der Lage der Lichtquelle und ihrer Intensität, sondern auch die Betrachtung des Geländes in unterschiedlicher Perspektive.

Mit Ausnahme von Hochgebirgsregionen ist eine schattenplastische Darstellung
i. A. erst ab dem Maßstab 1 : 25.000 sinnvoll, hinreichend strukturiertes Gelände
vorausgesetzt. Bis zum Maßstab 1 : 200.000 wird sie mit Höhenlinien und ab etwa
1 : 500.000 bis 1 : 50 Mill. mit farbigen Höhenschichten kombiniert. In noch kleineren
Maßstäben führt die fortschreitende Generalisierung zu einer eher schablonenhaften
Geländewiedergabe, so dass hier i. d. R. auf eine Schummerung verzichtet wird.

5.2.4   Farbige Höhenschichten

Farbige Höhenschichten gliedern die Landformen in *Höhenbereiche*, vermitteln aber
keine detaillierte Aussage über Geländeformen und Höhenunterschiede. Über die
hierfür geeigneten Farben gab es schon frühzeitig sehr unterschiedliche Auffassungen.
Die heute am häufigsten verwendete *Spektralfarbenskala* orientiert sich an den Spek-
tralfarben und folgt dem Prinzip ‚je höher desto dunkler‘. Hieraus resultiert schließlich
in unterschiedlichen Modifikationen die folgende Farbgebung ausgehend vom Tiefland bis zu den Berggipfeln: Blaugrün, Gelbgrün, Gelb, Hellbraun, Braun, Rotbraun,
Braunrot.

Eine besonders in der Schweiz angewandte Farbenskala ist die der *luftperspek-
tivischen Abstufung* (vgl. *Imhof* 1965). Sie basiert auf der Erfahrung, dass Farben
mit zunehmender Betrachtungsentfernung durch Dunst (Staub, Wasserdampf u. a.)
an Kontrast verlieren, also zunehmend von einem Grauschleier überlagert werden.
Hieraus haben sich ausgehend vom Tiefland zu den Berggipfeln lasierende in einander übergehende Farbtöne ergeben: Graues Grünblau, Blaugrün, Grün, Gelbgrün,

Gelb, rötliches Gelb. Ihre Anwendung erfolgt in Kombination mit Höhenlinien und Schummerung und soll die plastische Wiedergabe des Geländes unterstützen.

Die Wahl der *Höhenstufen* ist naturgemäß maßstabsabhängig und in kleinmaßstäbigen Karten nicht ganz problemlos, da hier häufig sehr unterschiedliche Höhenbereiche vom Flachland bis zum Hochgebirge in einer Karte anzutreffen sind. Daher finden dort progressive Höhenstufen, näherungsweise einer geometrischen Zahlenfolge entsprechend, Anwendung, wie z. B.: 0–50, 50–100, 100–200, 200–500, 500–1000, 1000–2000, 2000–4000 und über 4000 m.

5.3 Analoge (graphische) Modelle

Von Beginn topographischer Vermessungen an waren *topographische Karten* zugleich (analoge) Modelle und Datenspeicher und als Kartenwerke auch Informationssysteme, ohne dass man sie so benannt hat. Sie sind nach wie vor unentbehrliche Informationsquelle und Arbeitsmittel, sei es in gedruckter Form oder auf dem Bildschirm eines PC. Sowohl als ‚Strichkarte' (topographische Karte im engeren Sinn) als auch

Abb. 5.3.1. Gegenüberstellung von Luftbildern und topographischen Karten gleichen Maßstabs (nach *Imhof* 1968)

als ‚Bildkarte' stellen sie die Erdoberfläche sowie die auf ihr befindlichen natürlichen und künstlichen Objekte dar. Wesentliche Unterschiede ergeben sich allerdings in der Entstehung und im Kartenbild. Während die konventionelle Strichkarte ein mit Hilfe graphischer Elemente abstrahiertes Bild zeigt, handelt es sich bei einer Bildkarte primär um ein photographisches oder einer Photographie ähnelndes Bild, welches weitgehend unserem visuellen Eindruck aus einer zugehörigen Aufnahmeposition entspräche.

Bei den Strichkarten wird die durch die Verkleinerung bedingte Reduzierung und Vereinfachung des Karteninhalts gegenüber der realen Erdoberfläche durch eine Objektauswahl und -gestaltung nach den bestimmten Regeln erreicht (Erfassungs- und kartographische Generalisierung). Der Detailreichtum von Bildkarten hingegen hängt vor allem von der geometrischen und radiometrischen Auflösung des Aufnahmesensors und des menschlichen Auges bei der Bildbetrachtung ab (optische Generalisierung). Im Folgenden wird daher zwischen *topographischer Karte* und *Bildkarte* unterschieden.

5.3.1 Topographische Karten

Eine topographische Karte stellt eine vorwiegend maßstabsabhängige Auswahl der natürlichen und künstlichen Objekte der Erdoberfläche dar, erläutert durch Beschriftung und Signaturen. Die inhaltliche Gliederung unterscheidet zwischen Grundrissobjekten (Situation) sowie Höhen und Geländeformen (vgl. Kap. 2). Topographische Karten werden nach dem Verwendungszweck und dem hieraus resultierenden maßstabsbedingten Grad der Generalisierung unterschieden:

- *Topographische Grundkarten* sind als Ergebnis einer Landesaufnahme i. d. R. großmaßstäbig ($M \geq 1 : 10.000$). Sie dienen sowohl als Basiskarte für Folgekarten als auch unmittelbar als Grundlage für Detailplanungen und großmaßstäbige thematische Darstellungen. In weniger dicht besiedelten Ländern kann der Maßstab auch kleiner sein (z. B. $1 : 25.000$). In der BRD hat das Basis-DLM von ATKIS die Funktion einer Grundkarte übernommen (vgl. 5.5.3).

- *Topographische Spezial- und Übersichtskarten* sind Folgekarten mittleren Maßstabs ($1 : 10.000 > M \geq 1 : 500.000$), durch Verkleinerung und Generalisierung aus dem jeweils vorhergehenden größeren Maßstab abgeleitet. Sie sind maßstabsbedingt zunehmend weniger detailliert, ermöglichen aber zugleich die zusammenhängende Darstellung größerer Regionen, wie sie etwa für Raumplanung, Verwaltung, Landesverteidigung sowie als Basis für die Darstellung geowissenschaftlicher Sachverhalte erforderlich ist.

- *Chorographische* (griech. raumbeschreibend) *Karten* sind kleinmaßstäbig ($M < 1 : 500.000$) und dienen der Darstellung von Ländern ($M \geq 1 : 10$ Mill.), Kontinenten und der gesamten Erde ($M < 1 : 10$ Mill.). Sie sind überwiegend in den sog. Weltatlanten zu finden.

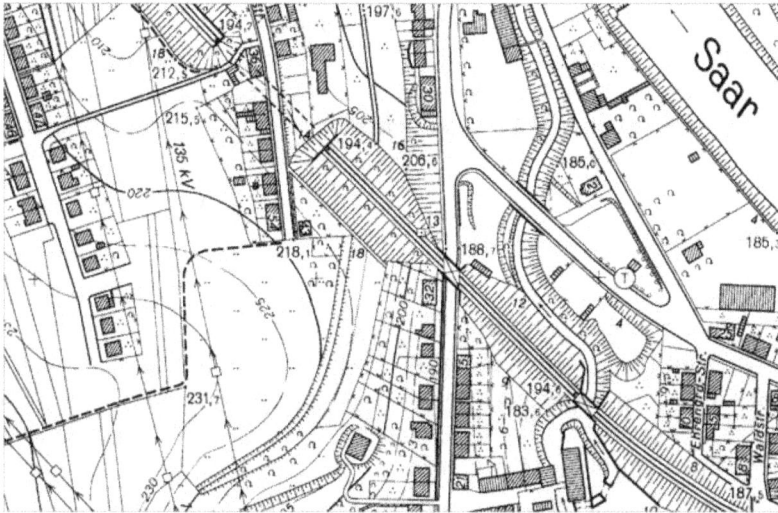

Abb. 5.3.2. Ausschnitt aus der Deutschen Grundkarte 1 : 5000 (DGK 5) Blatt Wehrden (© *Landesamt für Kataster-, Vermessungs- und Kartenwesen LKVK Saarland*)

Die Herstellung topographischer Karten hat sich in den letzten Jahrzehnten sehr gewandelt. Ursprünglich führten die Ergebnisse der topographischen Aufnahme unabhängig vom Aufnahmeverfahren (Tachymetrie oder Aerophotogrammetrie) zunächst zu einem oder mehreren inhaltlich getrennten Kartenentwürfen, d. h. zu exakten Kartierungen ohne endgültige graphische Ausgestaltung. Diese bildeten die Vorlage für die Herstellung der Kartenoriginale. Spätestens bei deren Herstellung wurde eine inhaltliche Trennung entsprechend der Anzahl der zu druckenden Farben vorgenommen. Gleiches galt für die Ableitung der Folgekarten. Die Bearbeitung von Kartenentwurf und Originalen erfolgte durch manuelle Zeichnung bzw. Schichtgravur. Daran schloss sich die reproduktionstechnische Erzeugung der Druckvorlagen und schließlich der Druckplatten an. Die Kartenoriginale waren damit die eigentlichen Datenspeicher und wurden entsprechend fortgeführt.

Entscheidende Veränderungen ergaben sich durch die Entwicklung der (elektronischen) graphischen Datenverarbeitung (GDV) in Form der CAD-Systeme (Computer Aided Design oder Rechnergestütztes Entwerfen). Sie ermöglichen die unmittelbare Umsetzung digitaler Daten in ein graphisches Bild, sei es auf dem Bildschirm eines PC, verbunden mit einer interaktiven Bearbeitung, oder über Zeichengeräte auf einem Zeichnungsträger. Diese Arbeitsweise wird bei der Kartenherstellung als *Desktop Mapping* bezeichnet (ursprünglich Computerkartographie) und man versteht hierunter die interaktive Kartengestaltung vom Entwurf bis zum Original am PC (vgl. *Olbrich u. a.* 2002, *de Lange* 2006). Eine vollständige Automatisierung der Herstellungsprozesse ist aufgrund der teilweise sehr komplexen Anforderungen bislang nur bei bestimmten, vor allem großmaßstäbigen Karten mit relativ einfacher graphischer Struktur möglich, wie z. B. Liegenschaftskarten. Als nach wie vor schwierig erweist sich die Entwurfsherstellung bei mittel- und kleinmaßstäbigen Karten, bei denen die notwendige Generalisierung eine interaktive Arbeitsweise erfordert.

5.3.2 Bildkarten

Grundlage von Bildkarten sind analoge oder digitale Bilder als Aufzeichnung einer von der Erdoberfläche remittierten elektromagnetischen Strahlung mittels eines geeigneten Sensors. Diese werden geometrisch und radiometrisch korrigiert und weisen häufig eine mehr oder weniger umfangreiche kartographische Ergänzung auf. Hierzu gehören vor allem Beschriftung, Koordinaten, Koordinatennetz und Kartenrahmen, aber auch Objektsignaturen, Höhenlinien u. a.

Bildkarten sind damit topographische Modelle, aber im Gegensatz zu topographischen Karten werden alle Objekte abgebildet, sofern sie genügend groß sind, d. h. geometrisch aufgelöst werden, einen hinreichenden Kontrast zur Umgebung aufweisen, also radiometrisch aufgelöst werden (vgl. 4.1.1), und nicht durch andere Objekte oder die Vegetation verdeckt werden. Wesentliches und Unwesentliches ist gleichermaßen enthalten. Weiterhin sind die Objekte nicht durch einfache graphische Elemente dargestellt und in einer Legende erläutert, sondern müssen aus Form, Grau- oder Farbton sowie Beziehung zur Umgebung vom Kartennutzer gedeutet werden. Beides erschwert die Lesbarkeit und eine erfolgreiche Nutzung setzt eine entsprechende Erfahrung voraus.

Eine geometrisch nutzbare Darstellung von Höhen und Geländeformen ist nur durch kartographische Ergänzung in Form von Höhenlinien und Höhenpunkten erreichbar. Allerdings können sich anschauliche schattenplastische Effekte durch besondere Strahlenremission (natürliche Beleuchtung oder Radarrückstrahlung) ergeben.

Die Aktualisierung von Bildkarten ist durch die relativ rasche Neuaufnahme und die weitgehend automatisierten Auswertprozesse sehr viel eher möglich und in Anbetracht des weltweiten Mangels an aktuellen groß- und mittelmaßstäbigen topographischen Karten können sie diese zumindest vorläufig ersetzen bzw. ergänzen, wenn mehr und vor allem aktuellere Informationen benötigt werden, als sie die abstrahierten ‚Strichkarten' bieten. Letztere sind aber durch ihre klar gegliederte und exakte graphische Darstellung in ihrer Lesbarkeit unübertroffen. Dank der heute erreichbaren hohen Auflösung und Detailabbildung können Luftbildkarten und Satellitenbildkarten schließlich auch unmittelbar zur Nachführung bestehender topographischer Karten genutzt werden.

Die für die Herstellung von Bildkarten zu verwendenden Bilddaten aus Luftbildern, optischen Scannern oder Mikrowellenaufzeichnungen müssen zunächst durch geeignete Verarbeitungsprozeduren in ein sichtbares Bild und schließlich durch Korrektur geometrischer und radiometrischer Abbildungsfehler sowie kartographische Ergänzungen in eine Bildkarte umgesetzt werden. Dies geschieht heute ausschließlich durch digitale Bildverarbeitung. Die hiermit zusammenhängenden Sachverhalte sowie Verfahren werden im Folgenden kurz erläutert. Ausführliche Darstellungen findet man in der Fachliteratur zur Photogrammetrie und Fernerkundung, insbesondere bei *Albertz* (2009). Die Entwicklung der Bildkartenherstellung von ihren Anfängen bis heute beschreiben *Albertz u. Lehmann* (2007).

Zur Herstellung von *Luftbildkarten* wurden bereits mit Beginn systematischer Luftaufnahmen Methoden und Geräte entwickelt, welche die geometrische Korrektur zur Beseitigung der projektiven, durch Bildneigungen hervorgerufenen Verzerrungen auf photographischem Wege ermöglichten. Bereits in den 1940er Jahren wurden so umfangreiche Bildplanwerke 1 : 5000 und 1 : 25.000 hergestellt (vgl. *Finsterwalder* 1952). Mit der Entwicklung der optisch-mechanischen Differentialentzerrung in den 1950er Jahren gelang es schließlich, auch die durch Geländehöhenunterschiede erzeugten perspektiven Verzerrungen zu korrigieren. Die hierfür erforderlichen Geländehöhen wurden zunächst durch Stereoauswertung gewonnen. Das Ergebnis waren dem Grundriss einer topographischen Karte, also einer Orthogonalprojektion entsprechende *Orthophotos*. Hierauf basierte u.a die Ausgabe der Deutschen Grundkarte 1 : 5000 als Luftbildkarte (DGK 5 L) in verschiedenen Bundesländern der BRD, wegen der aufwendigen Verarbeitung von Farbfilmen zunächst nur in Schwarz-Weiß. In den 1980er Jahren konnten infolge der Entwicklung der EDV die analogen Entzerrungsverfahren durch die analytische und digitale Bildverarbeitung abgelöst und damit der Herstel-

Abb. 5.3.3. Ausschnitt aus einer (im Original farbigen) Luftbildkarte 1 : 5000 von Berlin (© *Senatsverwalt. für Stadtentwicklung – Geoinformation und Vermessung – Berlin* 2000)

lungsprozess von der Bildaufnahme bis zur Druckvorlage bzw. zur Ausgabe durch einen Rasterplotter weitgehend automatisiert werden. Voraussetzung ist das Vorhandensein digitaler bzw. digitalisierter Luftbilder, der Daten der inneren und äußeren Orientierung sowie eines rasterförmigen digitalen Geländemodells (vgl. 4.1.5). Damit ist heute die rasche Bereitstellung digitaler Orthophotos (DOP), wie z. B. bei ATKIS, für die Herstellung farbiger Bildkartenwerke möglich.

Unberücksichtigt bleiben bei diesem Verfahren die perspektiven Versetzungen der über der Geländeoberfläche befindlichen Objekte (Gebäude, Masten, Bäume u. ä.), ein insbesondere bei großmaßstäbigen Bildkarten störender Effekt. Dieser lässt sich bei Vorliegen eines digitalen Oberflächenmodells (DOM) aus einer z. B. zeitgleich durchgeführten Laserscanning-Aufnahme beseitigen. Die so, mit allerdings erheblichem Mehraufwand korrigierten Bilder werden dann auch als True-Orthophotos bezeichnet (*Lohr* 2003).

Grundlage von *Satellitenbildkarten* sind Aufnahmen mit optoelektronischen Scannern (vgl. 4.4.1). Durch die polnahen Umlaufbahnen der Satelliten und Flughöhen von mehreren einhundert Kilometern wird die kurzfristige Erfassung nahezu der gesamten Erdoberfläche innerhalb weniger Tage ermöglicht. Seit dem Start des Erderkundungssatelliten *Landsat1* im Jahre 1972 hat sich die Leistungsfähigkeit der Aufnahmesysteme erheblich gesteigert. Lag die Bodenauflösung beim Landsat1 noch bei 80 m, so liegt sie heute bei nahezu gleicher Flughöhe im panchromatischen Bereich bereits bei 0,5 m (z. B. WorldView-1). Sie ist damit in etwa vergleichbar mit der eines analogen

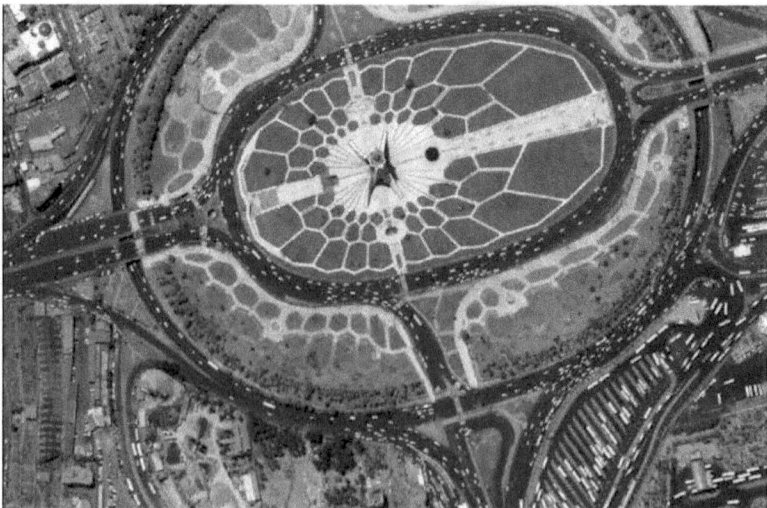

Abb. 5.3.4. Satellitenbildkarte vom Azadi Tower in Teheran (Iran), aufgenommen von World View-1 aus 496 km Höhe mit einer Original-Auflösung (GSD) von 0,5 m (© *DigitalGlobe*, Longmont/USA, 2007)

Luftbildes, aufgenommen mit einer Weitwinkelkamera aus 7,5 km Flughöhe und unter Annahme einer Auflösung von 50 Lp/mm. Damit sind Satellitenbilder bzw. aus ihnen abgeleitete Bildkarten ein unentbehrliches Arbeitsmittel in allen Geowissenschaften. Zugleich können sie zur Situationsnachführung mittel- und kleinmaßstäbiger topographischer Karten herangezogen werden, sofern eine hinreichende Lagegenauigkeit erreicht werden kann (*Schiewe* 2001).

Die Herstellung von *Radarbildkarten* hat ebenfalls bereits eine längere Tradition, insbesondere für solche Gebiete, deren Erfassung durch optische Sensoren schwierig oder unmöglich ist (vgl. 4.3). Auch hier hat die Entwicklung der Aufnahmetechnik verbunden mit der digitalen Bildverarbeitung zu einer enormen Steigerung bei der Auflösung und damit Detailerkennbarkeit geführt. Von besonderem Vorteil ist die Möglichkeit zur gleichzeitigen Erzeugung digitaler Geländemodelle mittels der Radar-Interferometrie und damit zur Beseitigung der durch Höhenunterschiede hervorgerufenen Verzerrungen und zur Umformung in ein Landessystem. Damit bilden derartige Bildkarten eine wichtige Alternative zur Erlangung bzw. Ergänzung topographischer Informationen in nur schwer zugänglichen Gebieten.

Abb. 5.3.5. Radarbildkarte von München-Riem mit Messegelände aus einer Aufnahme im kurzwelligen Mikrowellenbereich ($\lambda = 3$ cm), aus einer Flughöhe ü. G. von 3000 m und mit einer Original-Bodenauflösung von 0,5 m (© *Intermap Technologies München* 2010)

Für die Herstellung einer Bildkarte müssen geometrisch und radiometrisch korrigierte Bilddaten vorliegen, bei farbigen Produkten aus den entsprechenden Spektralkanälen. Wenn ein Kartenblatt anders als bei einer Blattschnittbefliegung der Luftbildaufnahme (vgl. 4.1.8) nicht aus einem einzelnen Bild erstellt werden kann, muss ein mosaikartiges Zusammenfügen von Einzelbildern oder -szenen durchgeführt werden. Hierbei werden diese über identische Punkte miteinander verknüpft und über Passpunkte in ein Landessystem transformiert. Letztere können ggf. aus existierenden topographischen Karten möglichst großen Maßstabs entnommen oder mit Hilfe geodätischer Messverfahren ermittelt werden.

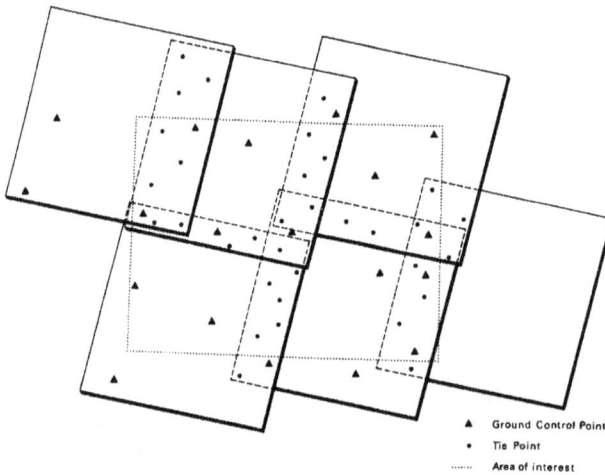

▲ Ground Control Point
• Tie Point
······ Area of interest

Abb. 5.3.6. Mosaik-bildung durch Ver-knüpfung von Ein-zelszenen über Ver-knüpfungspunkte (Tie P.) und Transformation ins Landessystem über Passpunkte (Ground Control P.) (nach *Albertz u. a.* 1987)

Insbesondere bei Satelliten-Bildkarten ist auch eine Kombination der Daten von verschiedenen Satelliten denkbar. Da die einzelnen Szenen nicht zwangsläufig zum gleichen Zeitpunkt entstanden sind, sondern von verschiedenen Überflügen mit veränderten Beleuchtungsverhältnissen stammen können, ist noch eine radiometrische Anpassung erforderlich. Nach dem ‚Ausschneiden‘ des Kartenblattes erfolgt schließlich noch eine kartographische Bearbeitung, z. B. Beschriftung von Objekten, eventuell auch Ergänzung durch Signaturen, Erzeugung eines Kartenrahmens, Koordinatenangaben u. a. Für den Druck der Karten sind dann Druckvorlagen entsprechend der Anzahl der zu druckenden Farben herzustellen. Weitere Einzelheiten hierzu entnehme man der Fachliteratur zur Kartographie (z. B. *Kohlstock* 2010, *Hake u. a.* 2003).

5.4 3D-Stadtmodelle

Unsere Wahrnehmung der Umwelt und deren abstrahierte Darstellung in topographischen Karten widersprechen sich nicht nur wegen des Abstraktionsgrades, sondern vor allem auch wegen der unterschiedlichen Perspektiven. Karten des Mittelalters und der Neuzeit waren daher häufig Aufriss-, Schräg- oder Perspektivansichten und auch heute noch findet man etwa in Stadtplänen markante Gebäude in dieser Form.

Derartige Darstellungen basierten i. d. R. nicht auf exakten Vermessungen und hatten zudem den Nachteil erheblicher Verdeckungen. Hieraus resultierte schließlich der

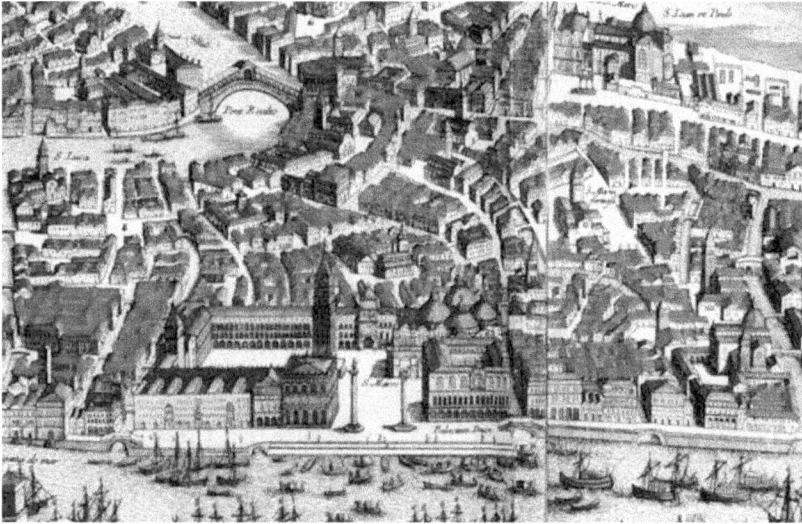

Abb. 5.4.1. Ausschnitt aus einer (im Original farbigen) Perspektivdarstellung von Venedig von 1657 (nach *Sammet* 1990)

Übergang zur Orthogonaldarstellung des Karteninhalts und damit, von Ausnahmen bei den Signaturen abgesehen, die Reduktion auf den (exakten) Grundriss. Nachteilig hierbei ist, dass nicht nur das Lesen von Karten erschwert wird, sondern auch jede darüber hinaus gehende Verwendung, für die eine (räumliche) 3D-Erfassung sowie -Darstellung topographischer Objekte von Nutzen ist.

Die Entwicklung der topographischen Vermessung von der analogen zur digitalen Aufnahmetechnik und Datenverarbeitung hat inzwischen die Voraussetzung für eine räumliche (virtuelle) Darstellung und Betrachtung aus nahezu beliebiger Perspektive geschaffen. In den 1980er Jahren eröffnete zunächst die Möglichkeit zur Berechnung digitaler Geländemodelle zugleich die ihrer perspektiven Präsentation. Für die übrigen topographischen Objekte, insbesondere die Bebauung, war die räumliche Erfassung sowohl im Grund- als auch im Aufriss erforderlich, ein auch für die stereophotogrammetrische Auswertung zunächst kaum vertretbarer Mehraufwand. Erst mit der Automatisierung von Auswertprozessen und der in den 1990er Jahren entwickelten Methode des Laserscannings waren die Voraussetzungen für die Erzeugung räumlicher Darstellungen, insbesondere für die Bebauung als sog. *3D-Stadtmodelle* (auch *digitale* oder *virtuelle* Stadtmodelle) gegeben. Man versteht hierunter die räumliche Präsentation eines städtischen Raumes mit den darin befindlichen Gebäuden und sonstigen Bauwerken (Türme, Brücken u. ä.), der Verkehrswege, der Gewässer, der Vegetation, des Geländes und sonstiger topographischer Objekte. Heute sind 3D-Stadtmodelle unterschiedlicher Ausprägung bereits in zahlreichen Städten verfügbar bzw. im Aufbau, u. a. für

- die Stadt- und Bebauungsplanung,

- Untersuchungen zur Auswirkung von Emissionen (Lärm, Abgase, Feinstaub),

- die Modellierung der Auswirkung von Naturereignissen (z. B. Hochwasser),

- Optimierung von Rettungseinsätzen,

- virtuelle Besichtigungstouren,

- Erzeugung virtueller räumlicher Stadtpläne,

- Untersuchungen zur Ausbreitung von Funkwellen (z. B. Mobilfunk) und

- Ermittlung der für Solaranlagen geeigneten Gebäude (Solarpotentialanalyse).

Im Zentrum der Einrichtung von Stadtmodellen steht, vor allem im Hinblick auf eine weitgehend automatisierte Realisierung, die großflächige Erfassung und Modellierung sowie Präsentation der Gebäude in Grund- und Aufriss sowie der Dachlandschaft und der Fassaden. Die hier angewandten Methoden sind bis heute Gegenstand intensiver Forschung, wie die nahezu unüberschaubare Zahl von Veröffentlichungen belegt. Die wesentlichen Merkmale sollen im Folgenden kurz vorgestellt werden. Eine ausführliche Erörterung findet man bei *Kada* (2007).

5.4.1 Datenquellen

Für die Erfassung der für ein 3D-Stadtmodell erforderlichen Daten kommen prinzipiell alle Verfahren der topographischen Vermessung in Betracht, wenn sie auch nicht in gleicher Weise für eine großflächige Aufnahme geeignet sind. Zugleich sind bereits bestehende, hinreichend genaue digitale Situationsmodelle und Geländemodelle eine wichtige Basis.

Die umfassendste 3D-Datenerfassung wird durch die *stereoskopische Luftbildauswertung* ermöglicht. Hiermit können, eine Längs- und Querüberdeckung von 60 bis 80% vorausgesetzt, durch entsprechende Bildauswahl nahezu alle Grundrisse und Dachformen von Bauwerken, die Geländehöhen, die Vegetation sowie alle sichtbaren topographischen Objekte gemessen werden. Zugleich liefert sie eine detaillierte Oberflächenstruktur für die Dachlandschaften und den Straßenraum (vgl. 5.4.2). Nachteilig ist, dass die Auswertung interaktiv erfolgen muss, d. h. die einzelnen Objektpunkte müssen, wenn auch mit Unterstützung durch die digitale Bildkorrelation, in einer bestimmten Reihenfolge gemessen werden, damit eine anschließende automatische Linienverbindung zu einem Objekt (topologische Zuordnung) erfolgen kann (*Haala* 2001).

Das *Aero-Laserscanning* ermöglicht die automatisierte Ableitung digitaler Oberflächenmodelle (DOM) und damit eine 3D-Modellierung der Bauwerke und des Geländes. Bei entsprechender Flughöhe, ggf. vom Helikopter aus, sind hohe Punktdichten (z. B. $16/m^2$) möglich. Durch spezielle mathematische Methoden (Filterung) lassen sich die DGM-Punkte von denen des DOM trennen, so dass als Differenzmodell ein

Abb. 5.4.2. Oberflächenmodelle (DOM) als Schummerungsdarstellung im Vergleich mit einem Orthophoto (links). Mitte: DOM aus einer digitalen Bildkorrelation aus digitalen Luftbildern. Rechts: DOM aus einer LIDAR-Aufnahme mit einer Dichte von 5 P/m^2 (nach *Haala* 2009)

sog. normalisiertes Oberflächenmodell (nDOM) entsteht, welches alle über die Geländeoberfläche hinausragenden Objekte enthält (*Vögtle u. Steinle* 2004). Da prägnante Linien und Punkte nur zufällig erfasst werden, müssen die 3D-Objekte durch nachfolgende Rechenprozesse (Detektion und Klassifizierung) gebildet werden. Von Vorteil ist, dass durch Kombination von Laserscanner und Digitalkamera bei der Aufnahme zugleich Orthophotos abgeleitet und in die Modellierung und Texturierung einbezogen werden können (*Jansa u. Stanek* 2003). Wie Abbildung 5.4.2 zeigt, hat auch die Ableitung digitaler Oberflächenmodelle (DOM) durch automatische Bildkorrelation digitaler Luftbilder zuletzt enorme Fortschritte gemacht (*Haala* 2009).

Eine wichtige Quelle für den Aufbau von Stadtmodellen sind bestehende detaillierte *digitale topographische Informationssysteme,* wie z. B. die automatisierte Liegenschaftskarte (ALK) bzw. digitale Stadtgrundkarten (DSGK) und das amtliche topographisch-kartographische Informationssystem (ATKIS) der Landesvermessungs-

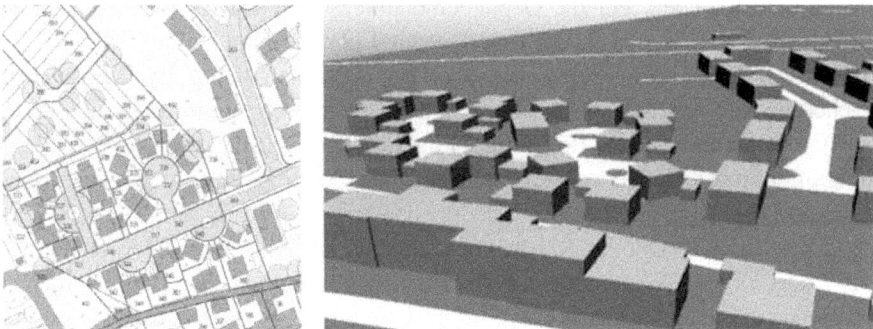

Abb. 5.4.3. Ausschnitt aus einer Liegenschaftskarte und hieraus sowie aus ALS-Daten abgeleitete ‚Klötzchenmodelle‘ (nach *Averdung* 2006)

behörden (vgl. 5.5). Die ALK und DSGK enthalten neben den Gebäudegrundris-
sen in unterschiedlichem Maße weitere topographische Objekte, z. T. auch Angaben
über die Anzahl der Stockwerke. Letzteres ermöglicht unter Annahme einer mittleren
Geschosshöhe die Ermittlung der Gebäudehöhen und damit die Modellierung eines
einfachen ‚Klötzchenmodells‘ (*Beulke u. Kewes* 2008). Gebäudegrundrisse können
schließlich in Kombination mit der Erfassung durch das Laserscanning die Detektion
der zu einem Gebäudedach gehörenden Laserpunkte erheblich vereinfachen. Während
das Basis-DLM von ATKIS bei einem Lagefehler von ± 3 bis 15 m allenfalls für eine
einfache Blockmodellierung infrage kommt, könnte das DGM 2 mit einem Höhenfehler von $\pm 0,15$ bis 0,4 m eine geeignete Grundlage sein.

Schließlich können auch großmaßstäbige Satelliten- und Radarbilder sowie durch
Radar-Interferometrie gewonnene DGM als Datenquelle dienen. Alle Verfahren haben
ihre Vor- und Nachteile und sind in ihrer Anwendung abhängig von den zur Verfügung
stehenden Ressourcen. Üblich ist daher auch eine Kombination der verschiedenen
Methoden, insbesondere die Verknüpfung von ALK, Laserscanning und Orthophotos.

5.4.2 Gebäudemodellierung

Unter der Gebäudemodellierung wird die Annäherung der tatsächlichen Gebäude-
form durch geometrisch definierte Körper verstanden, auch als Festkörpermodellie-
rung bezeichnet. Ziel ist es, durch entsprechende Algorithmen die Gebäude je nach
gewünschtem Detaillierungsgrad hierdurch zu ersetzen (*Kada* 2007). Die Ansprüche
an die Modellierung hängen vom Verwendungszweck des Stadtmodells ab und rei-
chen vom einfachen Blockmodell (‚Klötzchenmodell‘) bis zur Wiedergabe genaues-
ter Dach- und Fassadenelemente. Um die unterschiedlichen Anforderungen sowie
den Datenaustausch zu vereinheitlichen und damit eine breite Anwendung von 3D-
Stadtmodellen zu ermöglichen, wurde das Datenaustauschformat *CityGML* entwickelt. Hierin wird zwischen Gebäuden, Verkehrswegen, Gewässern, Vegetation und
Gelände unterschieden. Für die Gebäudemodellierung sind Form, Genauigkeit und
Mindestgröße durch den Grad der Detaillierung LoD (Level of Detail) definiert.

Neben der Bereitstellung geometrischer Informationen sieht CityGML auch die
Speicherung und den Austausch thematischer (semantischer) Informationen zu den
einzelnen Objekten vor, wie Bedeutung, Funktion und Eigenschaften (z. B. Wohngebäude, öffentliches Gebäude, Wirtschaftsgebäude, Name, Adresse, Baujahr, Anzahl
der Stockwerke, Dachtyp u. a.).

Will man die Gebäude realitätsnah gestalten, so ist je nach gewünschter Feinheit
(LoD 2 oder 3) eine Wiedergabe der Oberflächenstrukturen und -muster erforderlich,
ein Vorgang der auch als Texturierung bezeichnet wird. Für die Dachstrukturen, welche durch das Laserscanning nicht erfasst werden, sowie Texturen durch die Dachma-
terialien müssen Orthophotos herangezogen werden. Gleiches gilt für die Geländeoberfläche und den Straßenraum.

	Merkmale	Lage-genauigkt.	Höhen-genauigkt.	Grund-fläche
LoD 0	2,5D-DGM überlagert mit Luftbild oder Karte	–	–	–
LoD 1	Blockmodelle ohne Dachstrukturen und -texturen	$\geq \pm 5\,\mathrm{m}$	$\geq \pm 5\,\mathrm{m}$	$\geq 6 \times 6\,\mathrm{m}^2$
LoD 2	Modelle mit Dach- u. Fassaden-strukturen u. -texturen, Vegetation	$\pm 2\,\mathrm{m}$	$\pm 1\,\mathrm{m}$	$\geq 4 \times 4\,\mathrm{m}^2$
LoD 3	Architekturmodelle mit hoch aufgelösten Strukturen und Texturen	$\pm 0,5\,\mathrm{m}$	$\pm 0,5\,\mathrm{m}$	$\geq 2 \times 2\,\mathrm{m}^2$
LoD 4	Zugängliche Innenraummodelle mit Ausbau (Treppen, Türen u. a.)	$\leq \pm 0,2\,\mathrm{m}$	$\leq \pm 0,2\,\mathrm{m}$	–

Tab. 5.1. Detailstufen der Gebäudemodellierung von CityGML (nach *Kada* 2007)

Eine detaillierte Fassadenausgestaltung kann im Einzelfall durch eine photographische Aufnahme und anschließende projektive Entzerrung erfolgen (vgl. 3.2.2). Für die Gebäude eines größeren Bezirks bzw. Stadtgebiets sind terrestrisch-photogrammetrische Messbilder oder terrestrische Laserscanner-Aufnahmen erforderlich, für deren automatisierte Auswertung die äußere Orientierung zum Aufnahmezeitpunkt bekannt sein muss. Bestehen Verdeckungen durch Fahrzeuge, Fußgänger oder Vegetation, so sind diese mittels Bildbearbeitungsprogrammen zu beseitigen bzw. zu retuschieren (*Kada* 2007). Luftbildschrägaufnahmen können in offenen Bereichen ebenfalls zur Fassadentexturierung herangezogen werden, sofern auch hier die äußere Orientierung bekannt ist. Über ein photogrammetrisches Schrägbild-Kamerasystem berichtet *Wiedemann* (2009).

Abb. 5.4.4. Beispiele für die Detailstufen LoD 1, LoD 2 und LoD 3 (nach *Kolbe* 2009)

Wie auch topographische Karten sind 3D-Stadtmodelle für die verschiedenen Verwendungszwecke in unterschiedlichen Maßstäben und Detaillierungsgraden erforderlich. Aus wirtschaftlichen Gründen ist es allerdings wenig sinnvoll, diese in mehreren Detailstufen vorzuhalten und fortzuführen. Damit liegt es nahe, sie in gleicher Weise durch Generalisierung von einander abzuleiten, d. h. ausgehend von einem (großmaßstäbigen) detaillierten Modell entsteht je nach Bedarf ein vereinfachtes i. d. R. kleinermaßstäbiges Modell. Verfahren und Methoden zur automatischen Ableitung unterschiedlicher Detailstufen werden ausführlich von *Kada* (2007) vorgestellt.

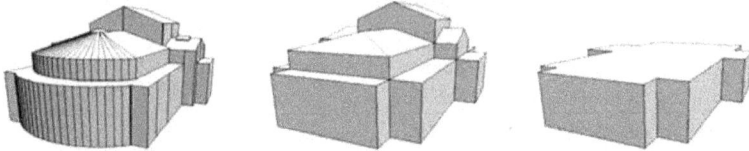

Abb. 5.4.5. Generalisierung eines Gebäudemodells unterschiedlicher Detailstufen (nach *Kada* 2007)

5.4.3 Modellpräsentation

Von großer Bedeutung für die Nutzung von 3D-Modellen ist die Möglichkeit zur (virtuellen) Betrachtung von verschiedenen Standpunkten aus unterschiedlicher Höhe und Entfernung, ein Vorgang der auch als Visualisierung bezeichnet wird. Von besonderem Interesse ist hierbei die Standpunkthöhe (*Haala* 2001):

- Visualisierungen aus der *Vogelperspektive*, d. h. einer Höhe von mehr als 200 m, geben ähnlich wie bei Karten einen weitgehend verzerrungs- und verdeckungsfreien Überblick über größere Regionen.

- *Schrägansichten* aus Höhen zwischen 2 m und 200 m, wie sie etwa bei Anwendungen in der Architektur üblich sind, ermöglichen detailliertere Betrachtungen begrenzter Bereiche, allerdings mit dem Nachteil von Verdeckungen und sich veränderndem Maßstab. Diese können z. T. interaktiv durch die Betrachter kompensiert werden.

- Ansichten aus der *Fußgängerperspektive* entsprechen dem visuellen Eindruck einer vor Ort befindlichen Person, also einer Zentralprojektion, und geben lediglich eine Einblick in einen begrenzten Bereich.

Eine Erweiterung der Betrachtungsmöglichkeiten stellt die interaktive *multiperspektivische Projektion* dar (*Lorenz u. a.* 2009). Hierbei werden zwei Betrachtungsstandpunkte, z. B. aus der Fußgänger- und der Vogelperspektive, verbunden durch einen nahtlosen Übergangsbereich, in einer Ansicht vereint. Damit erhält der Nutzer einen Detaileinblick in einen begrenzten Bereich und zugleich eine Übersichtdarstellung, welche insbesondere bei Veränderung des Betrachtungsstandpunktes die Orientierung erleichtert.

Entsprechend der Betrachtungsnähe ist der wichtigste Faktor für eine realitätsnah empfundene Visualisierung eine darauf abgestimmte Texturierung. Während im ersten Fall wenig detaillierte Darstellungen genügen, sind insbesondere aus der Fußgängerperspektive photorealistische Fassadengestaltungen erforderlich.

Abb. 5.4.6. Stadtmodelle unterschiedlichen Detailgrades von Berlin-Mitte mit Reichstag und Brandenburger Tor als Schrägansichten aus unterschiedlicher Perspektive (© *Senatsverwaltung für Stadtentwicklung Berlin*)

5.5 Topographische Informationssysteme

Die analoge Form der Speicherung und Präsentation topographischer Daten bedeutete erhebliche Einschränkungen hinsichtlich der Datenerhebung, der Speicherkapazität, der Aktualisierung, der Flexibilität sowie der Nutzungsmöglichkeiten. Ein entscheidender Fortschritt ergab sich erst durch die Entwicklung der EDV und Informatik und der Begriff *Informationssystem* hat sich mit den hieraus resultierenden Möglichkeiten zur Bearbeitung, Speicherung und Nutzung umfangreicher Datenmengen besonders in den letzten zwei Jahrzehnten im allgemeinen Sprachgebrauch etabliert.

Ein *Topographisches Informationssystem* ist ein Datenverarbeitungssystem, welches topographische Daten (Zahlen, graphische Darstellungen, Sachverhalte) digital erfasst, aufbereitet und zu topographischen Modellen verarbeitet, diese speichert, verwaltet und für unterschiedliche Aufgaben zur Verfügung stellt. Hierzu gehören:

- Rechner, Speicher, Plotter, Digitizer und Scanner (Hardware),
- eine Datenbank mit den topographischen Daten, Programmen für die Datenverarbeitung und -verwaltung sowie zur Kommunikation mit anderen Systemen und
- Anwendungsprogramme zur Datennutzung.

Topographische Informationssysteme sind damit eine Untergruppe der *Geoinformationssysteme* (GIS) und bilden zugleich in unterschiedlicher Ausprägung eine für alle Geoinformationssyteme unverzichtbare Basis.

Die Ergebnisse topographischer Vermessungen führen zunächst zu einem Modell der Landschaft bzw. zu einem Digitalen Topographischen Modell (DTM), bestehend aus *Digitalem Situationsmodell* (DSM) und *Digitalem Geländemodell* (DGM) und ggf. einer topographischen Karte mit Situations- und Geländedarstellung (analoges Modell). Die wesentlichen Merkmale eines DTM sind:

- Statt durch graphische Elemente werden Objektlage, -form und -art durch Geometrie- und Sachdaten ‚dargestellt‘. Neben diesen können sog. *Metadaten*, wie z. B. Angaben zur Datenquelle, zum Zeitpunkt der Objekterfassung, zur Genauigkeit u. a. m. gespeichert werden.
- Die geometrische Genauigkeit der Objekte entspricht ihrer Erfassungsgenauigkeit, ist also maßstabsunabhängig. Einschränkungen ergeben sich dann, wenn Daten nicht durch Neuvermessung, sondern durch Digitalisierung bestehender Kartenoriginale gewonnen werden.
- Die Anzahl und der Detailreichtum der Objekte sind prinzipiell beliebig groß, da hier anders als in der Karte kein vom Maßstab abhängiges Platzangebot besteht. Eine Beschränkung ergibt sich allerdings schon aus wirtschaftlichen Gründen, denn je größer die Datenmenge, desto größer ist der Aufwand für die Erfassung und Aktualisierung. Sofern neue Aufnahmedaten vorliegen, ist eine Übernahme in das DTM i. d. R. problemlos und kurzfristig möglich.
- Unterschiedliche Objektbereiche, wie Siedlungen, Verkehrswege, Gewässer, Vegetation, Höhen und Geländeformen u. a., können in zahlreichen Objektebenen separat gespeichert und dann getrennt oder beliebig miteinander kombiniert ausgegeben werden.
- Die Ausgabe der Daten als Karte kann in unterschiedlichen Maßstäben erfolgen, erfordert aber i. d. R. eine Datenreduzierung ggf. auch Generalisierung.

Wichtige Quelle für die Einrichtung umfangreicher topographischer Informationssysteme, wie z. B. ATKIS (vgl. 5.5.3), sind durch Vektordigitalisierung aus Kartenoriginalen gewonnene Daten (vgl. *Kohlstock* 2010). Hinzu kommen Neuvermessungen durch die zuvor vorgestellten Verfahren. Während Tachymetrie und Luftbildmessung eine Auswertung nach Lage *und* Höhe ermöglichen, liefern die Auswertungen des Laser-Scanning und der Radar-Interferometrie nur digitale Geländemodelle (DGM) bzw. digitale Oberflächenmodelle (DOM).

5.5.1 Die Automatisierte Liegenschaftskarte (ALK)

Der Erfassung und Ordnung von Grund und Boden dienen in Deutschland das Liegenschaftskataster und das Grundbuch. Das *Liegenschaftskataster* weist auf der Basis von Vermessungen die Einteilung des Bodens in Flur- bzw. Grundstücke nach und enthält Angaben über deren Lage, Größe, Nutzung usw. Seine Einrichtung und Fortführung ist Aufgabe der Vermessungsbehörden in den Bundesländern, vertreten durch die Vermessungs- und Katasterämter. Das *Grundbuch* regelt die rechtlichen Aspekte an einem Grundstück, wie das Eigentum, Dienstbarkeiten und Belastungen. Seine Führung obliegt den Amtsgerichten.

Erste Bestrebungen, das analog geführte Liegenschaftskataster in eine digitale und damit automationsgerechte Form umzuwandeln, gehen bereits auf die 1970er Jahre zurück und führten schließlich zum *Amtlichen Liegenschaftskataster-Informationssystem* (ALKIS) mit den Bestandteilen *Automatisierte Liegenschaftskarte* (ALK) und *Automatisiertes Liegenschaftsbuch* (ALB). Die *ALK* bildet ein topographisch-thematisches Modell und enthält:

- Die Geometriedaten (Koordinaten) für die Flurstücksgrenzen bzw. Grenzmarken, für die Gebäudegrundrisse sowie ggf. für weitere topographische Einzelheiten.

- Die Sachdaten, wie Flurstücksnummern, Flur- und Gemarkungsgrenzen, Gebäudenutzung, Hausnummern, Flächennutzung, ggf. Bodenschätzung, Beschriftungen u. a.

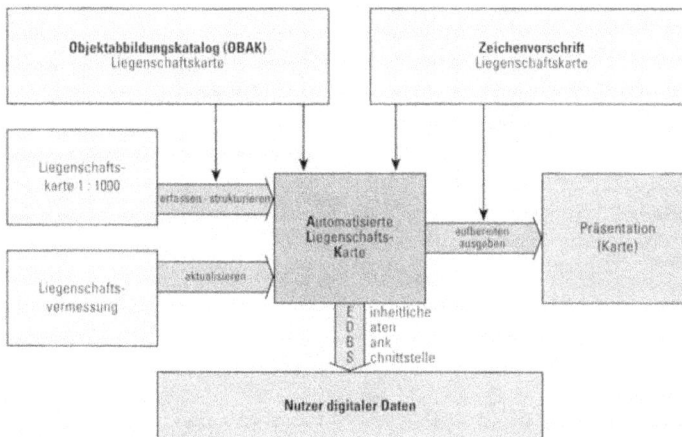

Abb. 5.5.1. Schematischer Aufbau der ALK (© *Landesvermessung & Geobasisinformation Niedersachsen LGN*)

Die Datengewinnung erfolgt durch Digitalisierung (Vektorisierung) bestehender Liegenschaftskarten sowie durch Neuvermessungen. In einem Objektschlüsselkatalog (OSKA) werden die zu erfassenden Objekte festgelegt. Der Objektabbildungskatalog (OBAK) enthält schließlich die Vorschriften zur Bildung der Objekte sowie zu ihrer Abbildung in der ALK. Die Speicherung der Daten in der ALK-Datenbank wird getrennt nach Objektarten in sog. Fachfolien vorgenommen, wie z. B. für Flurstücksdaten, Gebäude, Flächen und ihre Nutzung, sonstige topographische Objekte u. a. Hinzukommen Dateien für die Festpunkte sowie für die Messungselemente, die der Koordinatenberechnung zugrunde liegen. Die ALK kann dann sowohl in digitaler als auch in graphischer Form (Liegenschaftskarte) ausgegeben werden, letztere bis zum Maßstab $\geq 1:5000$.

5.5.2 Digitale Stadtgrundkarten (DSGK)

Digitale Stadtgrundkarten (DSGK) wurden auf der Basis der ALK als umfassende Informationssysteme für Großstädte eingerichtet mit einem umfangreichen topographischen und thematischen Inhalt:

- Bauwerke, Verkehrswege, Gewässer, topographische Einzelheiten, Vegetation, Höhen, ...
- Flurstücksgrenzen, Baublockgrenzen, Verwaltungsgrenzen, Nutzungsarten, ...
- Straßennamen, Flurstücks- und Hausnummern, ...

Hierzu verfügen die Systeme über eine geometrisch-graphische Datenbank für alle Objekte, Erfassungs- und Verarbeitungssysteme für Graphik- und Sachdaten sowie

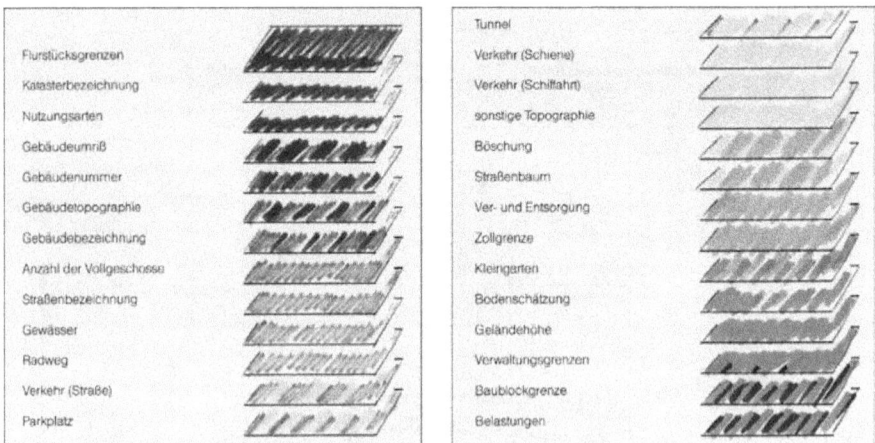

Abb. 5.5.2. Objektebenen der DSGK Hamburg (© *Landesbetrieb Geoinformation und Vermessung Hamburg LGV*)

ein Ausgabesystem für die graphische Präsentation. Damit ergeben sich gegenüber den analogen Kartenwerken erhebliche Verbesserungen:

- Alle Objekt- und Sachdaten werden zentral verwaltet und können kurzfristig aktualisiert werden.

- Neben der digitalen Ausgabe kann die graphische Präsentation in verschiedenen Maßstäben erfolgen.

- Es besteht eine freie Auswahl für Karteninhalt und -gestaltung.

- Da die Objekt- und Sachdaten in zahlreichen separaten Ebenen abgelegt sind, können diese prinzipiell beliebig miteinander kombiniert und ausgegeben werden.

5.5.3 Amtliches Topographisch-Kartographisches Informationssystem (ATKIS)

Im Jahre 1989 beschloss die ‚Arbeitsgemeinschaft der Vermessungsverwaltungen der Länder der Bundesrepublik Deutschland' (AdV) nach längeren Vorarbeiten, die Kartenwerke von 1 : 25.000 bis 1 : 1 Mill. in ein digitales Informationssystem zu überführen. Dieses sollte unter der Bezeichnung *Amtliches Topographisch-Kartographisches Informationssystem* (ATKIS) aus zwei Komponenten bestehen: Den inhaltsreichen und genauen *Digitalen Landschaftsmodellen* (DLM) und den vereinfachten (generalisierten) *Digitalen Kartographischen Modellen* (DKM). Aus letzteren sollten dann die analogen topographischen Karten abgeleitet werden. Nach mehr als zehn Jahren der Entwicklung sowie umfangreicher Datenerfassungen für die DLM durch die Landesvermessungsbehörden und das Bundesamt für Kartographie und Geodäsie (BKG) wurde die ursprüngliche Konzeption überarbeitet und modifiziert. Danach ist ATKIS ein topographisches Informationssystem hoher Genauigkeit, dessen Daten für vielfältige Zwecke genutzt werden können, u. a. auch als Grundlage für die Herstellung topographischer und thematischer Karten. Als Produkte sollen zur Verfügung stehen (*Harbeck* 2000):

- Digitale Landschaftsmodelle (DLM),

- Digitale Geländemodelle (DGM),

- Digitale Topographische Karten (DTK) und

- Digitale Orthophotos (DOP).

Ein *Digitales Landschaftsmodell* (DLM) enthält alle wesentlichen topographischen Objekte der Landschaft in vektorisierter Form mit folgenden Merkmalen:

- Geometrische Festlegung der Objekte durch Landeskoordinaten und ggf. Landeshöhen,

- codierte Angaben zur Objektart, Objektattributen sowie Namen,

ATKIS – Objektbereiche						
Festpunkte	Siedlung	Verkehr	Vegetation	Gewässer	Relief	Gebiete
1000	2000	3000	4000	5000	6000	7000

Objektgruppen des Objektbereichs Verkehr (3000)

3100 Straßenverkehr
3200 Schienenverkehr
3300 Flugverkehr
3400 Schiffsverkehr
3500 Anlagen und Bauwerke für Verkehr, Transport u. ä.

Objektarten der Objektgruppe Straßenverkehr (3100)

3101 Straße
3102 Weg
3103 Fußgängerzone
3104 Platz

Attribute der Objektart Straße (3101)		**Attributwerte** von WDM
BDF	Breite der Fahrbahn	1301 Bundesautobahn
OFL	Lage zur Erdoberfläche	1302 Bundesauto.u. Europastr.
ZUS	Zustand	1303 Bundesstraße
FTR	Fahrbahntrennung	1304 Bundesstr. u. Europastr.
FKT	Funktion	1305 Landes- o. Staatsstraße
WDM	Widmung	1306 Kreisstraße
ENM	Eigenname	1307 Gemeindestraße
BRO	Breite des Objekts	9999 Sonstiges
FSZ	Anzahl der Fahrstreifen	
OFM	Oberflächenmaterial	

Tab. 5.2. Aufbau des ATKIS-Objektartenkatalogs (nach *Grothenn* 1988)

- keine über die Erfassungsgeneralisierung hinausgehende kartographische Generalisierung und
- Genauigkeit der Objekte entsprechend ihrer Erfassungsgenauigkeit.

Die Objektklassifizierung und ihre Codierung (Verschlüsselung) werden in einem Objektartenkatalog (ATKIS-OK) festgelegt.

Grundsätzlich wäre die Erfassung und ständige Aktualisierung eines einzigen DLM ausreichend, vergleichbar mit einer Grundkarte wie der DGK 5 als Ergebnis der Landesaufnahme, aus dem dann alle weiteren DLM und schließlich auch die DTK durch Generalisierung ableitbar wären. Die hierzu notwendige automatisierte Generalisierung hat zwar in den letzten Jahren erhebliche Forschritte gemacht, bedarf jedoch noch erheblicher interaktiver Unterstützung (*Ellsiepen* 2006, *Urbanke u. Dieckhoff* 2006). Daher sieht das AdV-Konzept zunächst neben der Einrichtung eines Basis-DLM drei weitere vor: DLM 50, DLM 250 und DLM 1000.

Das *Basis-DLM* (Digitales Basis-Landschaftsmodell), inhaltlich etwa vergleichbar mit der DGK 5, bildet das inhaltsreichste und genaueste Modell. Welche Objekte zu erfassen sind, wird im Basis-OK (Objektartenkatalog) geregelt. Die Datengewinnung erfolgt durch Übernahme von Daten aus der ALK sowie durch Vektordigitalisierung der DGK 5 bzw. TK 10 und großmaßstäbiger Orthophotos, ggf. auch durch Neuaufnahme (z. B. durch Luftbildmessung). Die Lagegenauigkeit entspricht

Produkt-name	Bezeich-nung	Zielmaß-stab	Raster-weite [m]	Mittlerer Fehler [m]
Basis-DLM	Digitales Land-schaftsmodell	1 : 5 000 –1 : 25 000	Vektor	Lagefehler ± 3–15
DLM50		1 : 50 000	Vektor	Lagefehler ± 3–15
DGM2	Digitales Gelände-modell	1 : 2 000	1–5	Höhenfehler ± 0,15–0,4
DGM5		1 : 5 000	5–15	Höhenfehler ± 0,5–1
DGM25		1 : 25 000	20–50	Höhenfehler ± 2–3
DGM50		1 : 50 000	50–100	Höhenfehler ± 3–5
DOP(20)	Digitales Orthophoto	1 : 500 –1 : 5 000	0,2	Lagefehler < 0,5(0,7)
DOP40		1 : 2 000 –1 : 10 000	0,4	Lagefehler < 1,0
DTK10	Digitale Topo-graphische Karte	1 : 10 000	1,25	Lagefehler ± 5–10
DTK25		1 : 25 000	2,5	Lagefehler ± 10–20
DTK50		1 : 50 000	5	Lagefehler ± 10–40
DTK100		1 : 100 000	10	Lagefehler ± 30–100

Tab. 5.3. Groß- und mittelmaßstäbige ATKIS-Produkte (nach *Meinel u. a.* 2008)

der Erfassungsgenauigkeit, mindestens jedoch der der DGK 5 von ±3 m. Die Bearbeitung der letzten Ausbaustufe (Basis-DLM (3)) dürfte ab 2009 abgeschlossen sein (*Meinel u. a.* 2008).

Ein *digitales Geländemodell* (DGM), welches mit hinreichender Genauigkeit die Geländeoberfläche repräsentiert, würde ebenfalls ähnlich einem einzigen DLM ausreichen, um hieraus vielfältige Informationen zu entnehmen. Um jedoch sehr unterschiedlichen Nutzeranforderungen gerecht zu werden, bearbeiten die Landesvermessungsämter DGM mit unterschiedlicher Gitterweite (Rasterweite) und Genauigkeit. Das DGM 2 ist vorerst nur in hochwassergefährdeten Gebieten vorgesehen (*Meinel u. a.* 2008).

Die Datengewinnung erfolgt je nach Qualitätsstufe durch Digitalisierung der Höhenlinien aus den topographischen Karten großen und mittleren Maßstabs mit anschließender DGM-Berechnung sowie durch Neuvermessung, wie z. B. Laserscanning. Die ursprünglich vorgesehene Integration in die DLM unter dem Objektbereich 6000 (Relief) ist zunächst zugunsten einer separaten Einrichtung aufgegeben worden. Der Bearbeitungsstand ist in den einzelnen Bundesländern sehr unterschiedlich. Das BKG soll aus den genauesten DGM der einzelnen Bundesländer das DGM 25 für das gesamte Bundesgebiet bearbeiten. Darüber hinaus verfügt das BKG über ein

DGM 250, abgeleitet aus der Digitalisierung der Höhenlinien der TK 50, mit einer Gitterweite von etwa $30 \times 20\,\mathrm{m}^2$ und einer Höhengenauigkeit von $\pm 20\,\mathrm{m}$ sowie ein wiederum hieraus berechnetes DGM 1000 (*Jäger* 2003).

Digitale Topographische Karten (DTK) und ihre analogen Ausgaben, die Topographischen Karten (TK), sollen aus den entsprechenden DLM (die Höhenlinien aus den DGM) ebenfalls im Vektorformat abgeleitet werden:

- Die *DTK 10* und die *DTK 25* für die Ausgabe im Maßstab 1 : 10.000 (TK 10) und 1 : 25.000 (TK 25) aus dem Basis-DLM.

- Die *DTK 50* für die Ausgabe einer TK 50 und einer TK 100 aus dem DLM 50.

- Die *DTK 250* für die Ausgabe der Topographischen Übersichtskarte TÜK 250 und der Übersichtskarte ÜK 500 aus dem DLM 250.

- Die *DTK 1000* für die Ausgabe der Karte der Bundesrepublik Deutschland 1 : 1 Mill. (D 1000) aus dem DLM 1000.

Voraussetzung hierfür ist eine automatisierte, aber z. Z. nur interaktiv durchführbare kartographische Generalisierung der detaillierten DLM (s. o.) und Darstellung der Objekte entsprechend einem Signaturenkatalog (ATKIS-SK). Als vorläufige Produkte stehen die derzeitigen analogen Kartenwerke von 1 : 25.000 bis 1 : 1 Mill. im Rasterformat beim BKG zur Verfügung (*Endrullis* 2000).

Für die Herstellung *Digitaler Orthophotos* (DOP) finden Schwarz-Weiß- oder Farb-Luftbilder Verwendung. Die Bildmaßstäbe sollen zwischen 1 : 12.000 und 1 : 18.000 liegen und die Digitalisierung der Bilder (im Rasterformat) soll eine Bodenauflösung von $40 \times 40\,\mathrm{cm}^2$ gewährleisten. Neben der Ausgabe als einfache Luftbildkarte, z. B. im Maßstab 1 : 5000, sind auch Kombinationen mit Vektordaten aus ALKIS oder ATKIS möglich.

Um den Zugang zu den Daten von ATKIS für alle Interessenten zu vereinfachen, werden diese zentral durch das Geodatenzentrum des Bundesamtes für Kartographie und Geodäsie (BKG) verwaltet und zur Verfügung gestellt (*Endrullis* 2000).

Kapitel 6
Durchführung und Prüfung topographischer Vermessungen

Für die Durchführung einer topographischen Vermessung stehen je nach gewünschtem Endprodukt (DSM und/oder DGM, topographische Karte) verschiedene Möglichkeiten zur Verfügung, wobei in vielen Fällen die Wahl des geeigneten Verfahrens unproblematisch ist. So ist zur Herstellung eines Lage- und Höhenplanes für ein kleineres Bauprojekt nur eine tachymetrische Aufnahme sinnvoll und für die vollständige topographische Erfassung einer größeren Region die Luftbildmessung, auch in Kombination mit dem Aero-Laserscanning. Häufig ist indessen die Entscheidung für das ‚richtige' Verfahren nicht o. w. zu treffen und es bedarf zunächst einer eingehenden Analyse der beeinflussenden Faktoren. Mitunter wird auch in Unkenntnis des Entwicklungsstandes und der Leistungsfähigkeit neuerer Methoden an altbewährten Verfahren festgehalten. Lange Zeit konnte sich z. B. die Luftbildmessung trotz der erwiesenen Qualität ihrer Ergebnisse nur allmählich gegen die Tachymetrie in der Landesaufnahme durchsetzen (*Finsterwalder* 1957).

Umfangreichere topographische Vermessungen werden vorwiegend von behördlichen Institutionen, wie Landesvermessungsämtern, Straßenbauämtern, Flurbereinigungsbehörden, Wasser- und Schiffahrtsämtern u. a., geplant und, zumindest die eigentliche Aufnahme, an Vermessungsfirmen als Auftrag vergeben. Die Auftraggeber müssen vor der Auftragsvergabe einen spezifischen Anforderungskatalog (Produktbeschreibung oder -definition) formulieren und sie müssen das abgelieferte Endprodukt überprüfen. Welches Verfahren zur Anwendung kommt, obliegt prinzipiell der Entscheidung des Auftragnehmers.

Im Folgenden sollen zunächst einige Aspekte einer Produktbeschreibung erörtert werden und dann vor allem die wichtigsten Methoden der topographischen Vermessung, d. h. die Luftbildmessung, das Aero-Laserscanning und die für kleinere Projekte nach wie vor unentbehrliche Tachymetrie, mit ihren wesentlichen Merkmalen gegenübergestellt werden. Nicht einbezogen wird das InSAR, welches zwar für die Erzeugung digitaler Geländemodelle in gleicher Weise geeignet ist wie das Laserscanning (*Meier u. Nüesch* 2001), dessen Bedeutung jedoch vor allem in der großräumigen Erfassung der Erdoberfläche von Satelliten aus zu sehen ist. Die nur in Sonderfällen oder partiell zum Einsatz kommenden Verfahren (Radarbild- und Satellitenbild-Verfahren, terrestrische Photogrammetrie und terrestrisches Laserscanning) bleiben ebenso unberücksichtigt. Schließlich werden die Möglichkeiten zur Prüfung einer topographischen Vermessung, welche die Qualität des Endprodukts sicherstellen sollen, diskutiert.

6.1 Wahl des Aufnahmeverfahrens

Für Planung und Durchführung einer topographischen Vermessung sind zunächst maßgebend:

- Umfang der Vermessung (Situation und/oder Gelände), Detailliertheit (z. B. viele topographische Einzelheiten),

- Größe der zu erfassenden Fläche,

- Beschaffenheit des Aufnahmegebiets, d. h. Bebauungsdichte, Geländeformen (flach, hügelig, gebirgig), Art und Dichte der Vegetation sowie

- Art und Genauigkeit des gewünschten Endprodukts.

Diese Merkmale sind Gegenstand einer Ausschreibung mit einer entsprechenden Produktbeschreibung. Erst danach ist die Festlegung eines bestimmten Aufnahmeverfahrens sinnvoll.

6.1.1 Zur Produktbeschreibung

Die präzise Formulierung der Anforderungen an das Endprodukt ist für Auftraggeber und -nehmer von großer Wichtigkeit, vermeidet sie doch nachträgliche Verzögerungen und Kostensteigerungen durch entsprechenden Mehraufwand bei einer unzureichenden Produktdefinition. Während hierzu beim Einsatz der traditionellen Methoden, Tachymetrie und Stereophotogrammetrie, hinreichende Erfahrungen vorliegen, trifft dies für das Aero-Laserscanning als einer neuartigen und sehr komplexen Technologie nicht zu. Bei der Beurteilung von Endprodukten aus ALS-Daten durch Auftraggeber kommt es häufig zu Mängelrügen, deren Ursache ein unterschiedliches Verständnis über die Produkte und deren vereinbarte Qualität ist. Intensiv hat sich *Lüthy* (2008) diesem Problem gewidmet und ein Qualitätsmodell für die DGM-Generierung aus ALS-Daten entwickelt, welches teilweise auch auf die anderen Aufnahmeverfahren übertragbar ist. In Anlehnung hieran seien einige Aspekte genannt.

Die präzise Angabe der Eigenschaften, d. h. die *quantitativen Qualitätselemente*, welche ein Endprodukt aufweisen soll, bildet sowohl eine wichtige Grundlage für die Auswahl des Aufnahmeverfahrens und als auch für die laufenden und abschließenden Qualitätskontrollen (vgl. 6.2). Hierzu gehören Angaben über

- die Objekte bzw. Objektdetails (Situation und/oder Höhen- und Geländeformen), welche zu erfassen sind, woraus etwa beim ALS-Verfahren eine bestimmte Punktdichte (horizontale Auflösung) resultiert,

- Objektmerkmale, d. h. welche Objekte und welche Objekteigenschaften sind wie zu unterscheiden,

- die Erzeugung eines DGM nach einem bestimmtem Verfahren, z. B. TIN nach *Delauny* oder Rastermodell mit vorgegebener Rasterweite (vgl. 5.2.1) und

- die Lage- und Höhengenauigkeit (räumliche Genauigkeit) der Objekte bzw. eines DGM und/oder DOM.

Hinzu kommen verfahrensabhängige spezifische Angaben, wie z. B. beim ALS-Verfahren:

- Die Richtigkeit der Punktklassifizierung, z. B. der Trennung von Oberflächen- und Bodenpunkten, darf einen bestimmten Prozentsatz nicht unterschreiten und

- die Befliegung darf nur in der laub- und auch schneefreien Jahreszeit erfolgen, um größere Punktlücken bzw. -verfälschungen zu vermeiden.

Eine *allgemeine Produktdefinition* (auch als Metadaten bezeichnet) legt u. a. Vorgaben fest über

- das den Daten zugrunde liegenden Referenzsystem mit Datum (Bezugsellipsoid und Lagerung), Koordinatensystem, Höhenbezugssystem sowie Transformationsvorschriften bei Überführung in ein anderes System und

- Regeln für die nicht immer einheitlich verwendeten Definitionen von Geländemodell (DGM), Höhenmodell (DHM) und Oberflächenmodell DOM (vgl. auch 5.2.1), d. h. auch eine genaue Festlegung derjenigen Objektbereiche bzw. Objekte, welche jeweils enthalten sein sollen.

6.1.2 Gegenüberstellung der Aufnahmeverfahren

In der Tabelle 6.1 werden Merkmale der wichtigsten Aufnahmeverfahren gegenübergestellt, wobei wegen der Kürze der Darstellung nicht alle Aspekte berücksichtigt werden können (vgl. auch *Meier u. Nüesch* 2001, *Kraus* 2004, *Katzenbeisser u. Kurz* 2004). Zu beachten ist insbesondere:

- Die Aufnahmezeiträume sind in ariden Klimazonen (z. B. Mittelmeerraum) wegen der größtenteils dauerhaften Belaubung erheblich größer. Der denkbare Einsatz von Laserscanning und Tachymetrie ist bei Schneebedeckung kaum sinnvoll.

- Bei der Auswertung wird vorausgesetzt, dass die heute zur Verfügung stehenden Programme auch eingesetzt werden. Der Begriff interaktiv deutet daraufhin, dass die Arbeitsprozesse z. T. noch einer erheblichen (manuellen) Unterstützung durch eine/n Bearbeiter/in erfordern. So ist etwa die digitale Korrelation bei der Stereoauswertung infolge unterschiedlicher Grauwertverteilung in aufeinander folgenden Bildern oft nicht störungsfrei möglich (vgl. 4.1.6). In der Tachymetrie können die Situationsauswertung und die Berücksichtigung von Geländekleinformen und Bruchkanten bei der DGM-Berechnung nur unter Zuhilfenahme eines Geländefeldbuches erfolgen.

	Aero-Photogrammetrie	Aero-Laserscanning	Tachymetrie
Erfassung von	Situation, Höhen und Geländeformen	Höhen und Oberflächen (z. B. 3D-Stadtmodelle)	Situation, Höhen und Geländeformen
Aufnahmezeitraum (Mitteleuropa)	Frühjahr und Herbst (vor Be- und nach Entlaubung)	Herbst bis Frühjahr (nach Ent- und vor Belaubung)	ganzjährig
Witterungs-bedingungen	klare Sicht, sonnig bei Farbaufnahmen	klare Sicht	geringe Witterungs-abhängigkeit
Flächenleistung bei Aufnahme	hoch (unabhängig v. Bebauung u. Höhengliederung)	hoch (unabhängig v. Bebauung u. Höhengliederung)	gering (abhängig v. Bebauung, Vegetation u. Höhengliederung)
Sensororientierung	GNSS/IMU oder Passpunkte	GNSS/IMU	Festpunkte oder GNSS
Instrumenteller Aufwand	aufwendig (Flugzeug, GNSS/IMU, Kamera, Stereoauswertgerät)	aufwendig (Flugzeug oder Helicopter, GNSS/IMU, Laserscanner)	sehr viel geringer (Tachymeter, ggf. GNSS-Empf., Feldcomputer)
Einschränkungen der Objekterfassung	Verdeckungen durch Zentralprojektion	Objektkanten und Geländebruchkanten abhängig von Punktdichte	keine Einschränkungen
Objektspezifische Beeinträchtigungen bei der Auswertung	keine Höhenmess. in texturarmen Bereichen (Sandfl. u. ä.) u. dichter Vegetation	geringere Punktdichte bei dichter Vegetation (z. B. Nadelwald)	keine Einschränkungen
Situations-auswertung	interaktiv (alle Objekte)	automatisiert (keine Objektkanten)	interaktiv (alle Objekte)
Höhenauswertung	interaktiv (mit Bruchkanten u. ä.)	automatisiert (z. T. Bruchkanten)	automatisiert (mit Bruchkanten u. ä.)
Lagegenauigkeit	$\pm 0{,}00001 \cdot m_b$ [m]	$\pm 0{,}2$ m	$\pm 0{,}05$ m
Höhengenauigkeit	$\pm 0{,}1\text{‰} \cdot h_g$	$\pm 0{,}2$ m	$\pm 0{,}05$ m
Besonderheiten	Bestimmung von Passpunkten	Bestimmung von Passflächen	keine

Tab. 6.1. Gegenüberstellung der Verfahren zur topographischen Vermessung

- Bei der Angabe der Lage- und Höhengenauigkeit bleiben die objektspezifischen Ungenauigkeiten durch die Definitionsunsicherheit unberücksichtigt, da diese unabhängig vom Aufnahmeverfahren sind (vgl. Kap. 2). Die angegebenen Werte sind Anhaltswerte, welche in Abhängigkeit von Definierbarkeit der Objekte und der Oberflächenbeschaffenheit nach oben und unten abweichen können.

- Bei der Aerophotogrammetrie und dem Aero-Laserscanning sind Passpunkte bzw. Passflächen für die Verbesserung und Kontrolle der äußeren Orientierung erforderlich.

Mit Ausnahme der Flächenleistung und der interaktiven Auswertung weist die Tachymetrie die wenigsten Einschränkungen auf. Gleichwohl ist sie heute nur noch in Sonderfällen (geringe Aufnahmefläche, Zeitdruck) eine Alternative. Ab welcher Flächengröße sie günstiger ist als die beiden anderen Verfahren, hängt auch von der Bebauungsdichte, der Vegetation und dem Gelände ab. So ist bei der reinen Höhenaufnahme in einem ländlichen Raum ohne erhebliche Sichtbehinderungen eine Tagesleistung von mehr als 30 ha erreichbar (*Kohlstock* 1986). In nicht eindeutigen Fällen ist eine Kostenkalkulation zwingend. Besonders geeignet ist die Tachymetrie, auch bedingt durch die vergleichsweise hohe Genauigkeit, als stichprobenartiges Prüfverfahren (vgl. 6.2).

Während Tachymetrie und Aerophotogrammetrie nahezu ausgereifte Verfahren bereitstellen, gilt das für die ALS-Vermessung nicht in gleicher Weise. Neben den besonderen Vorteilen einer hohen Punktdichte auch in Bereichen mit relativ dichter Vegetation, der Aufnahme unabhängig von Lichtverhältnissen und einem hohen Automationsgrad bei der Auswertung, sollen auch einige Nachteile nicht unerwähnt bleiben (*Lüthy* 2008):

- Die Komplexität des Sensorsystems und der Erfassungs- und Auswertsoftware (Black Box) erschwert ein schnelles Aufdecken von Mängeln und führt ggf. zu minderwertigen Daten.

- Die unstrukturierte Datenerfassung erfordert aufwendige Filterprozesse, deren Ergebnisse nicht immer eindeutig sind.

- Die Datenkontrolle und Behebung von Fehlern in den Daten ist meist mit einem hohen manuellen Aufwand verbunden.

- Durch die Steigerung von Auflösung und Genauigkeit werden auch immer mehr unwesentliche und störende Objekte erfasst, deren Eliminierung erhebliche manuelle Korrekturen erfordert.

Das Potential des ALS-Verfahrens lässt sich nur unter optimalen Bedingungen vollständig ausschöpfen. Wirtschaftliche Zwänge stehen diesem oft entgegen, so dass Aufnahmen auch unter weniger günstigen Voraussetzungen durchgeführt werden.

Für eine vollständige topographische Erfassung (Situation und Höhen) ist eine Kombination von ALS-Sensor und optoelektronischer Luftbildkamera, wie sie auch von verschiedenen Herstellern angeboten wird, durchaus in Erwägung zu ziehen (*Wiedemann u. a.* 2007, *Lüthy* 2008). Von Vorteil sind:

- Die Kosten für Befliegung und Ermittlung der Daten der äußeren Orientierung (Georeferenzierung) entstehen nur einmal.
- Bei gleichzeitiger Aufnahme entfallen die durch unterschiedliche Aufnahmezeitpunkte ggf. entstehenden Unterschiede zwischen den Datensätzen.
- Die georeferenzierten Luftbilder können für die Herstellung von Orthophotos herangezogen werden, wobei für deren Entzerrung das aus ALS-Daten berechnete DHM zur Verfügung steht.
- Mittels Stereoauswertung können die von den ALS-Daten nicht erfassten Geländeformen (Bruchkanten, Böschungen, Rinnen u. ä.) ausgewertet werden, ggf. auch weitere topographische Einzelheiten.

Eine kombinierte Aufnahme hat allerdings auch nicht unerhebliche Einschränkungen zur Folge und erfordert ggf. Kompromisse bei der Befliegung:

- Die optimalen Flughöhen und erfassten Streifenbreiten der Sensoren stimmen nicht überein. Zugleich ist die maximale Flughöhe für das Laserscanning i. A. auf etwa 3000 m begrenzt.
- Die ALS-Aufnahme kann im Gegensatz zur Luftbildaufnahme unabhängig von Sonnenstand und Tageszeit durchgeführt werden. Für letztere stehen aber zumindest in Mitteleuropa nur relativ wenige geeignete Bildflugtage zur Verfügung.
- Sollen die Luftbilder zugleich mittels der Aufnahme im NIR-Kanal zur Vegetationsanalyse herangezogen werden (Falschfarbenbilder), so ist wegen der hierfür erforderlichen Belaubung der optimale Zeitpunkt der Frühsommer, während für die ALS-Aufnahme eher die (schneefreien) Wintermonate wegen fehlenden Laubes zu bevorzugen sind.

6.2   Kontrolle und Prüfung topographischer Vermessungen

Die häufig synonym gebrauchten Begriffe ‚Kontrolle' und ‚Prüfung' bedürfen zunächst einer Klärung. Auch wenn eine scharfe Abgrenzung nicht immer möglich ist, so sollen unter ‚Kontrolle' alle Maßnahmen verstanden werden, welche im Laufe eines Bearbeitungsprozesses das Auftreten grober oder systematischer Fehler verhindern. Beispielhaft sei hier die die zwischenzeitliche und abschließende Kontrolle der Orientierung bei Aufnahme mit einem Tachymeter von einem Standpunkt aus genannt (vgl. 3.1.7). Als ‚Prüfung' werden solche i. A. umfassenderen Maßnahmen bezeichnet, welche Vollständigkeit, Richtigkeit und Genauigkeit des Zwischen- oder Endergebnisses einer Vermessung oder eines Datenbestandes sichern sollen.

Die Erfassung topographischer Daten einerseits und ihre Aktualisierung andererseits führen zu zeitlich getrennten Vorgängen mit unterschiedlichen Anforderungen:

- Verfahrensbegleitende Kontrollen bei der Datenerfassung und -auswertung,
- Prüfung des Endprodukts und
- Prüfung eines bestehenden Datenbestandes.

Im Vermessungswesen hat sich das Prinzip einer umfassenden Selbstkontrolle schon frühzeitig als sinnvoll herausgestellt, einerseits aus der Einsicht heraus, dass es keine fehlerfreien Messungen gibt, und andererseits, dass Wiederholungsmessungen oder gar irreversible Schäden und Folgekosten aufgrund fehlender Kontrollen unbedingt zu vermeiden sind. Hieraus haben sich schließlich wirksame Methoden entwickelt, welche vor allem auf der Überbestimmung (Redundanz) bei Beobachtungen und Messanordnungen beruhen. Diese sind jedoch bei topographischen Vermessungen nur eingeschränkt wirksam, wie etwa bei der Standpunkt- oder Passpunktbestimmung in der Tachymetrie bzw. Aerophotogrammetrie. Für die Masse der erfassten Situations- und Geländepunkte gibt es unabhängig vom Aufnahmeverfahren keine wirtschaftlich vertretbare, unabhängige und bereits bei der Aufnahme wirksame Kontrollmöglichkeit. Infolge der automatisierten Datenerfassung (Messung und Registrierung) ist bei allen Verfahren die Wahrscheinlichkeit individueller Punktfehler allerdings relativ gering, so dass sich die Überprüfung beschränken kann auf

- die Vollständigkeit und richtige Attributierung der Objekte sowie
- die Einhaltung vorgegebener Genauigkeitsanforderungen.

Unabhängig davon, dass es für einen Auftragnehmer erforderlich ist, die Richtigkeit von Datenaufnahme und -auswertung durch geeignete Maßnahmen abzusichern und gegenüber dem Auftraggeber zu belegen, enthebt dies letzteren nicht von der Notwendigkeit eigener unabhängiger Prüfungen. Diese dürften sich allerdings weitgehend auf das Endprodukt beschränken.

6.2.1 Methoden der Qualitätsprüfung

Die für die Qualitätssicherung von Geodaten erarbeiteten ISO-Normen unterscheiden bei den *Prüfmethoden* zunächst die direkte und die indirekte Prüfung, wobei letztere die eingesetzten Verfahren und Sensoren zum Gegenstand hat und nur dann angewandt werden sollte, wenn eine direkte Prüfung des erzeugten Datensatzes nicht möglich ist (*Lüthy* 2008). Dessen *interne* Prüfung erfolgt ohne Zusatzinformationen, wie z. B. bei der Prüfung des mittleren Punktabstandes einer ALS-Vermessung. Bei der *externen* Prüfung werden zusätzliche Daten, wie z. B. Kontrollpunkte, einbezogen.

Schließlich ist zu entscheiden, ob eine Prüfung *vollständig* oder mittels *Stichproben* und ob sie *automatisiert* oder nur *manuell* bzw. *visuell* erfolgen soll. Eine vollständige Prüfung ist bei großen Datenmengen, wie z. B. einer ALS-Aufnahme, nur automatisiert, bei geringen Datenmengen, wie z. B. bei der Kontrolle von Bildflugparametern oder bei der tachymetrischen Aufnahme eines vergleichsweise kleinen Gebietes, manuell/visuell möglich.

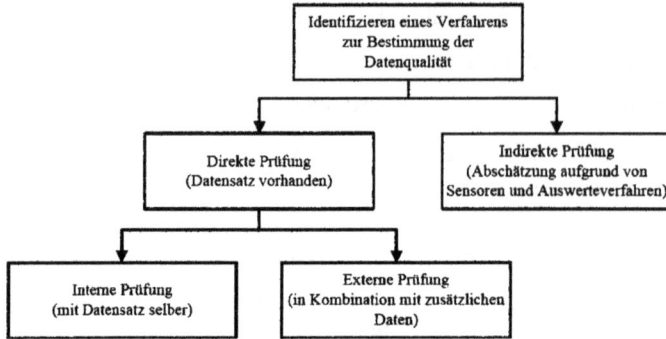

Abb. 6.2.1. Methoden zur Prüfung von Geodaten nach ISO 1913 (nach *Lüthy* 2008)

Vorherrschend dürfte die Prüfung durch *Stichproben* sein, wobei zunächst zu klären ist, in welcher Anzahl und welchem Umfang diese durchzuführen sind. Einen guten Anhalt bietet hier die auf Lösungsmodellen der angewandten Statistik beruhende Norm DIN ISO 2859-1 (*Jäger u. Rausch* 2008). Hierin werden für eine zu prüfende Objektart (Gebäude, Straße u.ä.) festgelegt:

- der Stichprobenumfang (SPU),

- die zulässige Fehlerquote (Annahmezahl AZ) und

- die nicht mehr zulässige Fehlerquote (Rückweisezahl RZ).

Der Stichprobenumfang bestimmt sich aus der Anzahl der Objekte einer zu untersuchenden Objektart in einem vorgegebenen Untersuchungsgebiet (LOS). Für deren Qualitätsmerkmale (Vollständigkeit, Richtigkeit der Attributierung, Lagegenauigkeit) wird eine bestimmte prozentuale Übereinstimmung mit der Realität gefordert (Qualitätsanforderung). Hieraus ergibt sich schließlich eine sog. ‚annehmbare Qualitätsgrenzlage‘ AQL, welche die maximal zulässige Anzahl fehlerhafter Objekte in einer Stichprobe festlegt (vgl. Tabelle 6.2). So entspricht ein AQL-Wert von 4,0 einer Qualitätsanforderung von 95% und ein Wert von 6,5 einer solchen von 93%. Zur Verfügung stehen mehrere *Prüfniveaus*, unterteilt in *Prüfschärfen* (reduziert, normal, verschärft) mit zunehmendem Stichprobenumfang. Die Auswahl der Objekte soll durch ein Zufallsverfahren (Zufallsgenerator) erfolgen, so dass die Wahrscheinlichkeit der Erfassung durch die Stichprobe für alle gleich ist.

Liegt z. B. bei einem Objekt ‚Brücke‘ eine Objektanzahl (LOS) von 2765 im untersuchten Gebiet vor, so ergibt sich nach dem AQL-Wert 4,0 (Qualitätsanforderung 95%) ein Stichprobenumfang von 50 Objekten, eine Annahmezahl AZ (zulässige Fehlerquote) von 5 und eine Rückweisezahl RZ (nicht mehr zulässige Fehlerquote) von 6. Wird letztere erreicht oder überschritten, so erfolgt der Übergang von der normalen auf eine verschärfte Prüfung (Prüfschärfe) mit erhöhtem Stichprobenumfang.

Los N	AQL 1.0 SPU-AZ- RZ	AQL 4,0 SPU-AZ- RZ	AQL 6,5 SPU-AZ- RZ
2 ... 8		3-0-1	2-0-1
9... 15		3-0-1	2-0-1
16 ... 25		3-0-1	2-0-1
26 ... 50		3-0-1	8-1-2
51 ... 90		3-0-1	8-1-2
91 ... 150		13-1-2	8-1-2
151 ... 280		13-1-2	13-2-3
281 ... 500		20-2-3	20-3-4
501 ... 1.200		32-3-4	32-5-6
1.201 ... 3.200		50-5-6	50-7-8
3.201 ... 10.000		80-7-8	80-10-11
10.001 ... 35.000		125-10-11	125-14-15
35.001 ...150.000	200-5-6	200-14-15	200-21-22
150.001 ... 500.000		315-21-22	200-21-22
500.001 und mehr		315-21-22	200-21-22

Tab. 6.2. Auszug aus einer Tabelle zur Stichprobenanweisung der DIN ISO 2859-1 (Einfache Stichprobenanweisung für normale Prüfung bei Anwendung des Prüfniveaus 1) (nach *Jäger u. Rausch* 2008)

Wenn auch die Wirtschaftlichkeit bei allen Arbeitsprozessen zu beachten ist, so sollte das Hauptaugenmerk auf der Qualitätssicherung liegen, da Nachbesserungen oder gar Neumessungen erhebliche Kosten verursachen. Mit Ausnahme derjenigen Kontroll- und Prüfmaßnahmen, welche elementarer Bestandteil eines Mess- und Auswertprozesses sind und die während oder unmittelbar nach Beendigung eines Messprozesses zur Anwendung kommen, sollten zur Wahrung der Unabhängigkeit alle Prüfungen nur von nicht unmittelbar am Herstellungsprozess beteiligten Personen durchgeführt werden.

6.2.2 Prüfverfahren

Aufgabe eines Auftragnehmers ist die Herstellung eines in einer Auftrags- bzw. Produktbeschreibung spezifizierten Endprodukts. Neben dessen Überprüfung sind jedoch auch verfahrensbegleitende Kontrollen einzelner Arbeitsprozesse erforderlich. Hierzu gehören insbesondere bei Luftbildaufnahmen und ALS-Befliegungen:

• Eine regelmäßige Kontrolle der Sensor-Kalibrierung,

• die besonders sorgfältige Überprüfung der Parameter einer Flugplanung sowie

• die unmittelbare Kontrolle der Ergebnisse einer Befliegung (Flugstreifenüberdeckung, Bildmittenübersicht) zur frühzeitigen Entdeckung von Aufnahmelücken.

Eine ausführliche Erörterung verfahrensbegleitender Maßnahmen für die DGM-Erzeugung aus ALS-Aufnahmen findet man bei *Lüthy* (2008).

Für die Prüfung des Endprodukts bestehen verschiedene Möglichkeiten (vgl. Tabelle 6.3). Welche Verfahren zum Einsatz kommen, hängt einerseits von Art und Umfang der Vermessung (Situation und/oder Höhen) und andererseits auch von den vorhandenen Mitteln ab. So stehen nach einer Luftbildauswertung die Bilder für eine unabhängige Prüfung des Endproduktes zur Verfügung, während eine tachymetrische Aufnahme eher durch einen Feldvergleich kontrolliert werden muss. Häufig können Objekte nicht eindeutig im Luftbild identifiziert oder z. B. infolge von Verdeckungen oder Abschattungen nur unvollständig ausgewertet werden, so dass ein Feldvergleich erforderlich ist. Dieser kann dann zugleich zu einer stichprobenartigen Vollständigkeits- und Genauigkeitskontrolle genutzt werden. Gleiches gilt für Nachmessungen mittels tachymetrischer Verfahren.

Prüfungs-mittel	Situations-überprüfung	Höhen-überprüfung	Genauigkeits-überprüfung	Merkmale
Feldvergleich	Vollständigkeit u. Attributierung aller Objekte	Vollständigkeit von Klein-formen (Böschung u. ä.)	Relative Lage-genauigkeit (Spannmaße)	qualitativ bestes Verfahren (aber sehr zeitaufwendig)
Luftbilder und hochauf-lösende Satellitenbilder	Vollständigkeit u. Attributierung sichtb. Objekte (ein-geschränkt)	keine	keine	visueller Vergleich (ggf. mit Spiegelstereoskop)
Orthophotos	Vollständigkeit u. Attributierung sichtb. Objekte (ein-geschränkt)	keine	Lage-genauigkeit	visueller Vergleich (Überlagerung in phot. Arbeitsstation)
Stereoluft-bilder	Vollständigkeit u. Attributierung sichtb. Objekte (ein-geschränkt)	Vollständigkeit von Höhen-und Gelände-formen	Lage- und Hö-hengenauigkeit	sehr aufwendig (phot. Arbeitsstation erforderlich)
Tachy-metrische Vermessung	keine	keine	Lage- u. Hö-hengenauigkeit	sehr zeit- und personal-intensiv
Kontrollpunkte bzw. -flächen	keine	keine	Höhen-genauigkeit	Anwendung bei Luftbild-bzw. ALS-Aufnahme

Tab. 6.3. Prüfungsmöglichkeiten nach Abschluss einer topographischen Vermessung

6.2.3 Situationsprüfung

Die Prüfung des Endproduktes ‚*Situation*‘, also aller Grundrissobjekte und topographischen Einzelheiten entsprechend der Produktbeschreibung in der Auftragsvergabe, umfasst

• die Vollständigkeit der Erfassung,

• die Richtigkeit der Attributierung (Objektart, Nutzungsart und Namensgebung),

• die geometrische Richtigkeit bzw. Genauigkeit sowie

• ggf. die Richtigkeit der graphischen Darstellung.

Für *tachymetrische Vermessungen* kommt vor allem der (visuelle) Feldvergleich, ergänzt durch Kontrollmessungen in Form von Stichproben (vgl. auch 6.2.4), in Betracht. Die Kontrollen können aus einfachen Spannmaßmessungen oder der Polaraufnahme beliebiger Situationspunkte bestehen. Die Abweichungen werden zulässigen Fehlergrenzen gegenübergestellt.

Ergebnisse einer *Luftbildauswertung* werden hinsichtlich Vollständigkeit und Attributierung unabhängig, also durch eine sachverständige nicht mit der Auswertung betraute Person, mittels der gleichen Luftbilder überprüft. Im einfachsten Fall kann die Kontrolle durch systematische Durchmusterung von Papierabzügen der Bilder erfolgen, insbesondere wenn keine photogrammetrische Arbeitsstation zur Verfügung steht. Bestehende Auswertlücken und Unklarheiten können nur durch einen Feldvergleich bereinigt werden. Dieser wird dann mit tachymetrischen Messungen für die Kontrolle der geometrischen Richtigkeit kombiniert. Steht eine photogrammetrische Arbeitsstation zur Verfügung, kann die Durchmusterung durch Überlagerung von Situationsauswertung und Orthophotos unter gleichzeitiger Genauigkeitskontrolle erfolgen. Auch hier ist ein abschließender Feldvergleich nicht zu vermeiden.

Die Prüfung der geometrischen Richtigkeit orientiert sich an den für das Endprodukt geltenden Genauigkeitsanforderungen. Für graphische Darstellungen mit dem Maßstab $M_k = 1/m_k$ (Lage- und Höhenplan, topographische Karte) ist die Einhaltung der graphischen Genauigkeit von $\sigma_{Lk} = \pm 0,2\,\text{mm}$ zu gewährleisten (vgl. 2.1.2). Damit gilt für die Aufnahmegenauigkeit, wenn sich diese nicht auf das Endergebnis auswirken soll

$$\sigma_L \leq \pm \frac{1}{3} \cdot \sigma_{Lk} \cdot m_k = \pm 0,07 \cdot \frac{m_k}{1000} \quad [\text{m}]$$

Damit ergäbe sich für den Maßstab 1 : 1000 eine Aufnahmegenauigkeit von $\pm 0,07\,\text{m}$ und für 1 : 5000 von $\pm 0,3\,\text{m}$. Als Fehlergrenze könnte dann der 3-fache Betrag zugelassen werden.

Für die Deutsche Grundkarte 1 : 5000 (DGK 5) wurde $\sigma_L = \pm 3\,\text{m}$ als Standardabweichung für die Lage im Gelände eindeutig wieder auffindbarer Punkte festgelegt, wobei als Fehlergrenze der zweifache Betrag nicht überschritten werden soll (*AdV*

1983). Die gleiche Lagegenauigkeit wird für das Basis-DLM von ATKIS für ‚bedeutende punkt- und linienförmige Objekte' gefordert. Wegen der heterogenen Datenerfassung sind auch Standardabweichungen bis zu ±15 m möglich (*AdV* 2009).

Bei graphischen Endprodukten ist zugleich die Richtigkeit der Darstellung im Vergleich mit Zeichenvorschriften zu kontrollieren.

6.2.4   Prüfung der Höhen und Geländeformen

Die Prüfung des Endproduktes ‚*Höhen und Geländeformen*' ist eine komplexere Aufgabe und ist zugleich abhängig von der Präsentation des Ergebnisses als digitales Geländemodell oder analog in Form von Höhenlinien. Sie umfasst

- die Vollständigkeit der Erfassung sowie

- die geometrische und morphologische Richtigkeit und Genauigkeit.

Die Vollständigkeit ist am einfachsten visuell über entsprechende graphische Darstellungen kontrollierbar, im Falle eines DGM mittels einer Grundrissdarstellung der Dreiecks- oder Gittervermaschung. Bei letzterer ist allerdings zu beachten, dass größere Lücken unentdeckt bleiben, weil durch das Rechenverfahren auch bei fehlenden Stützpunkten Gitterhöhen ermittelt werden, sofern keine Aussparungsflächen ausgewiesen wurden (vgl. 5.2.1). Hier hilft nur eine zusätzlicher Vergleich mit der Situation, aus welcher sich Hinweise für fehlende Höheninformationen (z. B. bei Nadelwald) ergeben können.

Die geometrische Richtigkeit der Höhenerfassung kann durch den Vergleich mit Fehlergrenzen ermittelt werden. Eine empirisch ermittelte Fehlerformel hierfür in Form einer Geradengleichung geht auf *Koppe* (1902) zurück, wobei sich diese nach wie vor als für die Praxis geeignet erwiesen hat (*Morgenstern* 1974). Danach ergibt sich für die Standardabweichung σ_h eines aus benachbarten Höhenlinien interpolierten bzw. auf einer Höhenlinie befindlichen Punktes:

$$\sigma_h = \pm(a + b \cdot \tan \alpha)$$

Hierin sind α die Geländeneigung (Höhenwinkel) sowie a und b neigungsunabhängige ‚Höhen-' bzw. ‚Lagefehler', resultierend aus der Aufnahmegenauigkeit eines beliebigen Geländepunktes (vgl. z. B. 3.1.9). Während sich dessen Höhenfehler direkt auswirkt, nimmt der Einfluss seines Lagefehlers auf die Höhengenauigkeit mit der Geländeneigung zu. Die ‚Koppesche Formel' kann in gleicher Weise für aus einem DGM interpolierte Höhenpunkte gelten.

Während für die Höhenliniendarstellung aus umfangreichen Untersuchungen abgeleitete Konstanten maßstabsabhängig vorliegen (Tabelle 6.5), ist dies für digitale Geländemodelle bislang nur vereinzelt der Fall. Für die verschiedenen DGM von ATKIS werden geländetypabhängige Fehlergrenzen für die Höhengenauigkeiten der DGM-Gitterpunkte angegeben, wobei sich diese auf eine Sicherheitswahrscheinlichkeit von

95% für $2\sigma_h$ beziehen, d.h. der zweifache Wert der Standardabweichung sollte nur in 5% aller Fälle überschritten werden (*AdV* 2009). Ohne nähere Spezifizierung der Geländeneigungen wird unterschieden:

- $2\sigma_h \leq 5\%$ der Gitterweite für flach bis wenig geneigtes Gelände mit geringem Bewuchs,

- $2\sigma_h \leq 15\%$ der Gitterweite für stark geneigtes Gelände mit geringem Bewuchs,

- $2\sigma_h \leq 20\%$ der Gitterweite für Gelände mit starkem Bewuchs.

Produkt-bezeichnung	Gitterweite	Fehlergrenzen für die Gitterpunkthöhen
DGM 1*	1 m	$\leq \pm 0,15$ bis $\leq \pm 0,2$ m
DGM 2*	2 m	$\leq \pm 0,15$ bis $\leq \pm 0,4$ m
DGM 5*	5 m	$\leq \pm 0,25$ bis $\leq \pm 1$ m
DGM 10	10 m	$\leq \pm 0,5$ bis $\leq \pm 2$ m
DGM 25	25 m	$\leq \pm 1,25$ bis $\leq \pm 5$ m
DGM 50	50 m	$\leq \pm 2,5$ bis $\leq \pm 10$ m
DGM 200	200 m	$\leq \pm 10$ bis $\leq \pm 40$ m
DGM 1000	1000 m	$\leq \pm 50$ bis $\leq \pm 200$ m

* nicht in allen Bundesländern verfügbar

Tab. 6.4. Digitale Geländemodelle von ATKIS und ihre Fehlergrenzen nach AdV-Produktstandard (nach *AdV* 2009)

Nach wie vor sind Höhenlinien als unmittelbar anschauliche und zugleich geometrisch nutzbare Modellierung der Höhen und Geländeformen ein wichtiges Endprodukt. Unabhängig von ihrer Entstehung ist daher die Überprüfung ihrer Genauigkeit und Formentreue von Interesse. Grundlage der geometrischen Überprüfung ist die ‚Koppesche Formel', für deren Konstanten empirisch ermittelte Werte für verschiedene Maßstäbe vorliegen (Tabelle 6.5).

Maßstab	σ_h [m]	σ_h bei $\alpha = 5°$	σ_h bei $\alpha = 30°$
1 : 1000	$\pm(0,1 + 0,3 \cdot \tan\alpha)$	$\pm 0,1$ m	$\pm 0,3$ m
1 : 5000	$\pm(0,4 + 3 \cdot \tan\alpha)$	$\pm 0,7$ m	$\pm 2,1$ m
1 : 10.000	$\pm(1 + 3 \cdot \tan\alpha)$	$\pm 1,3$ m	$\pm 2,7$ m
1 : 25.000	$\pm(1 + 7 \cdot \tan\alpha)$	$\pm 1,6$ m	$\pm 5,0$ m
1 : 50.000	$\pm(1,5 + 10 \cdot \tan\alpha)$	$\pm 2,4$ m	$\pm 7,3$ m

Tab. 6.5. Empirische Standardabweichungen für beliebige aus Höhenlinien interpolierte Höhenpunkte (nach *Imhof* 1965)

Für die Deutsche Grundkarte 1 : 5000 (DGK 5) wurden folgende Genauigkeitsma-
ße festgelegt (*AdV* 1983):

- Für im Gelände eindeutig auffindbare *Höhenpunkte* $\sigma_{H1} = \pm 0{,}2$ m (bei einer
  Äquidistanz der Höhenlinien von $A = 1$ m) bzw. $\sigma_{H2} = \pm 0{,}3$ m (bei $A > 1$ m).

- Für aus Höhenlinien interpolierte *beliebige Geländepunkte* $\sigma_{h1} = \pm 0{,}3$ m (bei
  $A = 1$ m) bzw. $\sigma_{h2} = \pm(0{,}4 + 3 \cdot \tan\alpha)$ [m] (bei $A > 1$ m).

Als Fehlergrenze für die Abweichungen in einzelnen Punkten wird der zweifache Betrag zugelassen, wobei dieser in begründeten Fällen um höchstens 50% überschritten
werden darf. Die Berechnung der Standardabweichungen soll aus mindestens 30 wahren Fehlern erfolgen.

Diese Vorgehensweise ist grundsätzlich auf alle Höhenüberprüfungen übertragbar.
Für die Ermittlung wahrer Fehler müssen Vergleichsmessungen mit mindestens 3-fach
höherer Genauigkeit vorliegen, wie sie etwa durch die tachymetrische Polaraufnahme erzielbar ist. Die Verteilung der Punkte sollte unterschiedliche Geländeneigungen
und -formen berücksichtigen. Deren Höhen können als ‚wahre‘ Werte (H_{Soll}) angenommen werden. Durch Interpolation der Vergleichspunkthöhen aus dem DGM oder
Höhenlinienbild (H_{Ist}) ergibt sich als ‚wahrer‘ Fehler $\varepsilon_h = H_{\text{Soll}} - H_{\text{Ist}}$ und damit die
Standardabweichung für n Vergleichspunkte:

$$\sigma_h = \sqrt{\frac{[\varepsilon_h \cdot \varepsilon_h]}{n}}$$

Geprüft werden sollte immer das Vorhandensein eines systematischen Anteils. Dieser
ist dann zu vermuten, wenn gilt:

$$[\varepsilon_h]^2 \geq [\varepsilon_h \cdot \varepsilon_h]$$

Die Standardabweichung lautet dann mit $v_{\varepsilon h} = \frac{[\varepsilon_{hi}]}{n} - \varepsilon_{hi}$:

$$\sigma_h = \pm\sqrt{\frac{[v_{\varepsilon h} \cdot v_{\varepsilon h}]}{n-1}}$$

Damit besteht zugleich die Möglichkeit, systematische Fehler zu erkennen, deren
Ursache ggf. zu ergründen wäre. Unberücksichtigt bleibt hierbei zunächst, dass der
Höhenfehler beliebiger Geländepunkte auch von deren Lagefehler in Abhängigkeit
von der Geländeneigung beeinflusst wird und damit die ε-Werte nicht gleichgewich-
tig sind. Dem kann man durch Bildung von Neigungsklassen je nach Gelände (z. B.
von 2° zu 2°) und Berechnung der Standardabweichungen σ_{hi} der einzelnen Klassen
Rechnung tragen, wobei n dann die Anzahl der Werte innerhalb einer Neigungsklasse

ist. Damit können schließlich die Konstanten a und b der Koppeschen Gleichung durch Ausgleichung nach vermittelnden Beobachtungen bestimmt und den Fehlergrenzen gegenübergestellt werden. Die Fehlergleichungen lauten:

$$v_i = a + b \cdot \tan\alpha_i - \sigma_{hi} \quad \text{Gewicht } p_i$$

mit α_i mittlere Geländeneigung innerhalb einer Neigungsklasse

σ_{hi} Standardabweichung innerhalb einer Neigungsklasse

$p_i = n$ Anzahl der Werte je Neigungsklasse

Durch einfache Umrechnung erhält man aus dem o. g. Höhenfehler σ_h den Lagefehler $\sigma_l = \pm(b + a \cdot \cot\alpha)$ einer Höhenlinie. Hieraus lässt sich ein Fehlerbereich berechnen und graphisch darstellen, innerhalb dessen die Lage einer Höhenlinie in der Karte noch als geometrisch richtig gilt. Damit ist die morphologisch richtige Wiedergabe jedoch nicht gewährleistet. So sind in Abbildung 6.2.2 (rechts) beide Höhenlinienverläufe geometrisch richtig, da innerhalb des Fehlerbereichs verlaufend. Im rechten Teil fehlen jedoch wesentliche Kleinformen (Rinnen, Geländekante) und das ursprünglich gleichmäßige Gefälle verläuft in beiden Hangrichtungen terrassenförmig.

Eine Überprüfung der morphologischen Richtigkeit ist nur durch Feldvergleich oder stereoskopische Bildbetrachtung möglich und setzt praktische Erfahrungen in der Geländeerkundung voraus.

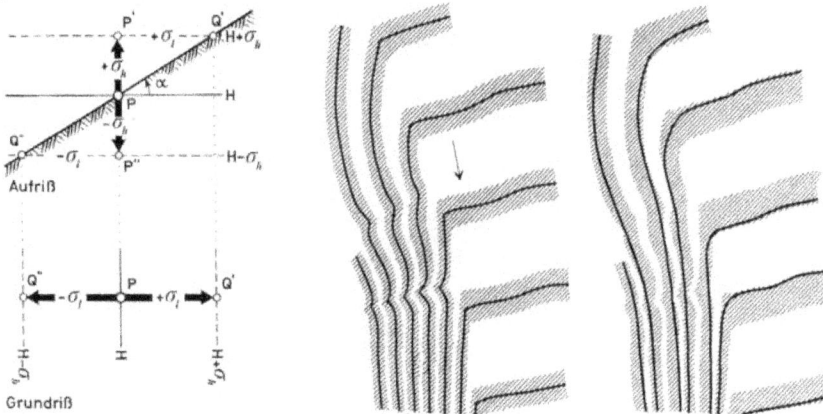

Abb. 6.2.2. Zusammenhang zwischen Höhenfehler σ_h und Lagefehler σ_l einer Höhenlinie und geometrisch und morphologisch richtige bzw. fehlerhafte Höhenliniendarstellung (nach *Hake* 1982)

6.3 Zur Qualitätssicherung eines Datenbestandes

Die reale Landschaft ist ständigen Veränderungen unterworfen, mit der Folge, dass der Datenbestand eines topographischen Landschaftsmodells (digitales Modell oder Karte) bereits kurz nach seiner erstmaligen Erfassung und Herausgabe nicht mehr vollständig ist. Daher ist ein wichtiger Prüfungsaspekt der einer fortlaufenden Qualitätssicherung eines bestehenden Datenbestandes, wie er z. B. bei Landesvermessungsbehörden geführt wird, d. h. die Gewährleistung von dessen Vollständigkeit, Richtigkeit und Genauigkeit gegenüber den potentiellen Nutzern.

Dieser Fall liegt z. B. beim Basis-DLM von ATKIS vor, dessen Datenbestand so zu führen ist, dass mindestens eine 90%-ige Übereinstimmung mit den realen Landschaftsobjekten gegeben ist. Für besondere Objekte soll diese 93% bzw. 95% nicht unterschreiten. Die Überprüfung erfolgt hinsichtlich der Vollständigkeit, der Lagegenauigkeit sowie der thematischen und zeitlichen Genauigkeit (Tabelle 6.6), wobei zu unterscheiden ist:

- Eine Grundaktualisierung im Fünf-Jahreszyklus sowie

- eine Spitzenaktualisierung für bestimmte Objekte (z. B. Straßen) innerhalb von 3 bis 12 Monaten.

Element	Unterelement	Erläuterung
Vollständigkeit	Übervollständigkeit / Datenüberschuss	Datensatz hat mehr Objekte als die reale Welt
	Untervollständigkeit / Datenmangel	Reale Welt enthält mehr Objekte als der Datensatz
Lagegenauigkeit	Absolute Genauigkeit	Maß der Übereinstimmung des festgestellten Koordinatenwertes mit dem wahren oder als wahr angenommenen Koordinatenwert
	Relative Genauigkeit	Maß der Übereinstimmung der festgestellten relativen Positionen von Objekten in einem Datensatz zueinander mit ihren entsprechenden wahren oder als wahr angenommenen relativen Positionen
Thematische Genauigkeit	Richtigkeit der Klassifizierung	Beispiel: Zuordnung einer Straße zu Verkehrswegen und nicht zu Vegetation
	Richtigkeit von nicht-quantitativen Attributen	Beispiel: Nutzungsart, wie Wohngebäude oder gewerbliches Gebäude
	Genauigkeit von quantitativen Attributen	Beispiel: Höhe eines Gebäudes, Breite einer Straße
Zeitliche Genauigkeit	Genauigkeit einer Zeitmessung	Beispiel: taggenau, monatgenau
	Gültigkeit von Zeitangaben	Richtigkeit des Datensatzes in Bezug auf den geforderten Zeitpunkt

Tab. 6.6. Datenqualitätselemente für die Überprüfung des Basis-DLM von ATKIS (nach *Jäger u. Rausch* 2008)

Grundlage des Prüfverfahrens ist eine objektbezogene Stichprobenauswahl nach DIN ISO 2859-1 (vgl. 6.2.1). Zur Gewährleistung der Unabhängigkeit soll die Durchführung durch mit dem Basis-DLM vertraute Personen erfolgen, welche jedoch nicht am eigentlichen Herstellungsprozess bzw. Aufbau des Datenbestandes beteiligt sind. Heranzuziehen sind aktuelle, möglichst nicht zur Fortführung verwendete Daten aus Feldvergleichen, aktuellen Luftbildern, hochauflösenden Satellitenbildern und Laserscanner-Aufnahmen (vgl. 6.2.2), sowie solche von Fachverwaltungen (z. B. Straßenbauämtern). Weitere Einzelheiten entnehme man der Veröffentlichung von *Jäger u. Rausch* (2008).

6.4 Schlussbemerkungen

In den vorstehenden Ausführungen zum Fachgebiet *Topographie* wurden alle Verfahren und Methoden entsprechend ihrer Bedeutung für die Erfassung und Präsentation der Erdoberfläche und ihrer vielfältigen Erscheinungsformen vorgestellt. Während die Tachymetrie und die Aerophotogrammetrie als etablierte Verfahren allenfalls hinsichtlich ihres Automationsgrades bei Aufnahme und Auswertung noch Veränderungen unterworfen sind, sind Aero-Laserscanning und Radar-Interferometrie zumindest partiell als zur Luftbildmessung konkurrierende Verfahren hinzugekommen, bei deren Entwicklung ein vorläufiges Ende noch längst nicht absehbar ist. Zugleich eröffnen sie weitergehende topographische Datenerhebungen, wie das Mobile Mapping, Erzeugung von 3D-Stadtmodellen, Analysen von Bewegungsvorgängen (Gletscherfließbewegungen, Hangrutschungen), eine homogene Höhenaufnahme der gesamten Erde und nicht zuletzt auch die Erfassung der Oberfläche anderer Himmelskörper. In vielen Fällen ist auch eine Kombination unterschiedlicher Verfahren angezeigt, um die mitunter heterogenen Anforderungen zu erfüllen.

Topographische Vermessungen erforderten von Beginn an eine Spezialisierung der Vermessungsingenieure zum ‚Topographen‘, da insbesondere die ‚richtige‘ Geländeerfassung eine erhebliche Herausforderung darstellte und einer langen Einarbeitungszeit bedurfte. Von Vorteil war, dass Aufnahme und Auswertung stets von denselben Personen durchgeführt wurde, was enorme Lerneffekte zur Folge hatte, da Erkenntnisse aus Fehlern und Aufnahmemängeln unmittelbar in die zukünftige Arbeit einfließen konnten. Diese Vorgehensweise ist in der heutigen spezialistischen Arbeitswelt kaum noch vorstellbar, zumal der Automationsgrad bei den einzelnen Arbeitsprozessen längere Einarbeitungen erforderlich macht. Man denke hierbei allein an den Unterschied bei der Bedienung eines optisch-mechanischen Reduktionstachymeters und eines heutigen elektronischen Tachymeters mit seinen zahlreichen Funktionen und Programmen. Nicht zuletzt bergen die heute weitgehend automatisierten Verfahrensabläufe die Gefahr, dass grundlegende Mängel nicht mehr erkannt werden, weil verwendete Programmsysteme mangels ausreichender Kenntnisse über ihre Entstehung und Leistungsfähigkeit nicht beurteilt werden können. So bewerteten Studierende das (fehlerhafte) Ergebnis einer automatisierten Höhenlinienkonstruktion i. d. R. häufig als richtiger als das einer (richtigen) manuellen Interpolation und -zeichnung mittels Geländefeldbuch, obwohl das gleiche Stützpunkfeld vorlag.

Nicht zuletzt soll das vorliegende Lehrbuch dazu beitragen, die Leistungsfähigkeit von Verfahren und Methoden kritisch zu hinterfragen, insbesondere, da dies kaum Gegenstand der Lehre an den Hochschulen (Universitäten und Fachhochschulen) ist. Letztere ist überwiegend fachdisziplinär ausgerichtet, d. h. die Lehrpläne folgen traditionell i. W. einer additiven Struktur mit einer relativ zusammenhanglosen Aneinanderreihung der Lehrfächer (*Kohlstock* 1997). Fächerübergreifende Zusammenhänge und der Beitrag einzelner Fächer zur Lösung komplexerer Aufgaben, wie sie in der Praxis gefragt sind, finden zu wenig Beachtung.

Literaturverzeichnis

Lehr- und Handbücher

Ahnert, F.: Einführung in die Geomorphologie. UTB Uni-Taschenbücher, Stuttgart 1996.

Albertz, J.: Einführung in die Fernerkundung. Wissenschaftl. Buchgesellschaft, Darmstadt 2009.

Bartelme, N.: Geoinformatik. Springer, Heidelberg 2005.

Bauer, M.: Vermessung und Ortung mit Satelliten. Wichmann, Heidelberg 2003.

Bill, R.: Grundlagen der Geo-Informationssysteme. Band 1 u. 2. Wichmann, Heidelberg 1999.

Burkhardt, R.; K. Rinner: Photogrammetrie. In: Jordan/Eggert/Kneissl: Handbuch der Vermessungskunde. Band IIIa/1–3, Metzler, Stuttgart 1972.

Deumlich, F.; R. Staiger: Instrumentenkunde der Vermessungstechnik. Wichmann, Heidelberg 2003.

Großmann, W.: Geodätische Rechnungen und Abbildungen. Wittwer, Stuttgart 1964.

Hake, G.; D. Grünreich; L. Meng: Kartographie. De Gruyter, Berlin/New York 2002.

Hoffmann-Wellenhof, B.; G. Kienast; H. Lichtenegger: GPS in der Praxis. Springer, Wien/New York 1994.

Imhof, E.: Kartographische Geländedarstellung. De Gruyter, Berlin 1965.

Imhof, E.: Gelände und Karte. Rentsch, Zürich 1968.

Jordan, W.; O. Eggert; M. Kneissl: Handbuch der Vermessungskunde. Band II (1963): Feld- und Landmessung, Absteckungsarbeiten. Band III (1956): Höhenmessung und Tachymetrie. Metzler, Stuttgart.

Kahmen, H.: Vermessungskunde. De Gruyter, Berlin/New York 2006.

Kohlstock, P.: Kartographie – eine Einführung. UTB, Schöningh, Paderborn 2010.

Kraus, K.: Photogrammetrie. De Gruyter, Berlin/New York. Band 1: Geometrische Informationen aus Photographien und Laserscanneraufnahmen (2004). Band 2: Verfeinerte Methoden und Anwendungen (1996). Band 3: Topographische Informationssysteme (2000).

Kraus, K.: Fernerkundung. Band 1: Physikalische Grundlagen und Aufnahmetechniken. Dümmler, Bonn 1988.

Lange, N. de: Geoinformatik in Theorie und Praxis. Springer, Berlin/ Heidelberg/New York 2006.

Luhmann, T.: Nahbereichsphotogrammetrie. Wichmann, Heidelberg 2003.

Moffitt, F.H.; J.D. Bossler: Surveying. Addison Wesley Longman, Menlo Park, California 1998.

Schneider, S.: Luftbild und Luftbildinterpretation. De Gruyter, Berlin/New York 1974.

Seeber, G.: Satellitengeodäsie. Grundlagen, Methoden und Anwendungen. De Gruyter, Berlin/New York 1989.

Torge, W.: Geodäsie. De Gruyter, Berlin/New York 2003.

Torge, W.: Geschichte der Geodäsie in Deutschland. De Gruyter, Berlin/New York 2009.

Weimann. G.: Architektur-Photogrammetrie. Wichmann, Karlsruhe 1988.

Werkmeister, P.: Topographie. Leitfaden für das topograph. Aufnehmen. Springer, Berlin 1930.

Witte, B.; H. Schmidt: Vermessungskunde und Grundlagen der Statistik für das Bauwesen. Wichmann, Heidelberg 2006.

Zepp, H.: Geomorphologie. Eine Einführung. UTB, Schöningh, Paderborn 2004.

Sonstiges Schrifttum

Ackermann, F.: Ergebnisse einer Programmentwicklung zur Bockausgleichung großräumiger Polaraufnahmen. Sammlung Wichmann, Heft 19, 1972, S. 82–97.

Ackermann F.; J. Lindenberger; H. Schade: Kinematische Positionsbestimmung mit GPS für die Laser-Profilmessung. Zeitschrift für Vermessungswesen (ZfV) 1992, S. 25–35.

Ackermann, F.: Laserabtastung zur Küsten- und Wattvermessung. Zeitschrift für Vermessungswesen (ZfV) 1992, S. 498–507.

AdV (Arbeitsgemeinschaft der Vermessungsverwaltungen der Länder der Bundesrepublik Deutschland): Handbuch für die topographische Aufnahme der Deutschen Grundkarte. Stuttgart 1967.

AdV (Arbeitsgemeinschaft der Vermessungsverwaltungen der Länder der Bundesrepublik Deutschland): Musterblatt für die Deutsche Grundkarte 1 : 5000, 1983.

AdV (Arbeitsgemeinschaft der Vermessungsverwaltungen der Länder der Bundesrepublik Deutschland): Musterblatt für die Topographische Karte 1 : 25.000, 1989.

AdV (Arbeitsgemeinschaft der Vermessungsverwaltungen der Länder der Bundesrepublik Deutschland): Produktstandard für digitale Geländemodelle ATKIS-DGM und Produktblatt Digitales Basis-Landschaftsmodell, 2009.

Albertz, J.; M. Kähler; B. Kugler; A. Mehlbreuer: A digital approach to satellite image map production. Berliner Geowissenschaftliche Abhandlungen, Reihe A, Band 75.3, S. 833–872, Berlin 1987.

Albertz, J.; H. Lehmann: Kartographie und Fernerkundung – Stationen einer Entwicklung über acht Jahrzehnte. Kartographische Nachrichten (KN) 2007, S. 127–134.

Albertz, J.; G. Neukum u. a.: HRSC – Die „High Resolution Stereo Camera" auf Mars Express. Photogrammetrie, Fernerkundung und Geoinformation (PFG) 2005, S. 361–364.

Albertz, J.; M. Wiggenhagen: Taschenbuch zur Photogrammetrie und Fernerkundung. Wichmann, Heidelberg 2009.

Attwenger, M.; C. Briese: Vergleich digitaler Geländemodelle aus Photogrammetrie und Laserscanning. Zeitschrift für Vermessung und Geoinformation (VGI) 2003, S. 271–280.

Attwenger, M.; K. Kraus: Aufnahmen flugzeuggetragener Laserscanner als Grundlage zur Erfassung von Straßen und Wegen in bewaldeten Gebieten. In: Mitteilungen des Bundesamtes für Kartographie und Geodäsie (BKG), Band 36 (2005), S. 7–12.

Averdung, C.: Modellierung von 3D-Stadtmodellen mit heterogenen Ausgangsdaten. Allgemeine Vermessungsnachrichten (AVN) 2006, S. 169–176.

Bamler, R.; N. Adam; S. Hinz; M. Eineder: SAR-Interferometrie für geodätische Anwendungen. Allgemeine Vermessungsnachrichten (AVN) 2008, S. 243–252.

Bauer, H.: Die Bedeutung der Kurhannoverschen Landesaufnahme. Nachrichten der Niedersächs. Vermessungs- und Katasterverw., Nr. 3/1993.

Bestenreiner, F.: Vom Punkt zum Bild. Wichmann, Karlsruhe 1988.

Beulke, J.; M. Kewes: Virtuelle 3D-Stadtmodelle in Bremen und Bremerhaven. Zeitschrift für Geodäsie, Geoinformation und Landmanagement (ZfV) 2008, S. 211–216.

Brenner, C.: Aerial Laser Scanning. International Summer School ‚Digital Recording and 3D Modelling‘, Aghios Nikolaos, Crete, Greece, 2006.

Brenner, C.; N. Haala: Erfassung von 3D Stadtmodellen. Photogrammetrie, Fernerkundung und Geoinformation (PFG) 2000, S. 109–117.

Briese, C.; G. Mandlburger; N. Pfeifer: Airborne Laserscanning – High Quality Digital Terrain Model. In: „III International Scientific Conference“, Nowosibirsk (2007), S. 93–112. Institut für Photogrammetrie & Fernerkundung TU Wien, 2007.

Buckreuß, S.; J. Moreira; H. Rinkel; G. Wallner: Advanced SAR Interferometry Study. Mitteilung der Deutschen Forschungsanstalt für Luft- und Raumfahrt (DLR), Köln 1994.

Buziek, G.; D. Grünreich; I. Kruse: Digitale Landschaftsmodellierung. Stand und Entwicklung der digitalen Landschaftsmodellierung mit dem Topographischen Auswertesystem der Universität Hannover (TASH). Vermessung, Photogrammetrie, Kulturtechnik 1992, S. 84–88.

Buziek, G.: Neuere Untersuchungen zur Dreiecksvermaschung. NaKaVerm IfaG, Reihe I, Heft 105, 1990.

Cramer, M.: Sensorintegration GPS und INS. Proc. Workshop „Sensorsysteme im Precision Farming“, Rostock 1999.

Cramer, M.: Positions- und Lagemeßsystem. In: *Sandau, R.* (Hrsg.): Digitale Luftbildkamera. Einführung und Grundlagen. Wichmann, Heidelberg 2005.

Cramer, M.; K. Jacobsen: Sensororientierung. In: *Sandau, R.* (Hrsg.): Digitale Luftbildkamera. Einführung und Grundlagen. Wichmann, Heidelberg 2005.

Eden, J. A.: The Airborne Profile Recorder. Photogrammetric Record 1957, S. 263–278.

Ehlers, M.; J. Schiewe; S. Klonus; P. Rosso: Prüfung von Luftbilddaten zweier unterschiedlicher Aufnahmesensoren hinsichtlich eines optimalen Aufnahmesystems zur Erfüllung von Aufgaben von Vermessungs- und Umweltverwaltung für das Landesamt für Natur und Umwelt. gi-reports@igf, Band 9, Inst. für Geoinformatik u. Fernerkundung, Universität Osnabrück 2008.

Eling, D.: Terrestrisches Laserscanning für die Bauwerksüberwachung. Wissenschaftliche Arbeiten der Fachrichtung Geodäsie und Geoinformatik der Leibniz Universität Hannover, Nr. 282, Hannover 2009.

Ellsiepen, M.: Nachhaltige Generalisierung topographischer Daten. Zeitschrift für Vermessungswesen (ZfV) 2006, S. 123–131.

Endrullis, M.: Bundesweite Geodatenbereitstellung durch das Bundesamt für Kartographie und Geodäsie (BKG). In: Atkis – Stand und Fortführung. Schriftenreihe des DVW, Band 39. Wittwer, Stuttgart 2000.

Fagundes, P. M.: Das „Radam-Projekt" – Radargrammetrie im Amazonasbecken. Bildmessung u. Luftbildwesen (BuL) 1974, S. 47–52.

Finsterwalder, R.: Photogrammetrie. De Gruyter, Berlin 1952.

Finsterwalder, R.: Stand und Entwicklung der Topographie. Allgemeine Vermessungsnachrichten (AVN) 1957, S. 261–272.

Finsterwalder, R.; W. Hofmann: Photogrammetrie. De Gruyter, Berlin 1968.

Friess, P.: Laserscannermessung – Basisdaten für Geoinformationssysteme. In: Intergeo 1998, 82. Dt. Geodätentag, Kongressdokumentation, Stuttgart 1998, S. 151–162.

Gottwald, R; H. Heister; R. Staiger: Zur Prüfung und Kalibrierung von terrestrischen Laserscannern – eine Standortbestimmung. Zeitschrift für Geodäsie, Geoinformation und Landmanagement (ZfV) 2009, S. 88–96.

Grimm, A.: 25 Jahre IGI, vom *CPNS* zu *CCNS* und *Aerocontrol*. Photogrammetrie, Fernerkundung und Geoinformation (PFG) 2003, S. 245–258.

Grothenn, D.: Inhalt und Festsetzungen des ATKIS. Nachrichten der Niedersächsischen Vermessungs- und Katasterverwaltung, Nr. 3/1988.

Grothenn, D.: Die Preußischen Meßtischblätter 1 : 25000 in Niedersachsen. Niedersächsisches Landesverwaltungsamt 1994.

Großmann, W.: Grundzüge der Ausgleichungsrechnung. Springer, Berlin/Heidelberg/New York 1969.

Gruber, M.; F. Leberl; R. Perko: Paradigmenwechsel in der Photogrammetrie durch digitale Luftbildaufnahme? Photogrammetrie, Fernerkundung u. Geoinform. (PFG) 2003, S. 285–297.

Grundey, M.; I. Kruse: Berechnung und Auswertung von digitalen Flächenmodellen. Allgemeine Vermessungsnachrichten (AVN) 1978, S. 100–108.

Haala, N.: Anwendungspotential virtueller Stadtmodelle. Publikationen der Deutschen Gesellschaft für Photogrammtrie und Fernerkundung, Band 9 2001, S. 98–105.

Haala, N.: Comeback of Digital Image Matching, Photogrammetric Week 2009. Wichmann, Heidelberg, S. 289–301.

Haas, C.; H. Miller; P. Lemke; V. Helm: Die wissenschaftliche Nutzung der CryoSat-2-Mission in Deutschland. Ein Konzeptpapier des CryoSat-2-Projektbüros am Alfred-Wegener-Institut, Bremerhaven 2010.

Habermeyer, A.: Die topographische Landesaufnahme von Bayern im Wandel der Zeit. Wittwer, Stuttgart 1993.

Hake, G.: Kartographie I. Sammlung Göschen. De Gruyter, Berlin 1982.

Hansen, W. von; T. Vögtle: Extraktion der Geländeoberfläche aus flugzeuggetragenen Laser-scanner-Aufnahmen. Photogrammetrie, Fernerkundung u. Geoinform. (PFG) 1999, S. 229–236.

Harbeck, R.: Das topographische Informationssystem ATKIS. Stand und Entwicklung aus Sicht der AdV. In: Atkis – Stand und Fortführung. Schriftenreihe des DVW, Band 39. Wittwer, Stuttgart 2000.

Hartl, Ph.; W. Liu; K.-H. Thiel: Einsatz eines flugzeuggetragenen Radar-Altimeters für genaue Höhenbestimmung. Zeitschrift für Vermessungswesen (ZfV) 1992, S. 14–23.

Heißler, V.: Untersuchungen über den wirtschaftlich zweckmäßigsten Bildmaßstab bei Bild-flügen mit Hochleistungsobjektiven. Bildmessung und Luftbildwesen (BuL) 1954, S. 37–45, S. 67–79, S. 126–137.

Herms, P.: Vom Sonnenkompaß zum CCNS4 – 80 Jahre Navigation von Bildflügen bei der Hansa Luftbild. Photogrammetrie, Fernerkundung und Geoinformation (PFG) 2003, S. 299–302.

Hesse, C.: Hochauflösende kinematische Objekterfassung mit terrestrischen Laserscannern. Wissenschaftliche Arbeiten der Fachrichtung Geodäsie und Geoinformatik der Leibniz Universität Hannover, ISSN 0174–1454, Nr. 274, Hannover 2008.

Hinz, A.; C. Dörstel; H. Heier: DMC – Digital Modular Camera: Systemkonzept und Ablauf der Datenverarbeitung. Photogrammetrie, Fernerkundung u. Geoinform. (PFG) 2001, S. 189–198.

Hobbie, D.: Die Entwicklung photogrammetrischer Verfahren und Instrumente bei Carl Zeiss in Oberkochen. DGK Reihe E, Nr. 30, München 2009.

Hoffmann, W.: Geländeaufnahme – Geländedarstellung. Westermann, Braunschweig 1971.

Hoss, H.: Einsatz des Laserscanner-Verfahrens beim Aufbau des Digitalen Geländemodells (DGM) in Baden-Württemberg. Photogrammetrie, Fernerkundung und Geoinformation (PFG) 1997, S. 131–142.

Ingensand, H.; T. Schulz: Terrestrisches Präzisions-Laserscanning In: Internationale Geodäti-sche Woche Obergurgl 2005 (Hrsg.: Chesi/Weinold), Wichmann, Heidelberg.

Ingensand, H.; T. Wunderlich: Scanner – und was kommt danach? In: Terrestrisches Lasers-canning (TLS 2009), Beiträge zum 91. DVW-Seminar, Fulda 2009.

Jacobsen, K.: Geometrisches Potential und Informationsgehalt von großformatigen digitalen Luftbildkameras. Photogrammetrie, Fernerkundung u. Geoinform. (PFG) 2008, S. 325–336.

Jahn, C.-H.; V. Stegelmann: Einführung des Bezugssystems ETRS89 und der UTM-Abbil-dung beim Umstieg auf AFIS, ALKIS und ATKIS. Nachrichten der Niedersächs. Ver-messungs- und Katasterverw. 2007, S. 26–35.

Jansa, J.; H. Stanek: Ableitung von Stadtmodellen aus Laser-Scanner-Daten, Grundrisspl-nen und photographischen Aufnahmen. Zeitschrift für Vermessung und Geoinformation (VGI) 2003, S. 262–270.

Jäger, E.: ATKIS als Gemeinschaftsaufgabe des Bundes und der Länder. Kartographische Nachrichten (KN) 2003, S. 113–119.

Jäger, E.; S. Rausch: Qualitätssicherung des ATKIS-Basis-DLM durch Q5. Nachrichten der Niedersächs. Vermessungs- und Katasterverw. 2/2008, S. 9–17.

Kada, M.: Zur maßstabsabhängigen Erzeugung von 3D-Stadtmodellen. Dissertation an der Fakultät Luft- und Raumfahrttechnik und Geodäsie, Universität Stuttgart 2007.

Kager, H.: Simultaneous Georeferencing of Aerial Laser Scanner Strips. Zeitschrift für Vermessung und Geoinformation (VGI) 2003, S. 235–242.

Kager, H.; C. Ressl: Georeferenzierung und ihre Qualitätskontrolle (Daten von flugzeuggetragenen Laserscannern). Präsentation im Rahmen des CDL-Workshops „Räumliche Daten aus Laserscanning und Fernerkundung", Wien 2006.

Kager, H.; C. Ressl; Ch. Ries; P. Stadler: Rektifizierung von Flugzeugscanneraufnahmen mit Hilfe von Splinefunktionen. Publikationen der Deutschen Gesellschaft für Photogrammetrie und Fernerkundung, Band 9, 2001, S. 229–236.

Kasper, H.: Hinweise für die Anwendung der Photogrammetrie bei der Entwurfsbearbeitung im Straßenbau. Forschungsarbeiten aus dem Straßenwesen, Heft 83. Kirschbaum, Bonn/Bad Godesberg 1971.

Katzenbeisser, R.: About the Calibration of LiDAR Sensors.Proceedings of the ISPRS working group III/3 workshop, „3-D Reconstruction from Airborne Laserscanner and InSAR Data", Dresden 2003.

Katzenbeisser, R.; S. Kurz: Airborne Laser-Scanning, ein Vergleich mit terrestrischer Vermessung und Photogrammetrie. Photogrammetrie, Fernerkundung und Geoinformation (PFG) 2004, S. 179–187.

Kilian, J.; M. Englich: Topographische Geländeerfassung mit flächenhaft abtastenden Lasersystemen. Zeitschrift für Photogrammetrie und Fernerkundung (PFG) 1994, S. 207–214.

Koch, A.; Ch. Heipke; P. Lohmann: Bewertung von SRTM Digitalen Geländemodellen – Methodik und Ergebnisse. Photogrammetrie, Fernerkundung und Geoinformation (PFG) 2002, S. 389–398.

Koch, C.; J. Müller; R. Christensen; R. Kallenbach: Bestimmung der Topographie und Lovezahl von Merkur aus simulierten Daten des BepiColombo-Laseraltimeters. Zeitschrift für Geodäsie, Geoinformation und Landmanagement (ZfV) 2010, S. 173–178.

Koch, K.-R.: Digitales Geländemodell und automatische Höhenlinienzeichnung. Zeitschrift für Vermessungswesen (ZfV) 1973, S. 346–352.

Kohlstock, P.: Topographische Vermessung durch elektronische Tachymetrie unter Anwendung des Blockverfahrens. Allgemeine Vermessungsnachrichten (AVN) 1986, S. 264–273.

Kohlstock, P.: Ein integratives tätigkeitsfeldorientiertes Studienmodell ‚Vermessungswesen'. Zeitschrift für Vermessungswesen (ZfV) 1997, S. 276–285.

Kolbe, T. H.: Representing and Exchanging 3D City Models with CityGML. In: Proceedings of the 3rd International Workshop on 3D-Geoinformation, Seoul Korea. Lecture Notes in Geoinformation & Cartography, Springer 2009.

Konecny, G.: Hochauflösende Fernerkundungssensoren für kartographische Anwendungen in Entwicklungsländern. Zeitschrift für Photogrammetrie u. Fernerkundung (PFG) 1996, S. 39–51.

Koppe, C.: Die neue topographische Landeskarte des Herzogtums Braunschweig. Zeitschrift für Vermessungswesen (ZfV) 1902, S. 397.

Kraus, K: Laserscanning und Photogrammetrie im Dienste der Geoinformation. In: „Angewandte Geoinformatik 2005 – Beiträge zum 17. AGIT-Symposium Salzburg", J. Strobl, T. Blaschke, G. Griesebner (Hrsg.); Wichmann 2005, S. 386–396.

Kraus, K.; P. Dorninger: Das Laserscanning. Eine neue Datenquelle zur Erfassung der Topographie. Wiener Schriften zur Geographie u. Kartographie, Band 16, Wien 2004, S. 312–318.

Krauß, G.: Die topographische Karte 1 : 25 000. In: Draheim, H. (Hrsg.): Die amtlichen topographischen Kartenwerke der Bundesrepublik Deutschland. Wichmann, Karlsruhe 1969.

Krauß, G.; R. Harbeck: Die Entwicklung der Landesaufnahme. Wichmann, Karlsruhe 1985.

Kruse, I.: TASH – Ein System zur EDV-unterstützten Herstellung topographischer Grundkarten. NaKaVerm IfaG, Reihe I, Heft 79, 1979, S. 95–107.

Kruse, I.: Neue Entwicklungen und Einsatzmöglichkeiten des Programmsystems TASH. Kartographische Nachrichten (KN)1990, S. 90–93.

Lehmann, H.; S. Gehrke; J. Albertz; M. Wählisch; G. Neukum u. a.: Großmaßstäbige topographische und thematische Mars-Karten. Photogrammetrie, Fernerkundung und Geoinformation (PFG) 2005, S. 423–428.

Lenhart, D; H. Kager; K. Eder; S. Hinz; U. Stilla: Hochgenaue Generierung des DGM vom vergletscherten Hochgebirge – Potential von Airborne Laserscanning. Mitteilungen des Bundesamtes für Kartographie und Geodäsie (BKG), Band 36 2006, S. 65–78.

Lindenberger, J.: Laser-Profilmessungen zur topographischen Geländeaufnahme. DGK Reihe C, Nr. 400, München 1993.

Lohr, U.: Digitale lagerichtige Orthophotos und LIDAR-Höhenmodelle. Geoinformationssysteme (GIS) 2003, S. 26–29.

Lorenz, H.; M. Trapp; J. Döllner: Interaktive, multiperspektivische Ansichten für geovirtuelle 3D-Umgebungen. Kartographische Nachrichten (KN) 2009 S. 175–181.

Lüthy, H. J.: Entwicklung eines Qualitätsmodells für die Generierung von Digitalen Geländemodellen aus Airborne Laser Scanning. Dissertation, Institut für Geodäsie und Photogrammetrie ETH Zürich 2008.

Maas, H.-G.: Akquisition von 3D-GIS-Daten durch Flugzeug-Laserscanning. Kartographische Nachrichten (KN) 2005, S. 3–11.

Meier, E. H.; D. R. Nüesch: Genauigkeitsanalyse von hochauflösenden Gelände- und Oberflächenmodellen. Photogrammetrie, Fernerkundung u. Geoinformation (PFG) 2001, S. 405–416.

Meyer, F. J.: Simultane Schätzung von Topographie und Dynamik polarer Gletscher aus multitemporalen SAR Interferogrammen. DGK Reihe C, Nr. 579, München 2004.

Meinel, G.; M. Knop; R. Hecht: Qualitätsaspekte und Verfügbarkeit digitaler Geobasisdaten in Deutschland unter besonderer Berücksichtigung des ATKIS Basis-DLM und der DTK25. Photogrammetrie, Fernerkundung und Geoinformation (PFG) 2008, S. 29–40.

Meinel, G.; J. Reder: IKONOS-Satellitenbilddaten – ein erster Erfahrungsbericht. Kartographische Nachrichten (KN) 2001, S. 40–46.

Moreira, A.: Radar mit synthetischer Apertur. Grundlagen und Signalverarbeitung. Habilitationsschrift TH Karlsruhe 2000.

Morgenstern, D.: Zur Festlegung der Höhengenauigkeit bei großmaßstäbigen Planungskarten. Vermessungswesen und Raumordnung (VR) 1974, S. 103–108.

Müller, F.; G. Strunz: Kombinierte Punktbestimmung mit Daten aus analogen und digital aufgezeichneten Bildern. Bildmessung und Luftbildwesen (BuL) 1987, S. 163–174.

Olbrich, G.; M. Quick; J. Schweikart: Desktop Mapping. Grundlagen und Praxis in Kartographie und GIS. Springer, Berlin 2002.

Pfeifer, N.: Oberflächenmodelle aus Laserdaten. Zeitschrift für Vermessung und Geoinformation (VGI), 2003, S. 243–252.

Pfeifer, N.; C. Briese: Laser Scanning – Principles and Applications. In: „III International Scientific Conference", Nowosibirsk (2007), S. 93 – 112.

Pflug, M.; P. Rindle; R. Katzenbeisser: True-Ortho-Bilder mit Laser-Scanning und multispektralem Zeilenscanner. Photogrammetrie, Fernerkundung u. Geoinform. (PFG) 2004, S. 173–178.

Reiche, A.; P. Schönemeier; M. Washausen: Der Einsatz des Laserscannerverfahrens beim Aufbau des ATKIS-DGM5. Nachrichten der Niedersächs. Vermessungs- und Katasterverw. 1997, S. 68–87.

Rietdorf, A.: Automatisierte Auswertung und Kalibrierung von scannenden Messsystemen mit tachymetrischem Messprinzip. DGK, Reihe C, Dissertationen, München 2005.

Rüger u. a.: Photogrammetrie. Verlag für Bauwesen, Berlin 1978.

Roth, A.; J. Hoffmann: Die dreidimensionale Kartierung der Erde. Kartographische Nachrichten (KN) 2004, S. 123–129.

Rottensteiner, F.; C. Briese: Automatische Erfassung von Gebäudemodellen aus Laserscannerdaten und Integration von Luftbildern. Photogrammetrie, Fernerkundung und Geoinformation (PFG) 2004, S. 269–277.

Sammet, G.: Der vermessene Planet. Gruner u. Jahr, Hamburg 1990.

Sandau, R. (Hrsg.): Digitale Luftbildkamera. Einführung und Grundlagen. Wichmann, Heidelberg 2005.

Schenk, T.; B. Csatho: Modellierung systematischer Fehler von abtastenden Laseraltimetern. Photogrammetrie, Fernerkundung und Geoinformation (PFG) 2001, S. 361–373.

Schiele, O.J.: Ein operationelles Kalibrierverfahren für das flugzeuggetragene Laserscannersystem ScaLARS. DGK, München 2005.

Schiewe, J.: Potential und Probleme neuer hochauflösender Weltraumsensoren für kartographische Anwendungen. Kartographische Nachrichten (KN) 2001, S. 273–278.

Schlemmer, H.: Einführung in die Technologie des Laserscannings. In: Ingenieurvermessung, 14th International Conference on Engineering Surveying: Tutorial Laserscanning. Zürich 2004.

Schneider, D.: Geometrische und stochastische Modelle für die integrierte Auswertung terrestrischer Laserscannerdaten und photogrammetrischer Bilddaten. DGK, Reihe C, Dissertationen, München 2009.

Schönwiese, C.-D.: Praktische Statistik für Meteorologen und Geowissenschaftler. Schweizerbart'sche Verlagsbuchhandlung, Stuttgart 2006.

Schwäbisch, M.: Die SAR-Interferometrie zur Erzeugung digitaler Geländemodelle. Deutsche Forschungsanstalt für Luft- und Raumfahrt (DLR), Oberpfaffenhofen 1995.

Schwäbisch, M.; J. Moreira: Das hochauflösende SAR-System AeS-1-Konzeption, Datenaufbereitung und Anwendungsspektrum. Photogrammetrie, Fernerkundung und Geoinformation (PFG) 2000, S. 237–246.

Schwalbe, E.; A. Hofmann; H.-G- Maas: Gebäudemodellierung in reduzierten Parameterräumen von Flugzeug-Laserscannerdaten. Photogrammetrie, Fernerkundung und Geoinformation (PFG) 2004, S. 307–314.

Schwalbe, E.; H.-G. Maas: Bewegungsanalyse schnell fließender Gletscher aus multitemporalen terrestrischen Laserscanneraufnahmen. Photogrammetrie, Fernerkundung und Geoinformation (PFG) 2009, S. 91–98.

Seeber, G.: Grundprinzipien zur Vermessung mit GPS. Verm.ing. 1996, S. 53–64.

Steinle, E.: Gebäudemodellierung und -änderungserkennung aus multitemporalen Laserscanningdaten. DGK, Reihe C, Dissertationen, München 2006.

Tegeler, W.: ETRS 89 und UTM in amtlichen Karten. Nachrichten der Niedersächs. Vermessungs- und Katasterverw., Nr. 4/2000.

Urbanke, S.; K. Dieckhoff: Das ADV-Projekt ATKIS-Generalisierung, Teilprojekt Modellgeneralisierung. Kartographische Nachrichten (KN) 2006, S. 191–196.

Vennegeerts H.; J.-A. Paffenholz; J. Martin; H. Kutterer: Zwei Varianten zur direkten Georeferenzierung terrestrischer Laserscans. Photogrammetrie, Fernerkundung und Geoinformation (PFG) 2009, S. 33–42.

Vögtle, T.; E. Steinle: Detektion und Modellierung von 3D-Objekten aus flugzeuggetragenen Laserscannerdaten. Photogrammetrie, Fernerkundung und Geoinformation (PFG) 2004, S. 315–322.

Wagner, W.; A. U. Horn; C. Briese: Der Laserstrahl und seine Interaktion mit der Erdoberfläche. Zeitschrift für Vermessung und Geoinformation (VGI) 2003, S. 223–235.

Wewel, F.; F. Scholten; G. Neukum; J. Albertz: Digitale Luftbildaufnahme mit der HRSC – Ein Schritt in die Zukunft der Photogrammetrie. Photogrammetrie, Fernerkundung und Geoinformation (PFG) 1998 , S. 337–348.

Wiedemann, A.: Inspektion linearer Objekte mit flugzeuggestützten Sensoren. Publikationen der Deutschen Gesellschaft für Photogrammtrie und Fernerkundung, Band 17, 2008.

Wiedemann, A.: Photogrammetrische Schrägluftbilder mit dem Aerial Oblique System AOS. Publikationen der Deutschen Gesellschaft für Photogrammtrie und Fernerkundung, Band 18, 2009.

Wiedemann, A.; P. Wencke; M. Schmits: Möglichkeiten und Einschränkungen des kombinierten Einsatzes digitaler Luftbildkameras und luftgestützter Laserscanner. Publikationen der Deutschen Gesellschaft für Photogrammterie und Fernerkundung, Band 16, 2007.

Wölfelschneider, H.: Physikalische Prinzipien der Lasertechnologie. In: Terrestrisches Laserscanning (TLS 2009), Beiträge zum 91. DVW-Seminar, Fulda 2009.

Wunderlich, Th.: Der Anwendungsreichtum des terrestrischen Laserscannings. In: Flächenmanagement und Bodenordnung 2006, S. 170–174.

Würländer, R.; W. Rieger; P. Drexel: Landesweite Datenerhebung mit ALS: Technologische Herausforderungen und vielseitige GIS-Anwendungen. Institut für Photogrammetrie; Fernerkundung TU Wien, 2007.

Würländer, R.; K. Wenger-Oehn: Die verfeinerte Georeferenzierung von ALS-Daten – Methodik und praktische Erfahrung. Institut für Photogrammetrie & Fernerkundung TU Wien, 2007.

Danksagung

Folgende Personen, Institutionen und Firmen haben freundlicherweise Beiträge bzw. Abbildungen zur Verfügung gestellt:

- Prof. Dr.-Ing. Jörg Albertz, Institut für Geodäsie und Geoinformationstechnik, Technische Universität Berlin,
- Prof. Dr.-Ing. Norbert Haala, Institut für Photogrammetrie, Universität Stuttgart,
- Dr.-Ing. Jürg Lüthy, Zürich,
- Bundesamt für Kartographie und Geodäsie (BKG), Frankfurt a. M.,
- Deutsches Zentrum für Luft- und Raumfahrt (DLR), Köln,
- DigitalGlobe Corporate (Longmont) Colorado USA,
- Intermap Technologies GmbH, München,
- Landesbetrieb Geoinformation und Vermessung Hamburg,
- Landesamt für Kataster-, Vermessungs- und Kartenwesen (LKVK) Saarland,
- Landesvermessung und Geobasisinformation Niedersachsen (LGN), Hannover,
- Leica Geosystems AG, Heerbrugg (Schweiz),
- RIEGL Laser Measurement Systems GmbH, Horn/Austria,
- Senatsverwaltung für Stadtentwicklung, Berlin,
- TopoSys-Trimble Germany, Biberach,
- Z/I Imaging, Aalen.

Sachregister

www.ingramcontent.com/pod-product-compliance
Lightning Source LLC
Chambersburg PA
CBHW081102220326
41598CB00038B/7200